全国中等职业技术学校化工工艺专业教材

化工单元操作

人力资源和社会保障部教材办公室组织编写

中国劳动社会保障出版社

图书在版编目(CIP)数据

化工单元操作/人力资源和社会保障部教材办公室组织编写. —北京：中国劳动社会保障出版社，2010

全国中等职业技术学校化工工艺专业教材

ISBN 978-7-5045-8634-6

Ⅰ.①化… Ⅱ.①人… Ⅲ.①化工单元操作-专业学校-教材 Ⅳ.①TQ02

中国版本图书馆 CIP 数据核字(2010)第 203326 号

中国劳动社会保障出版社出版发行

(北京市惠新东街 1 号 邮政编码：100029)

出 版 人：张梦欣

*

三河市华骏印务包装有限公司印刷装订 新华书店经销

787 毫米×1092 毫米 16 开本 16.25 印张 386 千字

2010 年 10 月第 1 版 2024 年 5 月第 8 次印刷

定价：28.00 元

营销中心电话：400-606-6496

出版社网址：http: // www.class.com.cn

http: // jg.class.com.cn

前 言

随着我国化学工业的迅速发展，化工企业对从业人员的知识和技能以及相关的职业教育和职业培训提出了更高的要求。为了更好地适应全国中等职业技术学校化工工艺专业的教学需要和企业的用人要求，我们组织全国有关学校的一线教师和行业专家，开发了一套化工工艺专业教材。

本次开发的教材包括《化学基础》《化工单元操作》《化工机械基础》《化工电气与仪表》《化工分析》《化工识图》《化工安全与环保》《化工企业班组管理》《基本有机化工工艺》《无机物生产工艺》和《合成氨生产工艺》，其中，《化工识图》和《合成氨生产工艺》配有习题册，供学生课后练习使用。整套教材做到了结构紧凑、内容简明、脉络清晰，在表现形式上有所创新。

这次教材开发工作的重点有以下几个方面：

第一，体现行业发展现状和趋势，彰显时代特色。教材编写过程中，努力做到以市场需求为导向，根据化工行业的发展，合理选择教材内容，尽可能多地在教材中介绍化工行业的新知识、新技术、新工艺和新设备，突出教材的先进性。同时，严格执行国家有关技术标准。

第二，突出职业教育特色，重视实践能力的培养。以职业能力为本位，根据化工工艺专业毕业生所从事职业的实际需要，适当调整专业知识的深度和难度，合理确定学生应具备的知识结构和能力结构，同时，进一步加强实践性教学的内容，以满足企业对技能型人才的要求。

第三，创新教材编写模式，激发学生学习兴趣。按照教学规律和学生的认知规律，合理安排教材内容，并注重利用图表、实物照片辅助讲解知识点和技能点，为学生营造生动、直观的学习环境。

本套教材可供全国中等职业技术学校化工工艺专业选用，也可作为职业培训教材。教材的编写工作得到了山东、四川、河南、云南、广西等省、自治区人力资源和社会保障厅及有关学校的大力支持，在此，我们表示诚挚的谢意。

人力资源和社会保障部教材办公室

2010年7月

内 容 简 介

本教材打破了传统的编写模式，按照任务驱动模式合理组织教材内容，知识点、技能点把握准确，文字表述通俗易懂。本书可作为中级工教材或教学参考书，也可作为高级工实习教材。主要内容分为六个模块，包括流体输送、非均相物系的分离、传热操作、吸收－解吸操作、精馏操作和其他单元操作等方面的内容。各部分教学内容参考学时见下表。

本教材由崔世玉主编，廖礼斌、徐志勤、刘亚群参加编写，黄玫审稿。

《化工单元操作》参考学时

教学内容	总学时	讲授学时	训练学时
绪论	8	2	6
一　流体输送	94	28	66
二　非均相物系的分离	26	8	18
三　传热操作	54	4	50
四　吸收－解吸操作	58	8	50
五　精馏操作	60	20	40
六　其他单元操作	30	20	10
总　计	330	90	240

目　录

绪　论

教学要求

应知：

1. 掌握化工生产过程的有关基本概念和基本规律。
2. 掌握化工生产常用的基本物理量及单位。

应会：

1. 理解化工生产过程的构成和常用的化工单元操作。
2. 了解各种化工单元操作的典型设备。

《化工单元操作》是一门专业基础课，本课程的主要任务是：使学生掌握各种化工单元操作的基本原理和规律，以及所用典型设备的结构、性能、操作技能和运转中的注意事项等，并培养学生运用基础理论分析和解决化工单元操作中各种工程实际问题的能力，使各项操作在最优化条件下进行，并创造较好的经济效益。

一、化工生产过程的基本步骤

化工生产过程是指用化工手段将原料加工成产品的过程。化学工业的门类很多，如酸、碱、化肥、医药、染料及石油化学工业等，由于不同的化学工业所用的原料与所得的产品不同，所以各种化工生产过程的差别很大。如电解法制烧碱、低压法制甲醇、水溶液全循环法制尿素、以硫黄为原料制硫酸的流程方框图分别如图 0—1、图 0—2、图 0—3、图 0—4 所示。

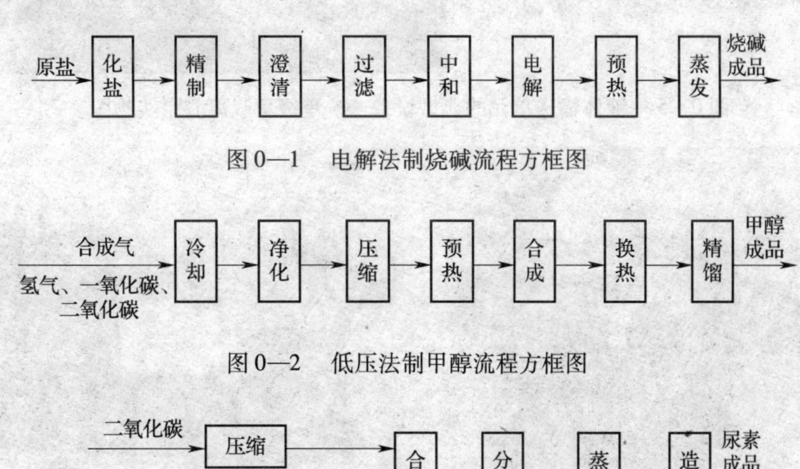

图 0—1　电解法制烧碱流程方框图

图 0—2　低压法制甲醇流程方框图

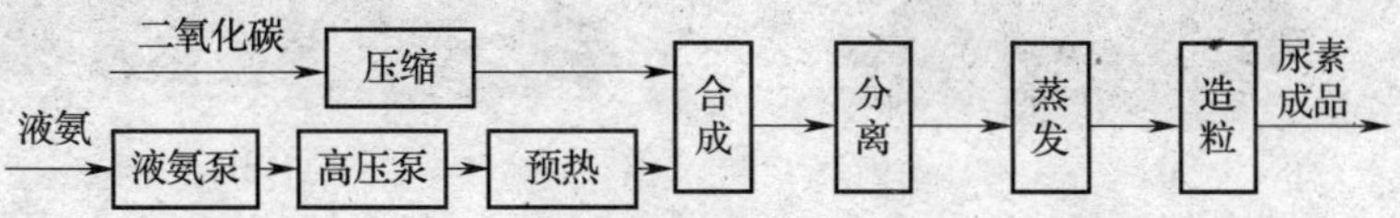

图 0—3　水溶液全循环法制尿素流程方框图

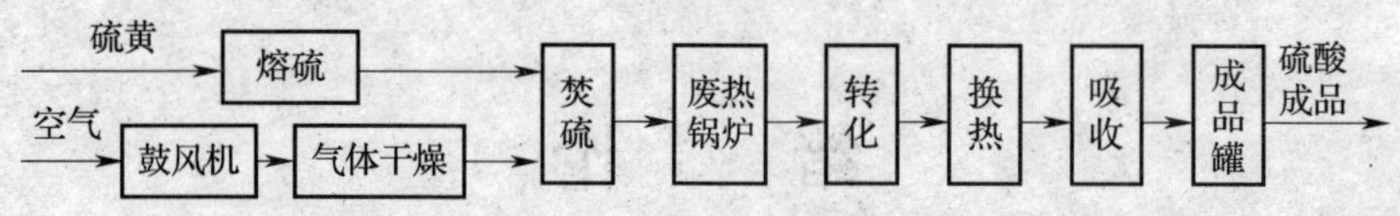

图 0—4　以硫黄为原料制硫酸流程方框图

从以上各化工产品的生产过程可以看出，每个化工过程基本都包括原料的预处理（原料的加压、冷却、分离、升温，以达到反应所需要的适宜温度和压力）、化学反应（在反应设备中进行）、反应产物加工（反应后产物的冷却、分离以及气体的循环）这三个基本步骤。在生产过程中，化学反应通常在反应器中进行，是生产过程的核心，但它在工厂的设备投资和操作费用中通常并不占据主要比例，除了化学反应外，原料的升温、加压和反应产物的冷却、分离等工序过程大多数是纯物理过程，它们决定了整个生产的经济效益。通常，把化工生产过程中存在化学反应的操作称为化工单元反应，把化工生产过程中只有物理变化过程的操作称为化工单元操作，简称单元操作。根据各单元操作所遵循的基本规律，可将单元操作划分为三大类。

1. 遵循流体动力学基本规律的单元操作

此类单元操作包括流体的输送、沉降、过滤和固体流态化等。液体输送单元的典型设备如图 0—5、图 0—6 所示，气体输送单元的典型设备如图 0—7 所示，过滤单元的的典型设备如图 0—8 所示。

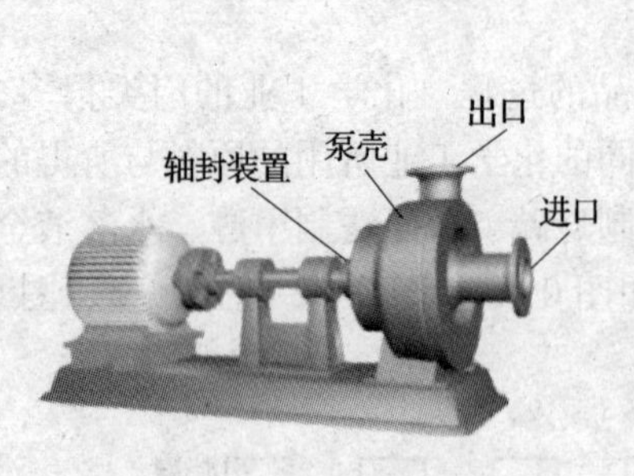

图 0—5　液体输送单元的典型设备——单级单吸离心泵实物图

a)

b)

图 0—6　液体输送单元的典型设备——多级、双吸离心泵实物图

a）多级离心泵　b）双吸离心泵

图 0—7　气体输送单元的典型设备——鼓风机、离心压缩机实物图

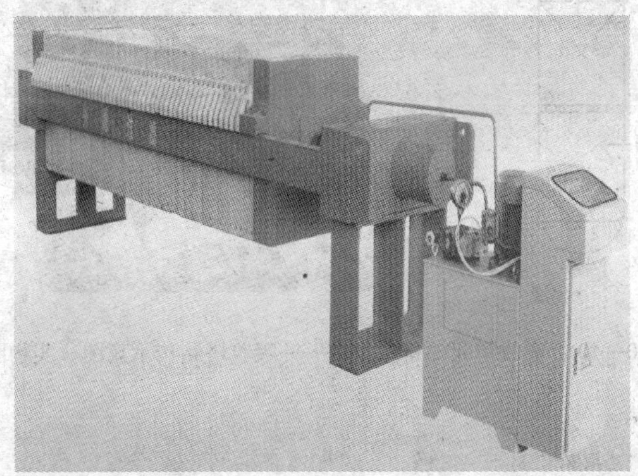

图 0—8　过滤单元的典型设备——板框过滤机实物图

2. 遵循传热基本规律的单元操作

此类单元操作包括加热、冷却、冷凝、蒸发等，换热单元的典型设备如图 0—9 所示。

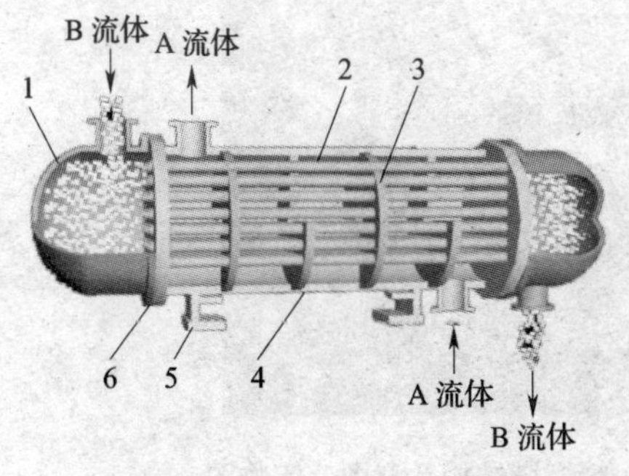

图 0—9　换热单元的典型设备——列管式换热器结构示意图、实物图

1—管箱　2—换热管　3—折流板　4—壳体　5—支座　6—管板

3．遵循传质基本规律的单元操作

此类单元操作包括蒸馏、吸收、萃取、干燥结晶、膜分离等单元操作。吸收单元的典型设备如图 0—10 所示，蒸馏单元的典型设备如图 0—11 所示。

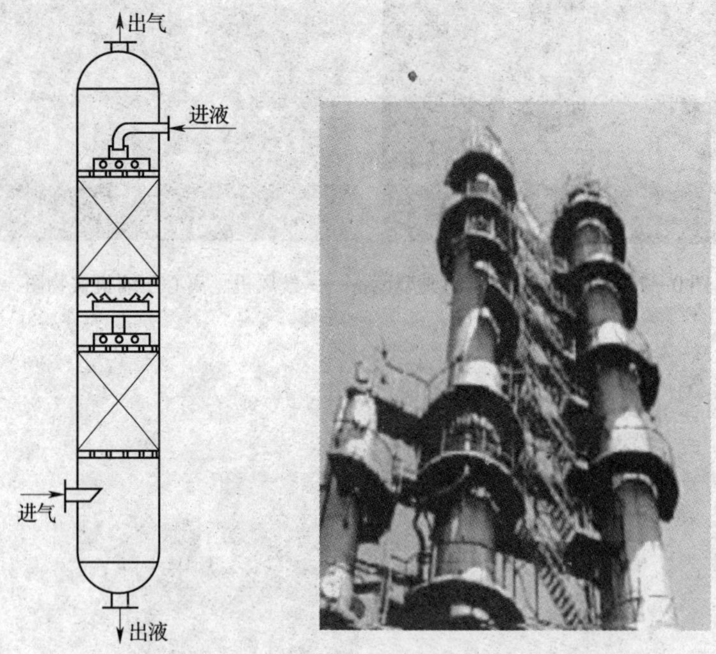

图 0—10　吸收单元的典型设备——吸收塔结构示意图、实物图

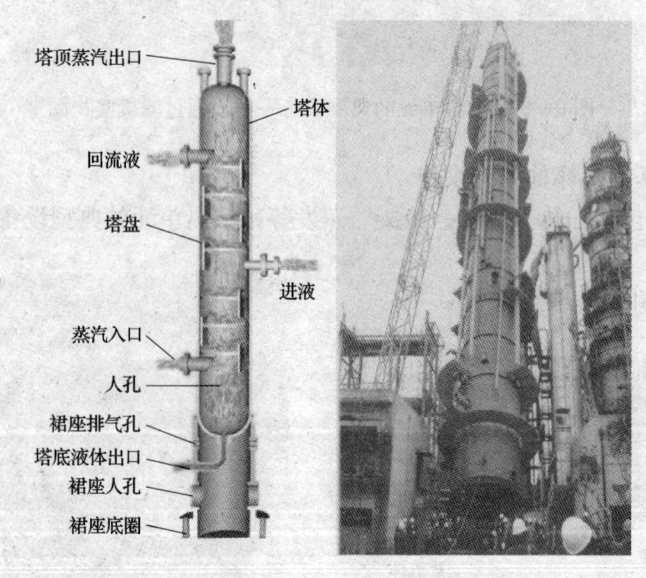

图 0—11　蒸馏单元的典型设备——精馏塔结构示意图、实物图

常用化工单元操作见表 0—1。

表 0—1 常用化工单元操作一览表

类别	名称		目的	设备举例
动量传递过程	流体输送	液体输送	以一定流量将液体从一处送到另一处	泵
		气体输送	以一定流量将气体从一处送到另一处	风机
		气体压缩	提高气体压力，克服输送阻力	压缩机
	非均相物系分离	沉降	从气体或液体中分离悬浮的固体颗粒、液滴或气泡	沉降槽
		过滤	从气体或液体中分离悬浮的固体颗粒	板框式过滤机
		离心分离	在离心力作用下，分离悬浊液或乳浊液	离心机
	固体流态化		用流体使固体颗粒悬浮并使其具有流体状态的特性	流化床反应器
热量传递过程	传热		使物料升温、降温或改变相态	换热器
	蒸发		使溶液中的溶剂受热汽化而与不挥发的溶质分离，达到浓缩	蒸发器
	结晶		使溶液中的溶质变成晶体析出	结晶器
质量传递过程	蒸馏		利用均相液体混合物中各组分的挥发程度不同使液体混合物分离	精馏塔
	吸收		用液体吸收剂分离气体混合物	吸收塔
	干燥		加热固体使其所含液体汽化而除去	干燥器

二、化工常用量和单位

1. 量和单位

这里所说的量是指物理量，物理量分为基本量和导出量。作为其他物理量的基础的量称为基本量，由基本量导出的量称为导出量。国际单位制将长度（l）、时间（t）、质量（m）、热力学温度（T）、电流（I）、发光强度（I_v）、物质的量（n）确定为基本量，由这七个量导出的量都是导出量，如速度、密度等。

用来度量同类量大小的标准量称为计量单位。基本量的主单位称为基本单位，用基本单位通过相乘、相除得出的单位称为导出单位。

2. 国际单位

国际单位制（SI）中的单位是由米、千克、秒、安（培）、开（尔文）、摩（尔）、坎（德拉）七个基本单位和一系列导出单位构成的完整的单位体系，分别列于表 0—2 和表 0—3 中，它具有统一性、科学性、简明性、实用性、合理性等优点，是国际公认的较先进的单位制。

（1）化工常用的 5 种 SI 基本单位

1）长度。基本单位是米（m），其倍数和分数单位有千米（km）、厘米（cm）、毫米（mm）、微米（μm）等。

2）时间。基本单位是秒（s）。国家选定的非 SI 的时间单位有分钟（min）、小时（h）、天（d）。

3）质量。基本单位是千克（kg），其他还有克（g）及其倍数和分数单位，如吨（t）、毫克（mg）等。

4）热力学温度。基本单位是开尔文（K），温度单位为摄氏度（℃），热力学温度（K）与摄氏温度（℃）的换算公式为：T（K）$=t$（℃）$+273.15$

5）物质的量。基本单位是摩尔（mol），其倍数、分数单位有 kmol、mmol 等。

表 0—2　　国际单位制的基本单位

量的名称	单位名称	单位符号
长度	米	m
质量	千克	kg
时间	秒	s
电流	安［培］	A
热力学温度	开［尔文］	K
物质的量	摩［尔］	mol
发光强度	坎［德拉］	cd

（2）化工常用的具有专门名称的 4 种 SI 导出单位

1）力、重力。单位为牛［顿］（N），倍数、分数单位有 MN、kN、mN 等。

2）压力、压强。单位为帕［斯卡］（Pa），倍数、分数单位有 kPa、MPa、mPa 等。

3）能（量）、功、热（量）。单位为焦［耳］（J），倍数、分数单位有 kJ、mJ，以及瓦秒（W·s）、千瓦时（kW·h）等。

4）功率。单位为瓦（特）（W），倍数、分数单位有 kW、mW 等。

表 0—3　　国际单位制中具有专门名称的导出单位

量的名称	单位名称	单位符号	其他表示形式示例
频率	赫兹	Hz	s^{-1}
力、重力	牛顿	N	$kg \cdot m/s^2$
压力（压强）、应力	帕［斯卡］	Pa	N/m^2
能（量）、功、热（量）	焦耳	J	N·m
功率	瓦特	W	J/s
摄氏温度	摄氏度	℃	无

3. 法定计量单位

由国家以法令形式规定允许使用的单位称为法定计量单位，它是在 1984 年由中华人民共和国国务院公布实施的。中国的法定计量单位是以国际单位制为基础，并根据本国实际情况适当选用一些非国际单位构成的，其组成见表 0—4。同一物理量若用不同单位度量时，其数值需相应地改变，这种换算称为单位换算。单位换算时，需要换算因数。

表 0—4 中国法定计量单位的组成

法定计量单位组成内容		举例	
		单位名称	单位符号
SI 单位	SI 基本单位	米、千克	m、kg
	具有专门名称的 SI 导出单位	牛、焦	N、J
	组合形式的 SI 导出单位	米每秒、帕	m/s、Pa
国家选定的非 SI 的单位		吨、升	t、L
由以上单位构成的组合形式单位		千瓦时	kW · h
由以上单位加 SI 词头构成的倍数和分数单位		毫米	mm
		千焦	kJ

技能训练

参观合成氨厂或石油化工厂，了解典型化工生产工艺流程，认识化工生产中的常见单元操作及典型设备。

【阅读材料】

合成氨生产工艺简介

氨是工业用途众多的基本化工原料。随着农业发展和军工生产的需要，20 世纪初先后开发并实现了氨的工业生产。从氰化法演变到合成氨法以后，近 30 年来，原料不断改变，余热逐渐利用，单系列装置迅速扩大，推动了化学工业相关部门的发展，也带动了燃料化工中新的能源和资源的开发。

除电解法外，不管用何种原料制得的粗原料气中都含有硫化物、一氧化碳、二氧化碳等，这些物质都是氨合成催化剂的毒物，在进行氨合成之前，需将其彻底清除。因此，合成氨过程包括以下三个主要步骤：

1. 原料气的制备

氮气可直接取之于空气或将空气液化分离而得，或使空气通过燃料层燃烧，将生成的一氧化碳和二氧化碳除去而制得。

氢气一般常用含有烃类的各种燃料，如焦炭、无烟煤、天然气、重油等为原料与水蒸气作用的方法来制取。

利用固体燃料（焦炭或煤）的燃烧使水蒸气分解。将空气中的氧气与焦炭或煤反应而制得氮气、氢气、一氧化碳、二氧化碳等气体的混合物。

利用气体燃料如天然气，采用水蒸气转化法、部分氧化法可制得原料气；或利用焦炉气、石油裂化气，采用深度冷冻法制得氢气等。

利用液体燃料（如重油、轻油等）高温裂解或水蒸气转化、部分氧化等方法可制得氮气、氢气、一氧化碳等气体的混合物。

2. 原料气的净化

原料气净化的目的是除去粗原料气中除氢气、氮气以外的杂质。

制得的原料气中含有一定量的硫化物（包括硫化氢、各种有机硫化合物等）、二氧化碳、一氧化碳，以及部分灰尘、焦油等杂质，为防止管道设备阻塞、腐蚀，避免催化剂中毒，必须在氨合成阶段前将杂质除净。

原料气中的机械杂质可借助过滤或用水或其他液体洗涤的方法清除。

气体杂质的去除可视所含杂质的种类、含量等的不同而采用不同的方法。这些方法的不同也使得合成氨生产流程存在较大差异，如脱除硫化物的方法有干法（活性炭法、钴钼加氢法、氧化锌法等）、湿法（氨水催化法、蒽醌二磺酸钠法、栲胶法等）两大类。对于一氧化碳的清除，一般是将一氧化碳变换为二氧化碳和氢气，对未变换的残余微量一氧化碳，再用铜氨液洗涤法或甲烷化法清除。脱除二氧化碳的方法也有很多，一般采用碳酸丙烯酯法、低温甲醇洗涤法、热碳酸钾法等。

3. 压缩和合成

将净化后的氢氮混合气压缩至高压，在铁催化剂作用与高温条件下合成为氨：

$$3H_2 + N_2 \xrightarrow{\text{Fe，高温}} 2NH_3$$

生成的氨经冷却液化，与未反应的氢氮气分离而生成产品（液氨），氢氮气则循环利用。

氨的合成工艺流程如图 0—12 所示，在上述三个步骤中，由于各步骤的操作压力不同，因此合成氨厂通常还设置一个压缩工段，由多段（一般为 5 ~ 6 段）压缩机将各阶段气体按不同的需要压缩到合适的压力。

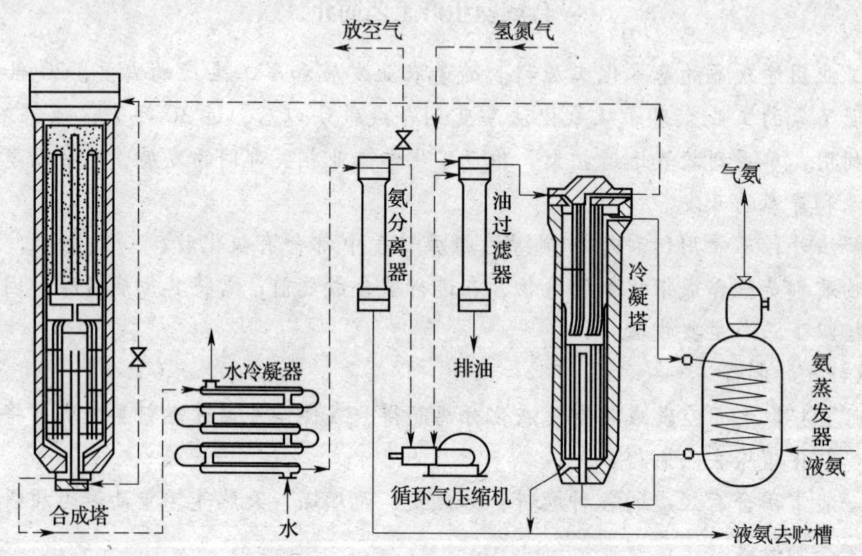

图 0—12　氨的合成工艺流程

思考与练习

1. 试说出学习本课程的目的。
2. 化工生产过程中的化工单元操作主要有哪些？
3. 列出三种常用的基本量和基本单位。

模块一　流体输送

教学要求

应知：

1. 了解流体的基本概念及压力的表示方法和单位换算，流体流动类型的判断及阻力的计算。

2. 理解稳定流动的基本概念，层流和湍流的特点，阻力产生的原因；静止流体内部压力变化的规律及流体压力测量的方法。

3. 掌握连续性方程、伯努利方程及工程应用；化工生产中流体输送的方法。

应会：

1. 了解流体输送机械的作用、类型及特点。

2. 理解气蚀、气缚现象及产生的原因，理解离心泵工作点的含义及流量调节方法。

3. 掌握离心泵的构造、工作原理及特性，掌握离心泵的选用及安装高度计算，能进行离心泵、离心压缩机的操作、维护及故障处理。

课题一　流体力学基本理论知识

流体力学是一门基础性很强及应用广泛的学科。通常把具有流动性的物质称为流体，包括气体和液体。因为化工生产中所处理的物料大多数都是流体，而流体力学就是研究流体流动的基本原理及流动规律，因此有必要运用这些原理和规律分析和计算流体的输送问题。流体力学所研究的对象主要是流体静力学和流体动力学。

任务一　流体静力学理论及工业应用

任务提出

掌握静止流体的特点，通过学习静力学方程熟悉静力学方程在工业生产中的应用。例如如何测量静止流体中某点的压强，如何测量密闭容器中的液位等。

任务分析

通过了解静止流体的特点，以静力学方程为基础，学习典型测压计的工作原理及在工业中的应用。

相关知识

流体静力学是研究静止状态下流体的基本规律。在工程实际中，流体静力学主要用于研究流体在设备或管道内压强的变化与测量、液位的测量及液封等。

一、流体的主要物理量

1. 密度

单位体积流体所具有的质量称为流体的密度。用符号 ρ 表示，单位为 kg/m^3，表达式为

$$\rho = \frac{m}{V} \tag{1—1—1}$$

式中 m——流体的质量，kg；

V——流体的体积，m^3。

（1）液体的密度

液体的密度与温度、压强都有关。由于液体具有不可压缩性，液体密度随压强的变化很小，可忽略不计，唯有温度影响较大。因此，在选用密度时，一定要注明温度。纯液体的密度可由上式求得。

化工生产中遇到的液体多数是混合物，假设各组分在混合前后体积不变，混合液体的密度 ρ_m 可由下式计算：

$$\frac{1}{\rho_m} = \frac{x_{w1}}{\rho_1} + \frac{x_{w2}}{\rho_2} + \cdots + \frac{x_{wn}}{\rho_n} \tag{1—1—2}$$

式中 x_{w1}，x_{w2}，…，x_{wn}——液体混合物中各组分的质量分数；

ρ_1，ρ_2，…，ρ_n——液体混合物中各组分的密度，kg/m^3。

（2）气体的密度

气体属于可压缩性流体，其密度受温度和压强的影响较大。常见的气体密度可从相关手册中查到。压力不太高、温度不太低时，可近似按理想气体状态方程计算：

$$\rho = \frac{pM}{RT} \tag{1—1—3}$$

式中 p——气体的压力，kPa；

T——气体的温度，K；

M——气体的摩尔质量，kg/kmol；

R——摩尔气体常数，8.314 kJ/（kmol·K）。

对于气体混合物的密度，也可用上式计算，但式中的摩尔质量 M 应以混合气体的平均摩尔质量代替。即

$$\rho = \frac{p\bar{M}}{RT} \tag{1—1—4}$$

气体混合物的密度也可根据各组分气体密度进行计算。若各组分在混合前后的体积不变。则有

$$\rho_m = \rho_1 y_1 + \rho_2 y_2 + \cdots + \rho_n y_n \tag{1—1—5}$$

（3）相对密度

一定温度下，流体的密度与 227 K 时纯水密度的比值称为相对密度。用符号 d 表示，即

$$d = \frac{\rho}{\rho_{水}} \tag{1—1—6}$$

式中　ρ——流体在温度 T（K）时的密度，kg/m^3；

$\rho_{水}$——纯水在 277 K 时的密度，$\rho_{水} = 1\ 000\ kg/m^3$。

上式也可写成：$\rho = 1\ 000\ d$。

【例 1—1】　在一个容器中，盛有苯和甲苯的混合物，已知苯的质量分数为 0.4，甲苯为 0.6，求 293 K 时容器中混合物的密度（293 K 时苯的密度为 879 kg/m^3，甲苯为 867 kg/m^3）。

解：已知 $x_{w1} = 0.4$，$x_{w2} = 0.6$，$\rho_1 = 879\ kg/m^3$，$\rho_2 = 867\ kg/m^3$。

将已知条件代入式（1—1—2）得　$\frac{1}{\rho_m} = \frac{0.4}{879} + \frac{0.6}{867} = 1.147 \times 10^{-3}$

$$\rho_m = \frac{1}{1.147} \times 10^3 = 872\ kg/m^3$$

2. 压强

流体垂直作用于单位面积上的力，称为流体静压强，简称压强，工程上称压力。表达式为

$$p = \frac{F}{S} \tag{1—1—7}$$

式中　p——流体的压强，Pa；

F——流体的作用力，N；

S——流体的作用面积，m^2。

在化工生产中，由于操作压强变化很大，为了表示方便，常用单位 MPa、kPa、mPa 表示。压强的单位还有多种，其间的换算关系为

1 atm（标准大气压）$= 1.013 \times 10^5$ Pa = 760 mmHg = 10.33 mH_2O = 1.013 bar（巴）

1 at（工程大气压）$= 9.81 \times 10^4$ Pa = 735.6 mmHg = 10 mH_2O = 0.981 bar

流体的压强除用不同的单位计量外，还可以用不同的方法表示。

以绝对零压做起点计算的压强称为绝对压强，简称绝压，它是流体内部或设备内部的真实压力。以大气压力为基准测量的压力称为表压或真空度，它是真实压力与外界大气压的差值。绝对压强、表压强与真空度之间的关系，可以用图 1—1—1 表示。

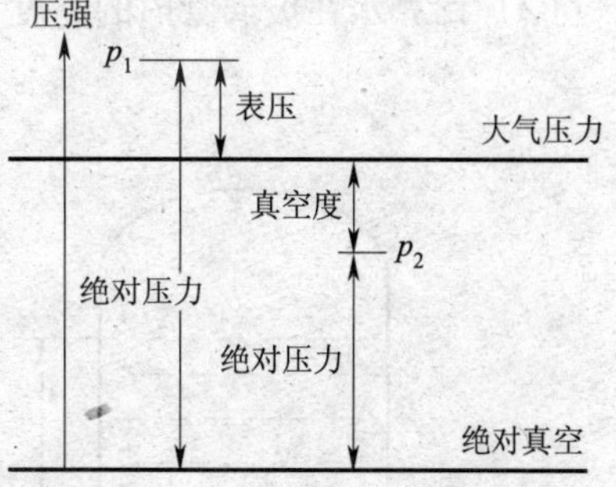

图 1—1—1　绝对压力、表压和真空度的关系

当绝对压强高于大气压时，高出部分为表压，即

表压强 = 绝对压强 − 大气压

当绝对压强低于大气压时，低出部分为真空度，即

真空度 = 大气压 - 绝对压强

应当指出，外界大气压强随大气的温度、湿度和所在地区的海拔高度而变。另外，为了表明压强值，必须在单位后面注明是表压还是真空度，若不注明，则表示绝对压强。

【例1—2】 天津和兰州的大气压强分别为101.33 kPa和85.3 kPa，苯乙烯真空精馏塔的塔顶要求维持5.3 kPa的绝对压强，试计算两地真空表的读数（即真空度）。

解：根据公式 真空度 = 大气压强 - 绝对压强，得

天津 真空度 = 101.33 - 5.3 = 96.03 kPa

兰州 真空度 = 85.3 - 5.3 = 80 kPa

二、静止流体的基本规律

流体处于静止状态时，内部各点所受的压强是不一样的，如图1—1—2所示。在容器中，盛有密度为ρ的静止液体，液面上方的压力为p_0，则距液面高度（深度）为h的A点的压强为

$$p = p_0 + \rho g h \quad (1—1—8)$$

式中 p——液体内部任意一点的压强，Pa；

p_0——液面上方的压强，Pa；

ρ——液体的密度，kg/m^3；

h——该点距离液面的高度，m；

g——重力加速度，一般取值为9.81 m/s^2。

式（1—1—8）称为流体静力学方程式，它表明了静止流体内部压强的变化规律：

1. 静止液体内任意一点的压强与液体的密度、深度有关，液体的密度越大，深度越深，则该点的压强越大。

2. 静止液体内，从各个方向作用于某一点的力都相等；同一水平面上各点所受流体静压强都相等。这个压强相等的水平面称为等压面。

3. 当液体内部任一点的压强或液面上方的压强发生变化时，液体内部各点的压力也会发生同样大小的变化。

【例1—3】 如图1—1—3所示的开口容器内盛有油和水。油层高度h_1 = 0.8 m，密度ρ_1 = 800 kg/m^3；水层高度h_2 = 0.6 m，密度ρ_2 = 1 000 kg/m^3。

（1）判断下列关系是否成立：$p_A = p'_A$、$p_B = p'_B$。

（2）计算水在玻璃管内的高度h。

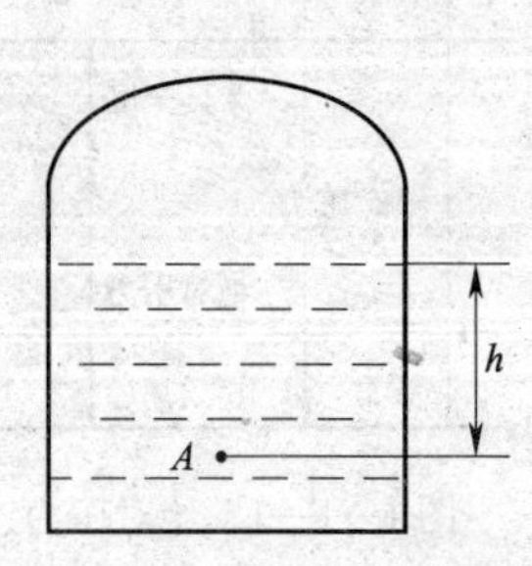

图1—1—2 容器内液体压强示意图

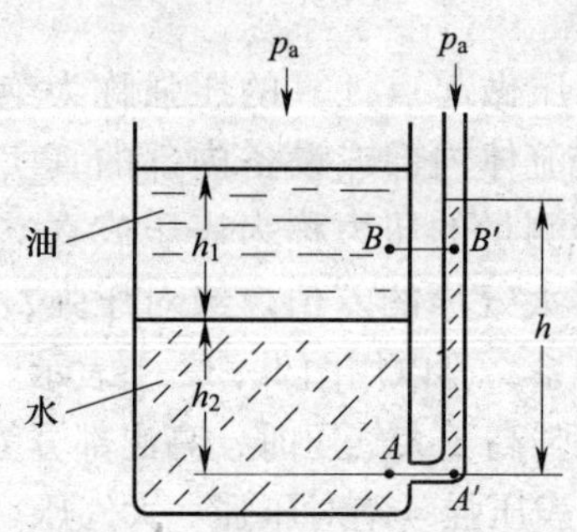

图1—1—3 例1—3图

解：(1) $p_A = p'_A$ 的关系成立。因 A、A'两点在静止的连通着的同一种流体内部的同一水平面上，故 $A—A'$为等压面。

$p_B = p'_B$ 的关系不成立。因 B、B'两点在静止流体的同一水平面上，但不是连通着的同一流体，$B—B'$不是等压面。

(2) 由上面的讨论可知，$p_A = p'_A$，由式（1—1—8）得

$$p_A = p_a + \rho_1 g h_1 + \rho_2 g h_2,\ p'_A = p_a + \rho_2 g h,$$

则
$$h = h_2 + \frac{\rho_1}{\rho_2} h_1 = 0.6 + \frac{800}{1\ 000} \times 0.8 = 1.24\ \text{m}$$

任务实施

利用流体静力学基本方程，可以测定流体内部任意一点的压力或两部位之间的压差、测量液位、计算液封高度等。

一、测量流体压强

化工厂测量流体压强的仪表叫压强计，常用的压强计是U形管压差计，其结构如图1—1—4所示。在U形管内装有密度为 ρ_A 的指示剂，常用的指示剂有水银、煤油、四氯化碳和水等，被选用的指示剂要求不能与被测流体发生化学反应，且不互溶，其密度应大于被测流体密度。U形管两端口与被测流体 B 的测压点相连接，1、2点取在同一水平面上。

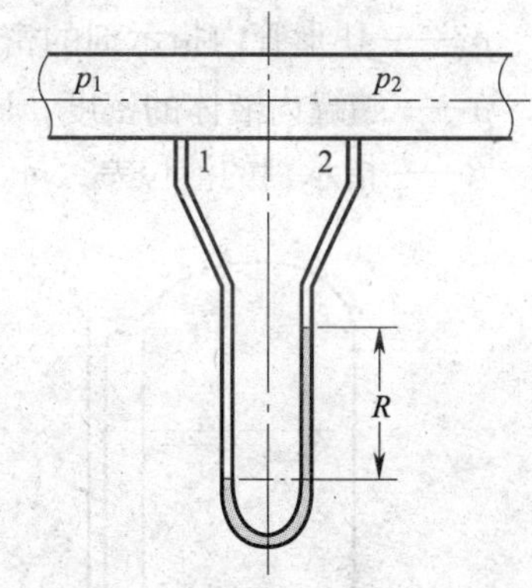

图1—1—4 容器内液体示意图

若1、2两点的压强相等，即 $p_1 = p_2$，则U形管内两侧的指示液没有升降，处于同一水平面；若1、2两点压强不等，假设 $p_1 > p_2$，则两侧指示液将出现一个液位差 R，两点的压差越大，液位差 R 值就越大。应用静力学方程可得

$$p_1 - p_2 = (\rho_A - \rho_B) g R \tag{1—1—9}$$

当被测流体 B 为气体时，由于 ρ_B 很小可视为0，上式可简化为

$$p_1 - p_2 \approx \rho_A g R \tag{1—1—10}$$

从式（1—1—9）可以看出，以U形管压差计测得的压差，与被测液和指示剂的密度及液位差 R 有关，与U形管的粗细、长短无关。在使用U形管压差计时，将U形管一端与测压点相连，另一端通大气。被测压如果为真空度，则 R 将出现在被测点一侧；若为表压，则 R 将出现在通大气的一侧出现。

【例1—4】 有一个处于真空状态下的容器，用一U形管压差计来测定其真空度，U形管一端与容器相连，另一端放空，其中指示剂为水银，读数为 $R = 0.3$ m，$\rho_{银} = 13.6 \times 10^3\ \text{kg/m}^3$，求真空度 Δp。

解：已知U形管压差计一端放空，压强为大气压强 p_1，另一端为小于大气压强的真空度。设容器中的绝对压强为 p_2，则根据真空度 = 大气压强 − 绝对压强，即 $p_1 - p_2 = \Delta p$，得

$$\Delta p = p_1 - p_2 = \rho_{银} g R = 13.6 \times 10^3 \times 9.81 \times 0.3 = 4.0 \times 10^4\ \text{Pa}$$

二、测量液位

化工生产中为了控制液面或了解容器内物料的液位，常需要测量液位，测量液位的方法有用玻璃管液位计测量、近距离液位测量和远距离液位测量等。

1. 玻璃管液位计

玻璃管液位计是生产中常见的一种液位测量计，如图 1—1—5 所示，在储槽的上方和底部，各开一个孔，然后用玻璃管相连接。这种液位计结构简单，读数方便，但玻璃管易破损。

2. 液柱压差法

液柱压差计是储罐底部与 U 形管压差计一端相连，另一端与储罐上端相连的装置。如图 1—1—6 所示。根据流体静力学方程，可从压差计的读数 R 值推算出储罐内的液面的高度 h，即

$$h = \frac{R\rho_A g - p_0}{\rho g} \qquad (1—1—11)$$

式中 p_0——储罐内液面上的压强，Pa；

ρ_A——U 形管内指示剂的密度，kg/m^3；

ρ——储罐内液体的密度，kg/m^3；

R——指示剂的液位差，m。

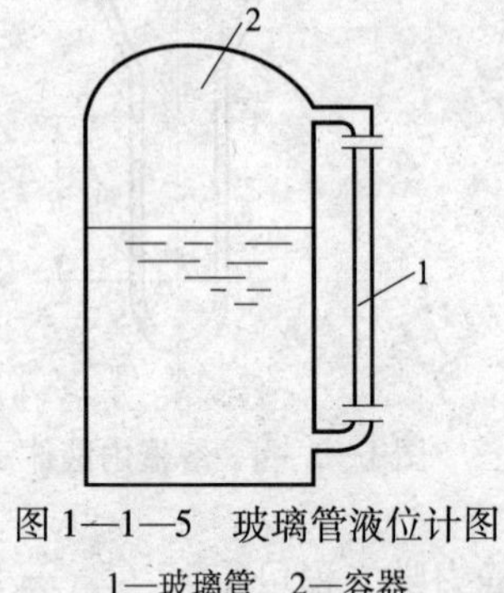

图 1—1—5 玻璃管液位计图

1—玻璃管 2—容器

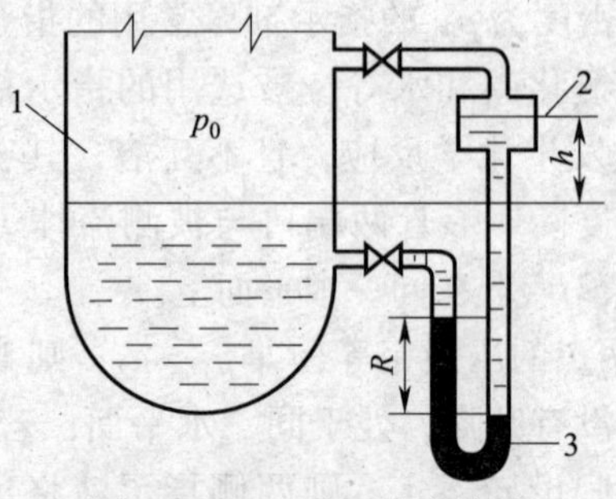

图 1—1—6 差压式液位计

1—容器 2—平衡室 3—U 形管压差计

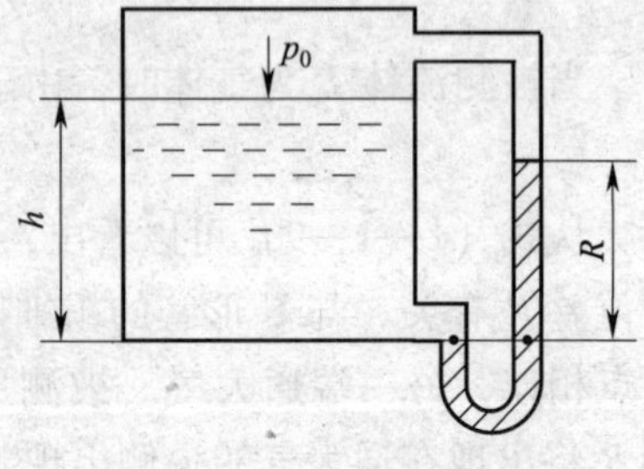

图 1—1—7 差压式液位计

【例 1—5】 如图 1—1—7 所示的储槽内盛有相对密度 d 为 0.8 的油，U 形管压差计中的指示剂为水银，读数为 $R=0.4$ m，容器液面上方的压强 $p_0=15$ kPa（表压），求容器内液面的高度 h。

解：已知 $\rho_{银}=13.6\times10^3$ kg/m^3，$\rho_{油}=d\times10^3=0.8\times10^3$ kg/m^3，$R=0.4$ m，$p_0=15$ kPa。

根据公式（1—1—11），得

$$h=\frac{R\rho_{银}g-p_0}{\rho_{油}g}=\frac{0.4\times13.6\times10^3\times9.81-15\times10^3}{0.8\times10^3\times9.81}=4.9\text{ m}$$

三、压差法远距离液位测量

在化工生产中，大多数的容器或设备的位置离操作室较远，甚至有些容器埋于地面之下，测量其液位可采用压差法远距离液位测量。如图 1—1—8 所示，根据流体静力学方程式推得液位高度与指示剂之间的关系为

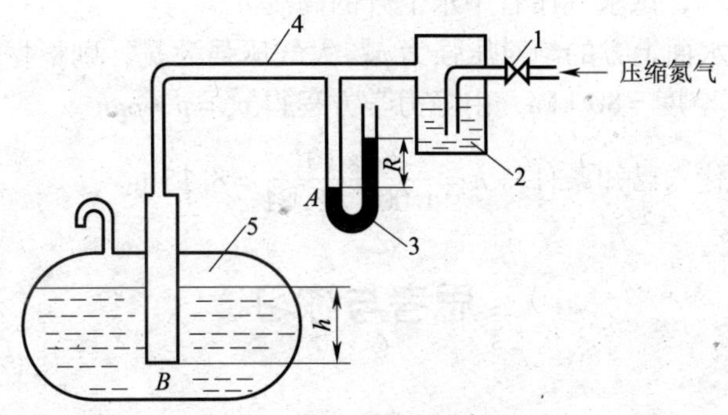

图 1—1—8　远距离液位测量

1—调节阀　2—鼓泡观察器　3—U 形管压差计　4—吹气管　5—储槽

$$h = \frac{\rho_A}{\rho_B} \times R \qquad (1—1—12)$$

式中　h——储罐内液面的高度，m；

ρ_A——U 形管压差器内液体的密度，kg/m^3；

ρ_B——待测液体的密度，kg/m^3。

【例 1—6】　如图 1—1—8 所示，指示液为水银，读数 $R = 100$ mm，储槽内装的是硝基氯苯溶液，密度 ρ 为 1 250 kg/m^3，储槽上方与大气相通，试求储槽中的液面离吹气管出口的距离 h。

解：已知 $\rho_{银} = 13.6 \times 10^3\ kg/m^3$，$\rho = 1\ 250\ kg/m^3$，$R = 100$ mm。根据式（1—1—12）得

$$h = \frac{\rho_{银}}{\rho} \times R = \frac{13.6 \times 10^3}{1\ 250} \times 0.1 = 1.09\ m$$

四、确定液封高度

在生产中为了保证安全，维持正常生产，可用液柱产生的压力将气体封闭在设备内，防止气体泄漏、倒流或有毒气体逸出。通常在系统外装有安全液封，又叫安全水封，若要求设备内的表压不超过 p（表压），那么水封管的插入深度 h 应为

$$h = \frac{p}{\rho g} \qquad (1—1—13)$$

式中　ρ——水封管内的液体密度，kg/m^3。

实际安装时，管子插入水面以下的深度应比计算值小一些。如果水封的目的是保证气体不泄漏，则管子插入水面以下的深度应大一些。

【例 1—7】　真空蒸发操作中产生的水蒸气，往往送入如图 1—1—9 所示的混合冷凝器中与冷水直接接触而冷凝。为了维持操作的真空度，冷凝器上方与真空泵相通，将不凝性气体抽走，同时为了防止外界空气从气压管 4 漏入，使设备内的真空度降低，必须将气压管插入液封槽 5 中，使水在管内上升一定的高度 h，这种措施称为液封。

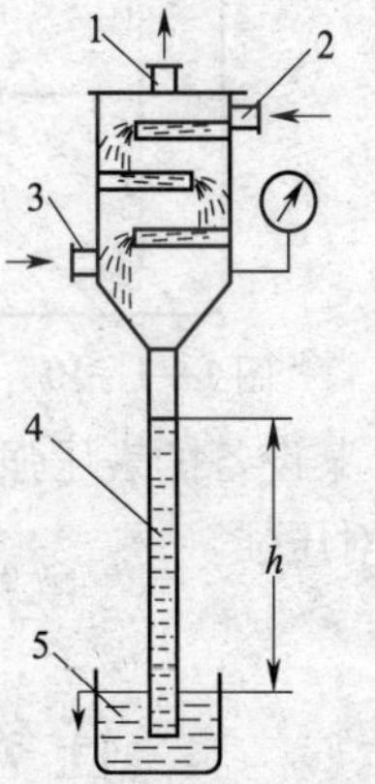

图 1—1—9　例 1—7 图

1—与真空泵相通的不凝性气体出口　2—冷水进口　3—水蒸气进口　4—气压管　5—液封槽

若真空表读数为 80 kPa，试求气压管中水上升的高度 h。

解：设气压管内水面上方的绝对压强为 p，大气压强为 p_a，则根据真空度 = 大气压强 - 绝对压强，$p_a - p$ = 真空度 = 80 kPa，由静力学方程得 $p_a = p + \rho g h$。

于是 $h = \frac{p_a - p}{\rho g}$，代入已知条件得 $h = \frac{80 \times 10^3}{1\ 000 \times 9.81} = 8.15$ m

思考与练习

一、简答题

1. 什么叫密度和相对密度？写出表达式。

2. 什么叫绝对压力、表压及真空度？它们三者的关系是什么？

3. 说明静止流体内部的压力变化规律。

4. 试列举说明流体静力学基本方程式在化工生产中有哪些方面的应用。

二、计算题

1. 如图 1—1—10 所示，在一开口容器内盛有油和水，油层高度 $h_1 = 0.8$ m、密度 $\rho_1 = 800\ \text{kg/m}^3$，水层高度 $h_2 = 0.6$ m、密度 $\rho_2 = 1\ 000\ \text{kg/m}^3$，$A$，$A'$，$B$，$B'$点如图所示。

（1）试判断下列关系是否成立，$p_A = p'_A$、$p_B = p'_B$。

（2）试计算水在玻璃管内的高度 h。

2. 为测得某容器内的压力，采用如图 1—1—11 所示一端接大气的 U 形管压力计，指示液为水银。已知该液体密度为 980 kg/m³，$h = 0.8$ m，$R = 0.4$ m，试计算容器中液面上方的表压。

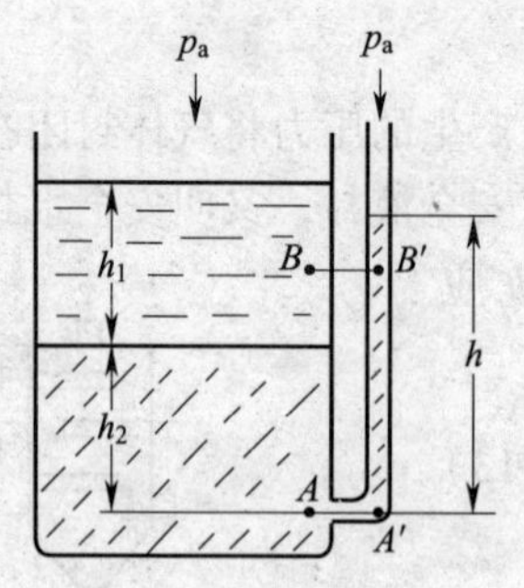

图 1—1—10　计算题第 1 题图

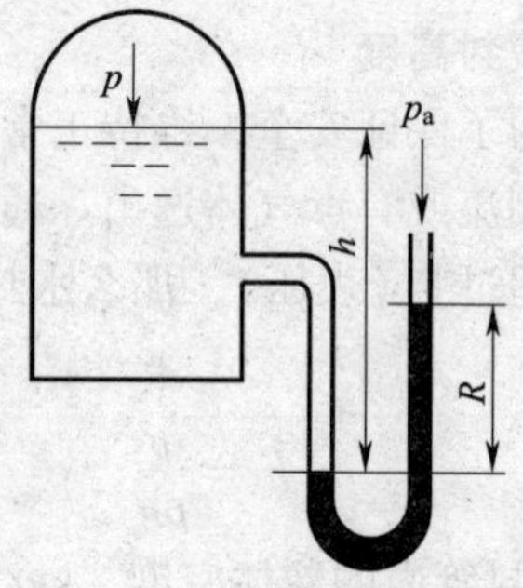

图 1—1—11　计算题第 2 题图

3. 某设备的表压强为 100 kPa，求它的绝对压强；另一设备的真空度为 400 mmHg，求它的绝对压强。

任务二　流体动力学理论及工业应用

任务提出

掌握流体流动的基本规律，通过学习连续性方程和伯努利方程熟悉伯努利方程在工业生产中的应用。测定流体在管道内流动的流量，确定设备间的相对位置。

任务分析

通过流体流动的规律，根据质量守恒及能量守恒定律，得到连续性方程和伯努利方程，并能利用连续性方程和伯努利方程解决在化工生产中流体流动的相关问题。

化工生产中的流体大多是在密闭的管路中流动，每个单元操作中都存在着流体的流动现象，为了更好掌握流体输送过程中遇到的问题，完成各个单元的操作，必须了解流体在管内流动的规律及反映流体在管内流动规律的基本关系式。

相关知识

一、流量和流速

1. 流量

单位时间内流体流过管道任一截面的流体量，称为流量。一般以体积流量和质量流量表示。

(1) 体积流量

单位时间内流过管道任一截面的流体体积，称为体积流量。以符号 Q_v 表示，单位为 m^3/s 或 m^3/h。表达式为

$$Q_v = \frac{V}{t} \tag{1—1—14}$$

式中 V——单位时间内流过管道截面的流体总体积，m^3；

t——时间，s 或 h 。

(2) 质量流量

单位时间内流过管道任一截面的流体的质量，称为质量流量。以符号 Q_w 表示，单位为 kg/s 或 kg/h。质量流量与体积流量之间的关系为

$$Q_w = \rho Q_v \tag{1—1—15}$$

2. 流速

单位时间内流体在流动方向上所流过的距离，称为流速。由于流体在管道内各点的流速不一样，因此，这里所指的流速为流体在整个管道截面上的平均流速，用符号 u 表示，单位为 m/s 或 m/h，表达式为

$$u = \frac{Q_v}{A} = \frac{Q_w}{\rho A} \tag{1—1—16}$$

式中 A——与流动方向垂直的管道截面积，m^2。

对圆形管道，若以 d 表示管道内径，则管道截面积 $A = \frac{\pi}{4}d^2$，代入式（1—1—16）得

$$u = \frac{Q_v}{\frac{\pi}{4}d^2} \tag{1—1—17}$$

$$d = \sqrt{\frac{4Q_v}{\pi u}} \tag{1—1—18}$$

由式（1—1—18）可知，当流体流量一定时，流速越大，所需管径越小，可节省管材，设备投资少，但流体的阻力损失增加，动力消耗增大，操作费用增加。因此，选择最适宜的流速尤为重要。

【例 1—8】 用截面积为 0.1 m^2 的管道来输送密度为 $\rho = 1.84 \times 10^3$ kg/m^3 的硫酸，要求每小时输送硫酸 662.4 t，求该管道中硫酸的体积流量、流速。

解：已知管道截面积 $A = 0.1$ m^2，硫酸的密度 $\rho = 1.84 \times 10^3$ kg/m^3

质量流量 $$Q_w = \frac{662.4 \times 10^3}{3\,600} = 184 \text{ kg/s}$$

体积流量 $$Q_v = \frac{184}{1.84 \times 10^3} = 0.1 \text{ m}^3/\text{s}$$

流速 $$u = \frac{0.1}{0.1} = 1 \text{ m/s}$$

二、流体阻力

流体在流动过程中会遇到阻力，为了克服阻力，需要消耗一定的能量。单位重量流体因克服阻力而损失的能量称为压头损失（H_f），讨论流体阻力产生的原因及阻力损失尤为重要，在工程应用上也是非常重要的。

1. 流体阻力的来源和表现

我们站在河边可以发现，河道中心的水流最急，越靠近河岸水流越慢，甚至于紧靠河岸的地方水流速度几乎为零。流体在管道中的流动情况也是如此，管道中心处速度最大，越靠近管壁，速度越小，管壁处的速度为零，造成这种现象的原因是流体内部流体质点间存在内摩擦力。内摩擦力是流体内部分子与分子之间的相互吸引、相互制约的力，此力造成了流体内部各层之间速度的差异，也就是说，流体在圆管内流动时，好像被分割成了无数极薄的圆筒，一层套一层，各层以不同的速度向前运动，如图 1—1—12 所示。流体在流动时必须克服内摩擦力，它是形成流体阻力的主要原因。

流体在流动过程中会产生大小不等的旋涡，各质点的速度、方向都会发生改变，需要消耗大量的能量，因此，流体的流动状态也是产生流体阻力的原因之一。此外，流体的流道状况（如管壁的粗糙程度、管径的大小与管长等）对流体的阻力也会产生一定的影响。

流体阻力的表现可通过图 1—1—13 所示的装置来说明。在一液面恒定的敞口容器下部接一段水平等径管路，相隔一定的距离连接两段细玻璃管，管路中有一流量调节阀。开启流量调节阀使流量达到一定值时，可观察到三个液面会出现不同的高度差，由于玻璃管内的液柱高度实际上反映了该处流体的压强，所以 $p_1 > p_2$。这说明流体从 1—1′面流到 2—2′面的能量损失是靠流体压强能的减少而提供的，也就是说流体阻力表现为静压强的降低。

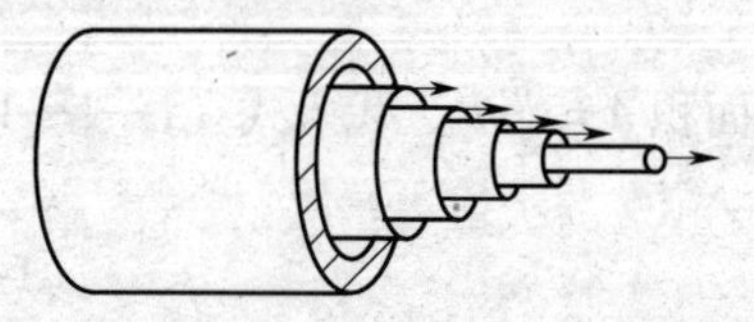

图 1—1—12　流体在管内分层示意图

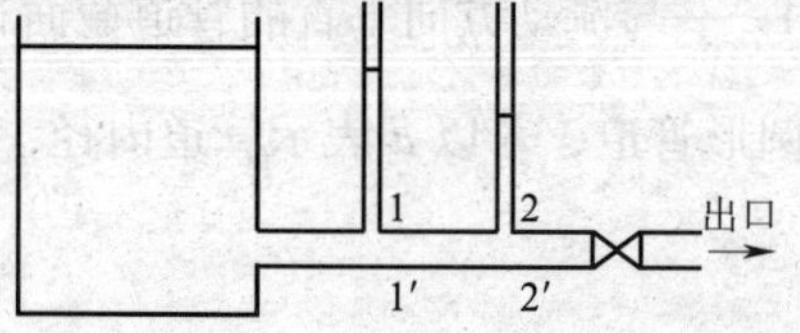

图 1—1—13　流体阻力的表现

2．流体的黏度

流体流动时产生内摩擦力的性质称为黏性，表示黏性大小的物理量称为黏度。黏度实际上反映了流体流动时内摩擦力的大小，也是流体的主要物性参数之一。黏度越大，流动性越差，流动阻力越大。例如油的黏度比水大，油的流动性比水差；蜂蜜的黏度更大，更难流动。对于理想流体来说，其黏度为零，即流动过程中不存在内摩擦力。理想流体的假设，为工程研究带来了很大的方便。

流体的黏度与温度有关。液体的黏度随温度的升高而降低，压强对其影响可忽略不计。气体的黏度随温度的升高而增大，一般工程计算中可忽略压强的影响，但在极高或极低的压强条件下需考虑压强的影响，压强越大，黏度越大。

流体的黏度用符号 μ 来表示。在 SI 单位制中，黏度的单位是 Pa·s，在一些工程手册中，黏度的单位常常用物理单位制下的 cP（厘泊）表示，它们的换算关系为

$$1\ \mathrm{cP} = 10^{-3}\ \mathrm{Pa \cdot s}$$

流体的黏度由实验测定，并要注明测定黏度的温度条件。在缺乏实验数据的情况下，纯物质的黏度、混合物的黏度可以参阅有关资料，选用适当的经验公式求取。

3．流体的流动类型

（1）两种流动类型

流体在管道中流动存在两种截然不同的流动类型，即层流和湍流。流体质点仅沿着与管轴平行的方向作直线运动，质点无径向脉动，质点之间互不混合，这样的流动称为层流（或滞流）；流体质点除了沿管轴方向向前流动外，还有径向脉动，各质点速度的大小和方向都随时变化，质点互相碰撞和混合，这样的流动称为湍流（或紊流）。

无论是层流或湍流，在管道任意截面上，流体质点的速度均沿管径而变化，管壁处速度为零，离开管壁以后速度渐增，到管中心处速度最大。实验证明，层流时的速度沿管径按抛物线的规律分布，截面上各点速度的平均值 u 等于管中心处最大速度 u_{max} 的 0.5 倍，如图 1—1—14 所示；湍流时的速度沿管径的分布和抛物线相似，但顶端较为平坦，平均速度约为管中心处最大速度的 0.82 倍，如图 1—1—15 所示。

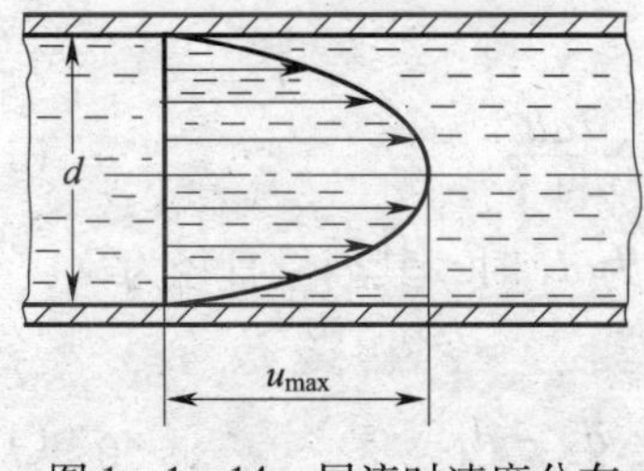

图 1—1—14　层流时速度分布

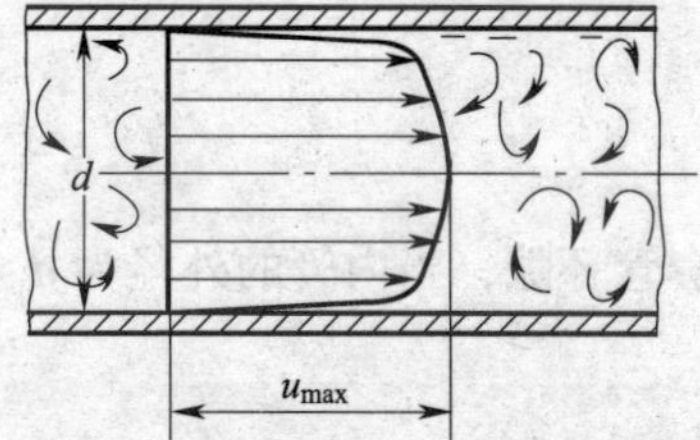

图 1—1—15　湍流时速度分布

（2）流动类型的判断

采用不同的流体和不同的管径进行实验发现：流体的流动类型是由管径 d、流体的流速 u、流体密度 ρ 和流体的黏度 μ 这四个物理量所组成的无单位的数群 $du\rho/\mu$ 来决定的。人们通常把几个有内在联系的物理量按无因次条件组合起来的数群称为准数。由于这个准数是 1883 年英国科学家雷诺通过实验首先总结出来的，故称为雷诺准数或雷诺数，用符号 Re 表示

$$Re = \frac{du\rho}{\mu} \tag{1—1—19}$$

式中　d——管子直径，m；

u——流体的流速，m/s；

ρ——流体的密度，kg/m^3；

μ——流体的黏度，Pa·s。

实验证明，若流体在圆形直管内流动，当 $Re \leqslant 2\ 000$ 时，流动为层流，此区称为层流区；当 $Re \geqslant 4\ 000$ 时，一般出现湍流，此区称为湍流区；当 Re 在 2 000 ~ 4 000 之间时，称为过渡流，即流动可能是层流，也可能是湍流，与外界干扰有关，该区称为不稳定的过渡区。Re 的大小反映了流体的湍流程度，Re 越大，流体的湍流程度越大，质点在流动时的碰撞和混合越剧烈，内摩擦力也越大，也就是说，Re 越大，流体阻力越大。

必须指出：流体流动类型只有两种，即层流和湍流。过渡流不属于流动类型，只是表示该区内可能出现层流，也可能出现湍流。

【例 1—9】　温度为 298 K 的水在内径是 50 mm 的管中流动，已知 $\rho = 998\ kg/m^3$、$\mu = 1.005 \times 10^{-3}$ Pa·s，在管内的流速为 2 m/s，试判断其流动类型。

解：已知 $d = 0.05$ m、$u = 2$ m/s

将以上数据代入式（1—1—19）得

$Re = \frac{0.05 \times 2 \times 998}{1.005 \times 10^{-3}} \approx 99\ 303 > 4\ 000$，故管中水的流动类型为湍流。

生产中常用到一些非圆形管道，如有些气体管路是方形的，套管换热器两根同心圆管间的通路是圆环形的，计算 Re 数值时，需要用一个与圆形管直径 d 相当的“直径”来代替，这个直径称为当量直径，当量直径用 d_e 来表示，可用下式计算

$$d_e = 4 \times \frac{\text{流通截面积}}{\text{润湿周边}} \tag{1—1—20}$$

对于矩形截面

$$d_e = 4 \times \frac{ab}{2(a+b)} = \frac{2ab}{a+b} \tag{1—1—21}$$

对于套管环隙，当内管的外径为 d_1，外管的内径为 d_2 时，其当量直径为

$$d_e = 4 \times \frac{\frac{\pi}{4}(d_2^2 - d_1^2)}{\pi d_2 + \pi d_1} = d_2 - d_1 \tag{1—1—22}$$

【例 1—10】　由一根内管及外管组合的套管换热器，已知内管的外径为 25 mm，外管的内径为 46 mm，冷冻盐水在内、外管间流动。已经冷冻盐水的质量流量为 3.73 t/h，密度为 1 150 kg/m^3，黏度为 1.2×10^{-3} Pa·s，试判断其流动类型。

解：已知 $d_e = 46 - 25 = 21$ mm $= 0.021$ m，$\mu = 1.2 \times 10^{-3}$ Pa·s

$$u = \frac{Q_w}{\rho A} = \frac{3.73 \times 10^3 / 3\ 600}{1\ 150 \times 0.785 \times (0.046^2 - 0.025^2)} = 0.77\ m/s$$

将以上数值代入式（1—1—19），得

$$Re=\frac{du\rho}{\mu}=\frac{0.021\times0.77\times1\ 150}{1.2\times10^{-3}}\approx15\ 500>4\ 000$$

故管中盐水的流动类型为湍流。

4. 流体阻力的讨论

化工生产中的流动阻力包括流动系统中流体通过管路和各种设备时的阻力，此处只讨论流体通过管路时的阻力。化工管路系统主要由两部分组成，一部分是直管，另一部分是管件、阀门等。流体阻力通常以压头损失 H_f 的大小来表示，有时也以与其相当的压强降 Δp 表示，$\Delta p=H_f\rho g$。因此流体阻力主要包括直管阻力和局部阻力。

（1）直管阻力

流体流经一定直径的直管时，由于流体内摩擦而产生的阻力称为直管阻力，又称沿程阻力，以 H_f 表示。通过实验得知，流体只有在流动情况下才产生阻力。因此在流体物理性质、管径与管长相同的情况下，流速增大，能量损失也随之增大，可见流体在直管中的阻力不仅与流速有关，还与流体物理性质、管径与管长等因素有关。

流体的阻力还与直管材料和加工情况有关，通常将管道分为光滑管和粗糙管两类，把玻璃管、铜管、铅管、塑料管等列为光滑管，把钢管、铸铁管、水泥管等列为粗糙管。管路壁面凸出部分的平均高度称为绝对粗糙度，用符号 ε 表示，绝对粗糙度 ε 和管路直径的比值称为相对粗糙度，用符号 ε/d 表示。

（2）局部阻力

流体流经管路中的管件、阀门以及管径的突然扩大和缩小等局部地方引起的阻力称为局部阻力，如图 1—1—16 所示，由于流速大小及方向的改变，流体质点间碰撞加剧而引起的阻力，以 H'_f 表示。局部阻力损失有两种计算方法。

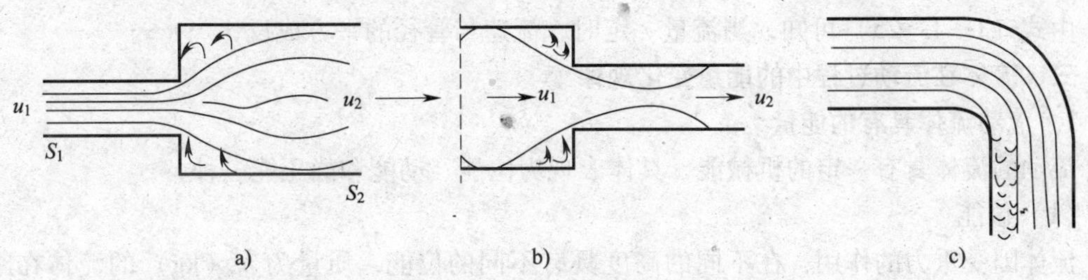

图 1—1—16　局部阻力的形成

a）突然扩大　b）突然收缩　c）转弯

1）当量长度法。将流体流过管件或阀门的局部阻力折合成直径相同、长度为 l_e 的直管所产生的阻力，同样，管件与阀门的当量长度都是由实验确定的，在湍流情况下，可通过查图得到某些管件与阀门的当量长度，有时也以管道直径的倍数 l_e/d 表示。

2）阻力系数法。克服局部阻力所消耗的机械能可以表示为动能的某一倍数，与局部阻力系数有关，一般由实验测定，用 ζ 表示。

（3）降低流体阻力的途径

流体阻力越大，输送流体过程中所消耗的动力越大，能耗和生产成本就越高，因此，要想法降低流体阻力。根据上述分析，欲降低流体阻力可采取如下措施：

1）合理布局、尽量减少管长、走直线、少拐弯、少装不必要的管件和阀门。

2）适当加大管径并尽量选用光滑管。在流量不变的情况下，管径增大一倍，压头损失变为原来的1/32，但管径大，消耗的金属材料多，基建费用高，实际生产中应从基建费用和设备费用方面全面考虑。

3）在允许的条件下，将气体压缩或液化后输送；高黏度液体长距离输送时，可用加热的方法（蒸汽伴管）降低黏度；在被输送液体中加入减阻剂，如丙烯酰胺、聚氧乙烯等。

5. 稳定流动的连续性方程

化工生产具有连续性的特点，当流体在大小不同的管道内作稳定流动时，根据质量守恒定律，单位时间内通过导管任一截面上的流体质量应该相等，如图1—1—17所示，即 $Q_{w1}=Q_{w2}$，再根据式（1—1—16）可得

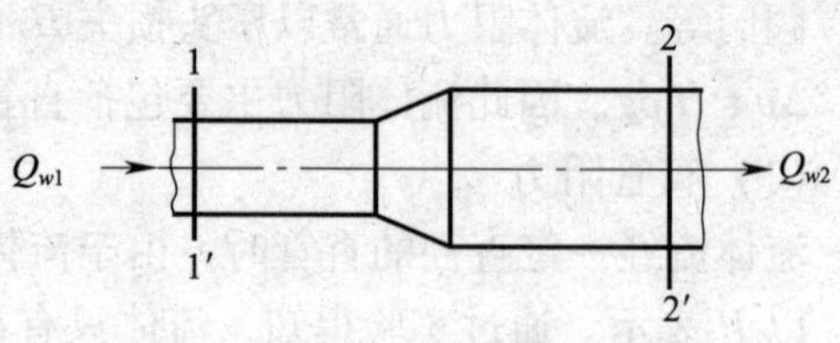

图1—1—17　连续性方程式的推导

$$u_1A_1\rho_1 = u_2A_2\rho_2 \tag{1—1—23}$$

若将上式推广到管路中的任何一个截面，可得

$$Q_w = u_1A_1\rho_1 = u_2A_2\rho_2 = \cdots = uA\rho = 常数$$

上式即为稳定流动的连续性方程式，是研究流动流体时的重要方程式之一。若流体可视为不可压缩流体，即 $\rho_1=\rho_2$，则式（1—1—23）可改写为

$$u_1A_1 = u_2A_2 \tag{1—1—24}$$

对于圆形管路，$A=\frac{\pi}{4}d^2$，则式（1—1—24）又可写成

$$\frac{u_1}{u_2} = (\frac{d_2}{d_1})^2 \tag{1—1—25}$$

由式（1—1—25）可知，当流量一定时，流速与管径的平方成反比。

三、流体在流动过程中的能量变化规律

1. 流动流体具有的能量

流动的流体具有一定的机械能，具体表现为位能、动能和静压能三种。

（1）位能

流体因受重力的作用，在不同的高度具有不同的位能，质量为 m（kg）的流体在距离基准面 Z（m）处所具有的位能为

$$位能 = mgZ\ (\text{J})$$

$$1\ \text{kg}\ 流体所具有的位能 = gZ\ (\text{J/kg})$$

$$1\ \text{N}\ 流体所具有的位能 = Z\ (\text{m})$$

习惯上将1 N流体所具有的能量称为压头，则1 N流体所具有的位能称位压头。用压头表示能量大小时，要注明是哪一种流体，不能简单地说压头是多少米。

（2）动能

流体因有一定的速度而具有的能量称为动能。质量为 m（kg）的流体以一定的速度 u（m/s）流动时，流体具有的动能为

$$动能 = \frac{1}{2}mu^2\ (\text{J})$$

$$1\ \text{kg 流体所具有的动能} = \frac{1}{2}u^2\ (\text{J/kg})$$

$$1\ \text{N 流体所具有的动能} = \frac{u^2}{2g}\ (\text{m})$$

习惯上将 1 N 流体所具有的动能称为动压头。

（3）静压能

流动着的流体内部任一处都存在一定的静压强，如果在管壁上开一小孔，并在小孔处装一根与管子垂直的细玻璃管，则流体在管道内流动时，受静压力的作用，在细玻璃管内会升起一定高度的液面，这就表明流动的液体内部存在着静压强。由于流体具有一定静压强而具有的能量称为静压能。若质量为 m（kg）、密度为 ρ 的流体在管道截面上任意一处的静压力为 p，则流体具有的静压能为

$$\text{静压能} = m\frac{p}{\rho}\ (\text{J})$$

$$1\ \text{kg 流体所具有的静压能} = \frac{p}{\rho}\ (\text{J/kg})$$

$$1\ \text{N 流体所具有的静压能} = \frac{p}{\rho g}\ (\text{m})$$

习惯上将 1 N 流体所具有的静压能称为静压头。

通常将位能、动能及静压能三者之和称为某截面上的总机械能。

2. 损失能量和外加能量

（1）损失能量

流体在管内流动的过程中由于存在分子间的内摩擦和管道与流体间的相互摩擦，因而要消耗一部分机械能量，消耗的这部分机械能即为损失能量。通常把 1 kg 流体在流动系统中所损失的能量用符号 Σh_f 表示，单位为 J/kg。将 1 N 流体在流动系统中损失的能量称为压头损失，用符号 H_f 表示，单位为 m。

（2）外加能量

在流体输送中，为了使流体从一个设备输送到另一个设备，从低处输送到高处，需安装输送机械对流体做功，增加流体的能量。通常把 1 kg 流体从输送机械获得的机械能称为外加能量或外加功，用符号 W_e 表示，单位为 J/kg；1 N 流体所获得的外加能量称为外加压头，用符号 H_e 表示，单位为 m。

四、实际流体流动的机械能衡算——伯努利方程

根据能量守恒定律可知，进入某管路的机械能等于离开该段管路的机械能，即输入的机械能 + 外加能量 = 输出的机械能 + 损失能量。如图 1—1—18 所示的稳定流动系统，流体从 1—1′截面由泵输送到 2—2′截面，若按 1 kg 流体为基准进行衡算，则有

$$Z_1 g + \frac{u_1^{\ 2}}{2} + \frac{p_1}{\rho} + W_e = Z_2 g + \frac{u_2^{\ 2}}{2} + \frac{p_2}{\rho} + \Sigma h_f \tag{1—1—26}$$

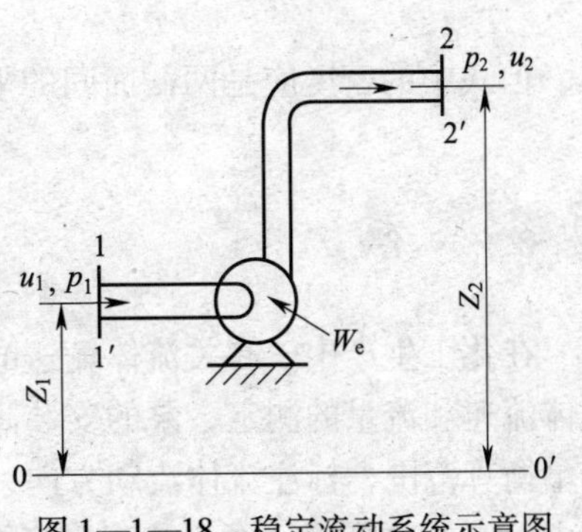

图 1—1—18　稳定流动系统示意图

若以 1 N 流体为基准进行衡算，即各能量用压头

来表示，则有

$$Z_1 + \frac{u_1^{\ 2}}{2g} + \frac{p_1}{\rho g} + H_e = Z_2 + \frac{u_2^{\ 2}}{2g} + \frac{p_2}{\rho g} + H_f \tag{1—1—27}$$

式中 Z_1，Z_2——两截面中心处距离基准水平面的高度，m；

u_1，u_2——两截面处流体的流速，m^3/s；

p_1，p_2——两截面处的静压力，Pa；

ρ——流体的密度，kg/m^3；

W_e——流体从泵所获得的外加能量，J/kg；

H_e——流体从泵所获得的外加压头，m；

H_f——流体经两截面时损失压头，m。

式（1—1—27）称为流动的实际流体机械能衡算式，习惯上称伯努利方程。它表明了流动流体能量间的关系和流动规律。

五、伯努利方程式的讨论及应用

1．理想流体

流动过程中没有阻力损失的流体为理想流体，即 $H_f=0$，若外加能量 $H_e=0$，则伯努利方程可写为

$$Z_1 + \frac{u_1^{\ 2}}{2g} + \frac{p_1}{\rho g} = Z_2 + \frac{u_2^{\ 2}}{2g} + \frac{p_2}{\rho g} \tag{1—1—28}$$

式（1—1—28）为理想流体的伯努利方程式，从式中可以看出总机械能守恒，即 $Z + \frac{u^2}{2g} + \frac{p}{\rho g} =$ 常数，但不同形式的机械能之间可以相互转换。

2．静止流体

静止流体流速为零，没有能量损失，也不需要外加能量，则伯努利方程式可写为

$$Z_1 + \frac{p_1}{\rho g} = Z_2 + \frac{p_2}{\rho g} \tag{1—1—29}$$

式（1—1—29）称为静止流体的伯努利方程式，也称为流体静力学方程式。由此可见，伯努利方程式不仅说明了流体流动的规律，也说明了静止流体的基本规律，而流体的静止状态只不过是流体运动状态的一种特殊形式。

3．气体

对于可压缩性气体来说，如果压强变化不大，即 $\frac{p_1+p_2}{p_2}<20\%$，仍可用伯努利方程式计算，但式中的密度应是两截面间的平均密度，即 $\rho_m=\frac{\rho_1+\rho_2}{\rho_2}$。

任务实施

在化工生产中，有关流体输送的问题都可以用连续性方程式和伯努利方程式来解决，如流体流速和流量的测定，泵的安装高度和泵扬程的测量等。在应用伯努利方程式时应先确定能量衡算范围，标注流体流动方向，确定计算截面。一般需注意以下几个问题：

（1）根据题意，画出流程示意图。

（2）正确选取截面，以确定能量衡算范围。截面必须与流体的流动方向垂直，两截面间的流体必须是连续的，截面宜选在已知量多、计算方便处。

（3）选取合适的基准水平面。一般选取两截面中位置较低的截面为基准水平面。

（4）单位必须统一。计算时要注意各物理量的单位保持一致。伯努利方程式在化工生产中的应用有以下几个方面：

1）确定流体输送的高位槽液面的高度。

2）确定送料的压缩气体的压强。

3）确定输送设备需要的功率。

4）确定流体的流量。

一、容器间相对位置的计算

在化工生产中，利用设备位置的高度差来产生流体所要求的流速（或流量）的例子很多，如水塔、高位槽等，其中最主要的问题是确定设备之间的位差。

【例 1—11】 如图 1—1—19 所示，从高位槽向塔内送料，高位槽中液位恒定，高位槽和塔内的压力均为大气压。送液管是外径×壁厚为 ϕ45 mm×2.5 mm 的钢管，要求送液量为 3.6 m^3/h。设料液在管内的压头损失为 1.2 m（不包括出口能量损失），试问高位槽的液位要高出进料口多少米?

解：如图所示，取高位槽液面为 1—1′截面，进料管出口内侧为 2—2′截面，以过 2—2′截面中心线的水平面 0—0′为基准面。列 1—1′和 2—2′截面间的伯努利方程

$$Z_1+\frac{u_1^2}{2g}+\frac{p_1}{\rho g}+H_e=Z_2+\frac{u_2^2}{2g}+\frac{p_2}{\rho g}+H_f$$

其中，$Z_1=h$、$u_1=0$、$p_1=0$（表压）、$H_e=0$；$Z_2=0$、$p_2=0$（表压）、$H_f=1.2$ m

根据已知条件和式（1—1—17）得 $u_2=\frac{Q}{0.785\ d^2}=\frac{3.6/3\ 600}{0.785\times0.04^2}=0.796$ m/s

将以上各值代入伯努利方程式中，可确定高位槽液位的高度

$$h=\frac{1}{2\times9.81}\times0.796^2+1.2=1.23\text{ m}$$

二、管内流体压力的计算

【例 1—12】 如图 1—1—20 所示，某厂利用喷射泵输送氨。管道中稀氨水的质量流量为 1×10^4 kg/h，密度为 1 000 kg/m^3，入口处的表压为 147 kPa。管道的内径为 53 mm，喷嘴出口处内径为 13 mm，喷嘴能量损失可忽略不计，试求喷嘴出口处的压力。

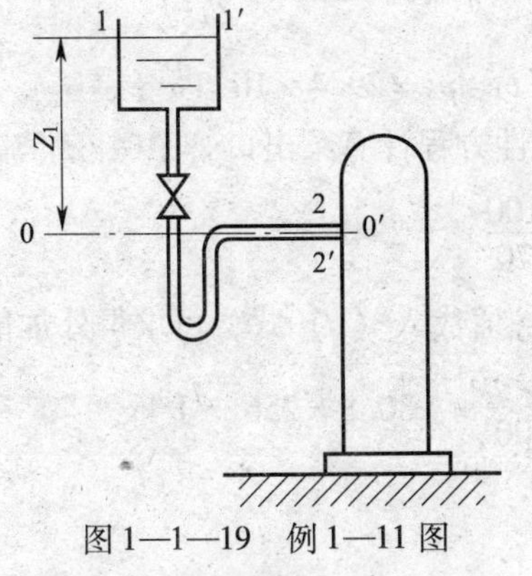

图 1—1—19　例 1—11 图

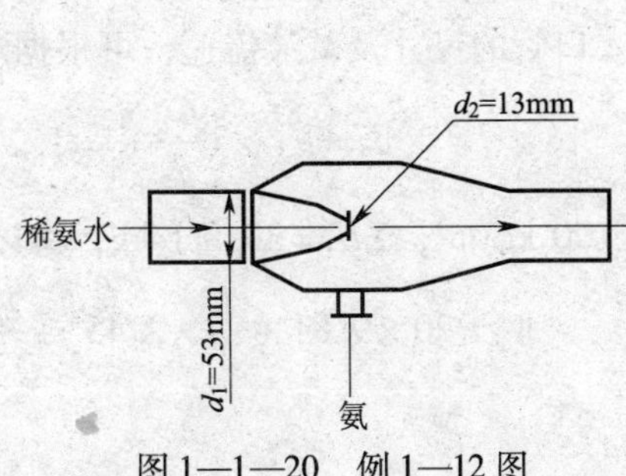

图 1—1—20　例 1—12 图

解：取稀氨水入口为1—1′截面，喷嘴出口为2—2′截面，管中心线为基准面。列1—1′和2—2′截面间的伯努利方程

$$Z_1+\frac{u_1^2}{2g}+\frac{p_1}{\rho g}+H_e=Z_2+\frac{u_2^2}{2g}+\frac{p_2}{\rho g}+H_f$$

其中，$Z_1=0$、$p_1=147\times10^3$ Pa（表压）、$Z_2=0$、$H_e=0$、$H_f=0$

$$u_1=\frac{Q_w}{0.785\ d_1^2\rho}=\frac{10\ 000/3\ 600}{0.785\times0.053^2\times1\ 000}=1.26\ \text{m/s}$$

$$u_2=u_1\times(\frac{d_1}{d_2})^2=1.26\times(\frac{0.053}{0.013})^2=20.94$$

将以上各值代入伯努利方程式，解得：$p_2=-71.45$ kPa（表压），即喷嘴出口处的压力为71.45 kPa。

三、确定系统的外加能量

在化工生产中，需要流体输送机械对流体做功来完成流体的输送任务，流体则需通过输送设备来获得高压，以满足生产工艺的要求。确定系统应当输入的外加能量是选用该机械设备型号的重要依据。

【例1—13】 某化工厂用泵将敞口碱液池中的碱液（密度为1 100 kg/m³）输送至吸收塔顶，经喷嘴喷出，如图1—1—21所示。泵的入口管是外径×壁厚为ϕ108 mm×4 mm的钢管，管中液体的流速为1.2 m/s，出口管是外径×壁厚为ϕ76 mm×3 mm的钢管。储液池中碱液的深度为1.5m，碱池液面至塔顶喷嘴入口处的垂直距离为20 m。碱液流经所有管路的能量损失为30.8 J/kg（不包括喷嘴），在喷嘴入口处的压力为29.4 kPa（表压），试求泵应当输入的外加能量。

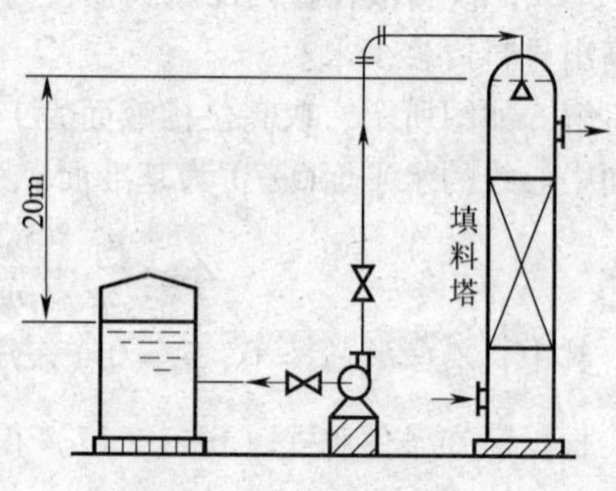

图1—1—21 例1—13图

解：如图1—1—21所示，取碱液池中液面为1—1′截面，塔顶喷嘴入口处为2—2′截面，并且以1—1′截面为基准水平面。列1—1′和2—2′截面间的伯努利方程

$$Z_1g+\frac{u_1^2}{2}+\frac{p_1}{\rho}+W_e=Z_2g+\frac{u_2^2}{2}+\frac{p_2}{\rho}+\sum h_f \quad (a)$$

$$W_e=(Z_2-Z_1)g+\frac{1}{2}(u_2{}^2-u_1{}^2)+\frac{p_2-p_1}{\rho}+\sum h_f \quad (b)$$

其中，$Z_1=0$、$p_1=0$（表压）、$u_1=0$；$Z_2=20$ m、$p_2=29.4\times10^3$ Pa（表压）

已知泵入口管的尺寸及碱液流速，可根据连续性方程计算泵出口管中碱液的流速

$$u_2=u_入\times(\frac{d_入}{d_2})^2=1.2\times(\frac{100}{70})^2=2.45\ \text{m/s}$$

又$\rho=1\ 100$ kg/m³，$\Sigma H_f=30.8$ J/kg，将以上各值代入（b）式，可求得外加能量

$$W_e=20\times9.81+\frac{1}{2}\times2.45^2+\frac{29.4\times10^3}{1\ 100}+30.8=256.7\ \text{J/kg}$$

思考与练习

一、简答题

1. 什么叫体积流量、质量流量和流速？它们之间有什么关系？

2. 试述连续性方程式成立的条件、表达式、物理意义。

3. 简述伯努利方程式的应用条件、各项单位及其物理意义。

二、选择题

1. 流体在圆形直管中作层流流动时，其速度分布是（　　）形曲线，其管中心最大流速为平均流速的（　　）倍。

A. 抛物线　0.82　　B. 直线　0.50　　C. 抛物线　0.50　　D. 直线　0.82

2. 通常流体黏度 μ 随温度 t 的变化规律为（　　）。

A. t 升高、μ 减小

B. t 升高、μ 增大

C. 对液体 t 升高 μ 减小，对气体则相反

D. 对液体 t 升高 μ 增大，对气体则相反

3. 层流和湍流的本质区别是（　　）。

A. 湍流流速大于层流流速　　B. 层流时的 Re 小于湍流时的 Re

C. 流道截面大时为湍流，截面小时为层流　　D. 层流无径向脉动，而湍流有径向脉动

4. 已知某矩形管道的长 × 宽为 15 cm × 20 cm，则其当量直径为（　　）cm。

A. 17.14　　B. 17.5　　C. 19.55　　D. 16.33

三、计算题

如图 1—2—22 所示为 CO_2 水洗塔供水系统。水洗塔内的绝对压力为 2 100 kPa，储槽水面的绝对压力为 300 kPa，塔内水管与喷头连接处高于水面20 m，管路为 ϕ57 mm × 2.5 mm（外径 × 壁厚）的钢管，送水量为 15 m^3/h。塔内水管与喷头连接处的绝对压力为 2 250 kPa，设自储槽至喷头连接处的能量损失为 5 mH_2O，试求外加压头。

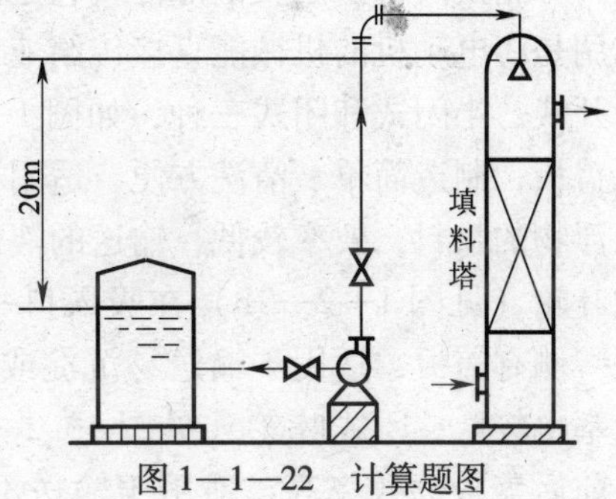

图 1—1—22　计算题图

课题二　液体输送设备及操作实训

在化工生产中，流体输送是最常见的，也是必不可少的单元操作。流体输送机械就是向流体做功使流体获得机械能的装置，如将液体从低位输送到高位，将流体从一个设备输送到另一个设备，从这个车间输送到另一个车间等。

通常将输送流体的机械称为泵，将输送气体的机械称为风机或压缩机。

在化工生产中，液体输送机械种类很多，一般按其工作原理可以分为：离心式、容积式和流体作用式三类。其中离心式的离心泵在化工生产中应用广泛，约占化工用泵的 80% 以

上。本节主要以离心泵为重点进行讨论。

任务一　液体输送设备认识

任务提出

液体从低位送往高位时所采用的输送设备是如何工作的？它的性能和结构如何？这就是在本次任务中应该掌握和学习的内容。

任务分析

以离心泵为任务对象，掌握离心泵的结构及工作原理。对往复泵和其他类型泵作简单的介绍。

相关知识

一、离心泵的结构和工作原理

离心泵的构造如图1—2—1所示，离心泵主要由叶轮、泵壳和轴封装置三部分构成。

1. 叶轮

叶轮是离心泵的关键部件，它是由6～12片相对旋转方向向后弯曲的叶片组成。叶轮的作用是将电动机的机械能直接传给液体，提高液体的动能和静压能。叶轮按其机械结构可分为开式、半闭式和闭式三种，如图1—2—2所示。开式叶轮（见图1—2—2a）在叶片两侧无盖板，制造简单、清洗方便，适用于输送含有较大量悬浮物的物料，效率较低，输送的液体压力不高；半闭式叶轮（见图1—2—2b）在吸入口一侧无盖板，而在另一侧有盖板，适用于输送易沉淀或含有颗粒的物料，效率也较低；闭式叶轮（见图1—2—2c）在叶片两侧有前后盖板，效率高，适用于输送不含杂质的清洁液体，一般的离心泵叶轮多为此类。

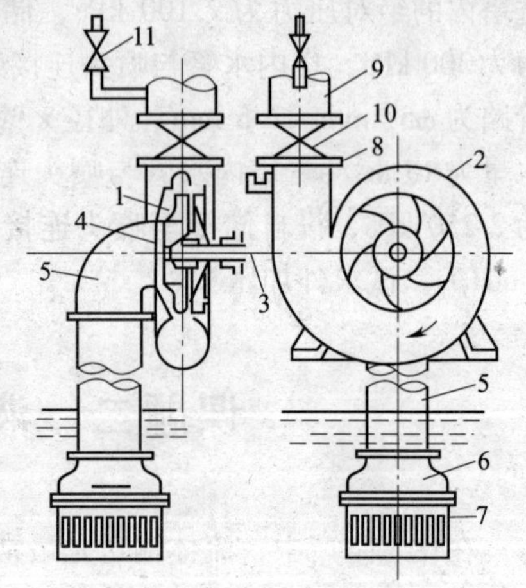

图1—2—1　离心泵的构造

1—叶轮　2—泵壳　3—泵轴　4—吸入口　5—吸入管　6—底阀　7—滤网　8—排出口　9—排出管　10—调节阀　11—排液阀

闭式和半闭式叶轮均有后盖板，叶轮在运行时，离开叶轮的高压液体，少部分会倒流到后盖板与泵壳之间的间隙中，由于叶轮吸液口处于真空状态，从而造成叶轮两侧存在压差；此压差使叶轮产生一个轴向的推力，使电动机的负荷增大，严重时会引起叶轮与泵壳摩擦，甚至发生泵体振动、磨损和运转不正常。为减小轴向推力，在小型离心泵中，通常在叶轮后盖板上钻些小孔，称为平衡孔，这样，使一部分高压液体由平衡孔漏至低

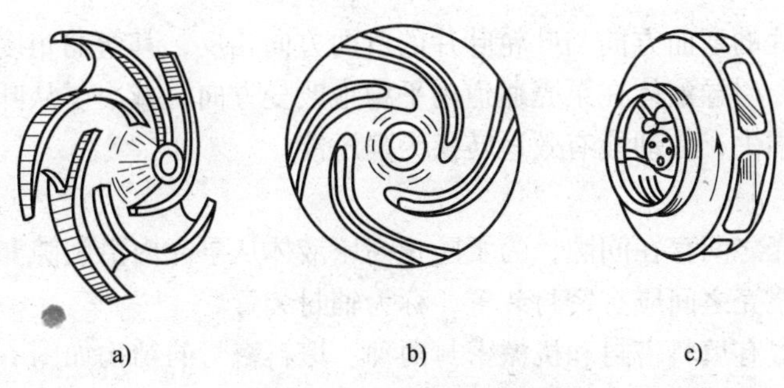

图 1—2—2　叶轮的类型

a）开式　b）半闭式　c）闭式

压区，以减小叶轮两侧的压力差，但同时也会降低泵的效率。这种平衡轴向力的装置是最简单的，对于大型泵和多级泵用平衡盘装置来平衡轴向力，以防止泵轴窜动。

叶轮按吸液方式的不同，可分为单吸式和双吸式两种，如图 1—2—3 所示。单吸式叶轮结构简单，液体只能从叶轮一侧被吸入。双吸式叶轮是从叶轮两侧对称地吸入液体，不仅具有较大的吸液能力，而且可以基本上消除轴向推力。

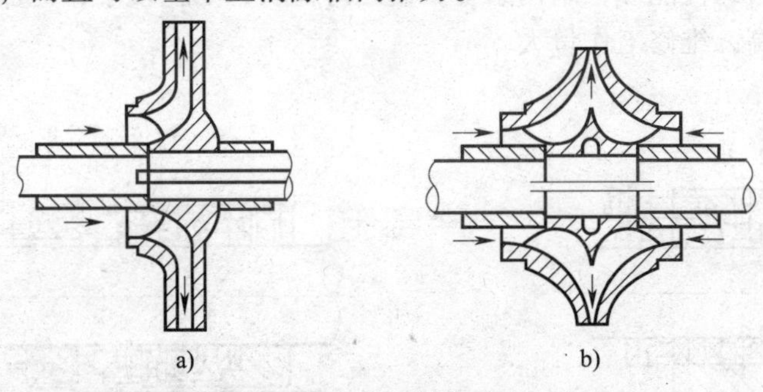

图 1—2—3　离心泵的吸液方式

a）单吸式　b）双吸式

2. 泵壳

如图 1—2—4 所示，离心泵的泵壳通常制成蜗牛形，故又称蜗壳。叶轮在泵壳内沿着蜗形通道逐渐扩大的方向旋转，越接近出口，流道截面积越大，从叶轮甩出的液体的流速则逐渐降低，使部分动能转换为静压能。所以泵壳是一个能量转换装置。

为了减少液体直接进入泵壳时因碰撞引起的能量损失，在叶轮与泵壳之间有时还装有一个固定不动而且带有叶片的导叶轮，如图 1—2—5 所示。导叶轮是位于叶轮外周的固定的带

图 1—2—4　泵壳及壳内液体的流动状况

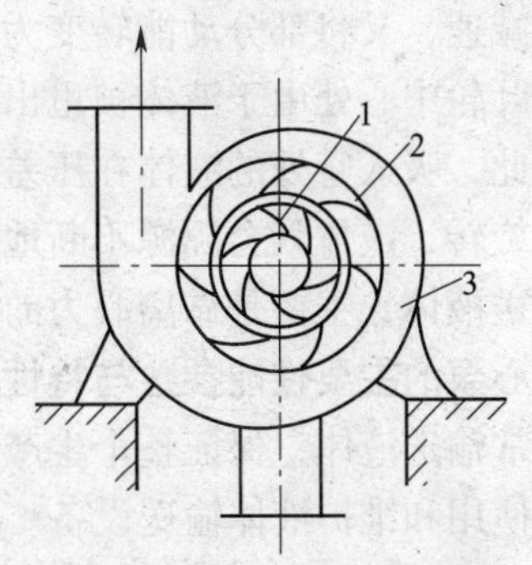

图 1—2—5　泵壳与导叶轮

1—叶轮　2—导叶轮　3—泵壳

叶片的环，这些叶片的弯曲方向与叶轮叶片的弯曲方向相反，其弯曲角度正好与液体从叶轮流出的方向相适应，引导液体在泵壳通道内平稳地改变方向，减小了从叶轮外缘进入泵壳时因碰撞造成的能量损失，使动能有效地转换为静压能。

3. 轴封装置

由于泵轴和泵壳之间存在间隙，为了防止高压液体从泵壳内沿间隙漏出，或外界空气渗入泵内，在泵轴与泵壳之间应有密封装置，称为轴封装置。

常用的轴封装置有填料密封和机械密封两种。填料密封的结构如图1—2—6所示，它主要由与泵壳连在一起的填料函壳1，软填料2，液封圈3和填料压盖4等组成。填料一般用浸油或涂有石墨的石棉绳，当拧紧螺钉时，压盖将填料压紧在填料函壳与泵轴之间，从而达到密封的目的。填料密封结构简单，但功耗大，沿轴会有少量液体外泄，需定期维修，不适用于输送易燃、易爆、有毒和贵重的液体。

机械密封又叫端面密封，是近年来化工用泵中比较常用的密封装置，主要是靠装在轴上的动环与固定在泵壳上的静环之间端面作相对运动而达到密封的目的，其结构如图1—2—7所示。机械密封的密封性能好，结构紧凑，使用寿命长，功耗较小，但加工精度要求高，安装要求严格，价格高，维修工作量大。

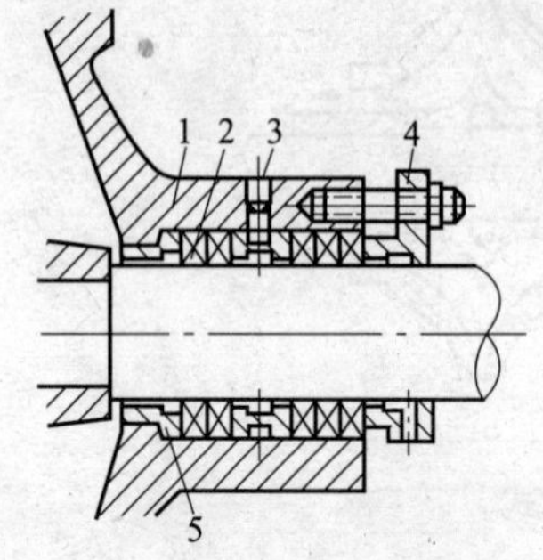

图1—2—6　填料密封

1—填料函壳　2—软填料　3—液封圈
4—填料压盖　5—内衬套

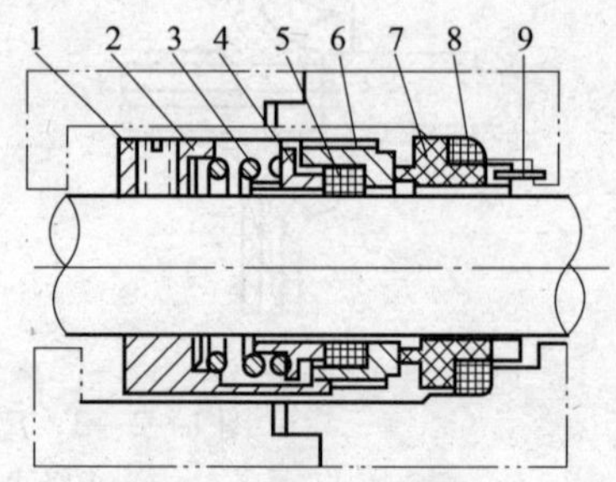

图1—2—7　机械密封

1—螺钉　2—传动座　3—弹簧　4—推环　5—动环密封圈
6—动环　7—静环　8—静环密封圈　9—防转销

离心泵在运转之前，泵内要灌满被输送的液体，称为灌液。灌液结束后，启动电动机，叶轮在电动机的带动下高速旋转，叶片间的液体也跟着一起旋转，在离心力的作用下，液体以很高的速度从叶轮中心被甩向外缘，获得很高的动能，进入蜗壳形通道，由于流道截面的逐渐扩大而减速，又将部分动能转变为静压能，最后以较高的压强排出管道，送至需要的场所。同时，叶轮中心处由于液体被甩出而形成一定的真空，储槽液面上方的压强比叶轮中心处要高，因此，吸入管处的液体在压差作用下进入泵内，以补充被排出的液体。这样，只要叶轮不停地旋转，液体就会源源不断地被吸入与排出，这就是离心泵的工作原理。离心泵之所以能够输送液体，主要是靠离心力的作用，故称为离心泵。

二、离心泵的主要性能参数与特性曲线

为了正常输送液体，保证整个生产工序的进行，操作人员必须在掌握一定理论基础知识的同时正确使用和维护液体输送设备。要正确选择和使用离心泵，必须了解离心泵的性能和它们之间的相互关系。离心泵的主要性能参数包括流量、扬程、功率和效率等。离心泵性能间的关系通常用特性曲线来表示。因此，泵出厂时，泵上都附有铭牌，标明泵在最高效率时

的各种性能参数。

1. 离心泵的主要性能参数

（1）流量

流量即离心泵的输液能力，是指离心泵在单位时间内所排出的液体体积，用符号 Q 表示，单位为 m^3/h 或 m^3/s。离心泵的流量与泵的结构（如单吸或双吸等）、尺寸（主要为叶轮的直径与叶片的宽度）、转速及密封装置的可靠程度等有关。

（2）压头

压头又称为泵的扬程，是指离心泵对单位重量流体所能提供的有效能量，用符号 H 表示，单位为 m 液柱。泵的扬程大小取决于泵的结构（如叶片的弯曲情况、叶轮直径的大小等）、转速和流量。离心泵的压头一般用实验方法测定。

注意区分离心泵的扬程（压头）和升扬高度两个不同的概念。扬程指单位重量流体经泵所获取的能量，升扬高度指物料系统经泵扬升的初始位置与终止位置之间的位置差。

（3）功率和效率

单位时间内液体从离心泵所获得的能量，称为有效功率，用符号 N_e 表示，单位为 W 或 J/s。

离心泵轴功率是指单位时间内泵从电动机所获得的能量，用符号 N 表示，单位为 W 或 J/s。由于离心泵在运转时必定有能量损失，由电动机提供给泵轴的能量不能全部被液体获得，故电动机传给泵的功率总要大于泵传给液体的有效功率。有效功率和轴功率之比，称为泵的效率，用符号 η 表示，效率的大小可以用下面的公式表示

$$\eta = \frac{N_e}{N} \times 100\% \qquad (1—2—1)$$

离心泵的效率反映了泵对外加能量的利用程度。泵的效率与泵的类型、尺寸、结构、制造精度和输送液体的性质等有关。一般小型离心泵的效率为 50%～70%，大型泵效率可高达 90%。

2. 离心泵特性曲线

实验表明，离心泵工作时，其扬程、功率、效率等主要性能参数并不是固定不变的，而是随着流量的变化而变化。生产中把扬程 H、功率 N、效率 η 随流量 Q 的变化关系画在同一张坐标图上，得出一组曲线，称为离心泵的特性曲线，并把它附于泵样本或说明书中，以供用户操作时参考。其测定流体一般是 20℃ 清水，转速固定，故特性曲线图上都注明转速 n 的数值，如图 1—2—8 所示为国产 4B20 型离心泵在 $n = 2\,900$ r/min 时的特性曲线。

（1）H—Q 曲线。表示泵的压头 H 与流量 Q 之间的变化关系，流量 Q 增大，扬程 H 减小。

（2）N—Q 曲线。表示泵的轴功率 N 与流量 Q 之间的变化关系，流量 Q 增大，轴功率 N 增大。显然，当 $Q = 0$ 时，泵轴消耗的功率最小。所以离心泵启动前，应先关闭泵出口阀，待启动后再逐渐打开阀门，这样可以避免因启动功率过大而烧坏电动机。

（3）η—Q 曲线。表示泵的效率 η 与流量 Q 的变化关系。开始 η 随 Q 的增大而增大，达到最大值后，又随 Q 的增大而减小。实际生产中应尽可能让泵在接近于最高效率时运行。一般把不低于最高效率 90% 的区域称为泵的高效率区，在这个区域运行比较经济合理。泵的铭牌上所标明的都是最高效率下的流量、压头和功率。

另外，泵所输送液体的黏度越大，则液体在泵内的能量损失越大，使泵的扬程、流量、效率都减小，轴功率增大。当输送液体的黏度与水的黏度相差较大时，应对泵的特性曲线进

行校正，校正方法可参阅生产厂家提供的说明书。

输送液体的密度对扬程没有影响，但输送液体的密度越大所需功率越大，当输送液体的密度与常温时水的密度计算相差较大时，泵的特性需校正。

三、离心泵的气缚、气蚀现象与允许吸上高度

1. 离心泵的气缚现象

离心泵的气缚是指在启动泵时泵内没有灌满被输送的液体，或在运转过程中泵内渗入了空气。因为气体的密度小于液体，通过叶轮产生的离心力小，无法把混入气体的液体甩出去，导致叶轮中心所形成的真空度不足以将液体吸入泵内。尽管此时叶轮在不停地旋转，但由于离心泵失去了自吸能力而无法输送液体，这种现象称为气缚。

2. 离心泵的气蚀现象

当液面上的压强 p_0 一定时，离心泵安装高度（见图 1—2—9）越高，则泵入口压强越小。当泵入口处的压强降至输送温度下液体的饱和蒸气压时，液体将在该处汽化并产生气泡，它随同液体从低压区进入高压区，气泡在高压作用下迅速凝结或破裂，周围的液体以极大的速度冲向气泡中心，产生非常大的冲击力。由于冲击作用使泵体振动并产生噪声，在不断打击叶轮和泵壳的同时，使材料表面疲劳，形成斑点、小裂缝，叶轮或泵壳受到破坏，这种现象称为气蚀。气蚀现象发生时，泵体因受冲击而发生振动，噪声增大；因产生大量气泡，流量、扬程下降，气蚀严重时，泵不能正常操作。为避免气蚀现象的发生，泵的安装高度不能太大。

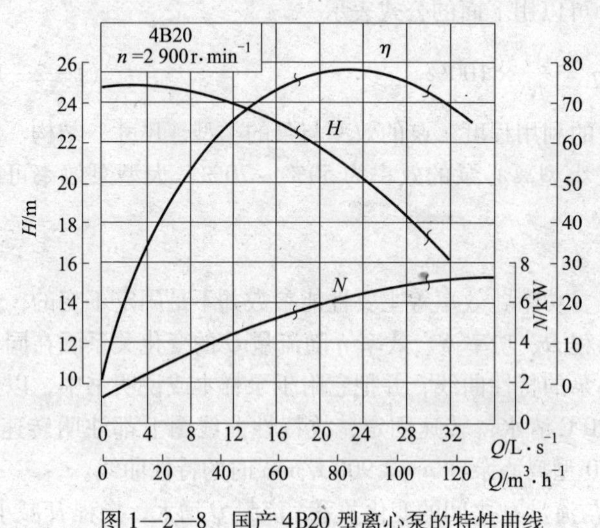

图 1—2—8　国产 4B20 型离心泵的特性曲线

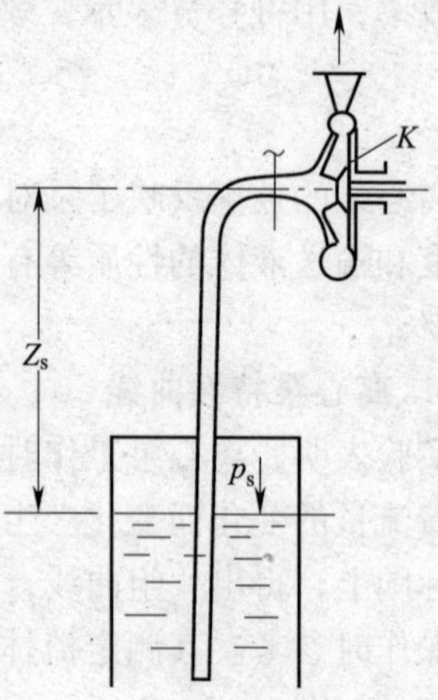

图 1—2—9　离心泵的安装高度

3. 离心泵的允许吸上高度

离心泵的允许吸上高度又称为允许安装高度，是指被输送液体所在储槽的液面到离心泵入口中心线的允许最大垂直距离。显然，为了避免发生气蚀现象，离心泵的安装高度必须受到限制。

为了确定离心泵的允许安装高度，在国产离心泵标准中，采用允许吸上真空度和气蚀余量两种指标来表示。

（1）离心泵的允许吸上真空度

假设泵入口处用压强 p_1 表示真空度，p_0 为当地的大气压强，若真空度以输送液体的液

柱高度来计量，则此真空度称为离心泵的允许吸上真空度，

（2）允许气蚀余量

为了防止发生气蚀，泵入口处的压强必须比液体的饱和蒸气压大某一足够量。目前，工程上对各种泵都作了统一规定，即离心泵入口处液体的静压头与动压头之和必须大于液体在操作温度下的饱和蒸气压某一最小值，称为允许气蚀余量。

实际气蚀余量必须大于允许气蚀余量，才能避免发生气蚀。通常，为了安全起见，泵的实际安装高度必须低于计算的安装高度，否则在操作时，将有发生气蚀的危险。实际安装高度往往比允许安装高度的值小 0.5 ~ 1 m。离心泵性能表或铭牌上标注的气蚀余量，是在泵出厂前于 101.3 kPa 和 20℃下用清水测得的。

四、离心泵的工作点和流量调节

在特定管路中运行的离心泵，其实际工作的压头和流量不仅取决于离心泵本身的特性，而且还与管路特性有关。

1. 管路特性曲线与泵的工作点

表示管路所需外加压头与流量之间关系的曲线，称为管路特性曲线，其变化关系用下式表示

$$H_e = A + BQ_e^2 \tag{1—2—2}$$

由式（1—2—2）可看出，在特定的管路中输送液体时，管路所需要的压头随流量的平方而变化。把这一关系描述在坐标上，便可得到图 1—2—10 所示的曲线，这条曲线称为管路特性曲线。

若将离心泵的特性曲线与其所在管路的特性曲线绘于同一张坐标图上，如图 1—2—11 所示，两条曲线的交点 M 称为泵在该管路上的工作点。泵在这一点工作时，既满足了管路系统的需要，又能为泵的能力所保证。如果此时流量、压头对应在离心泵的高效区，则该工作点是经济的。

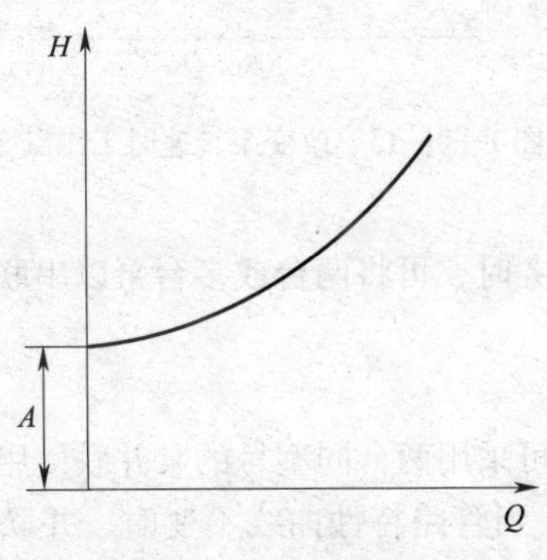

图 1—2—10　管路特性曲线

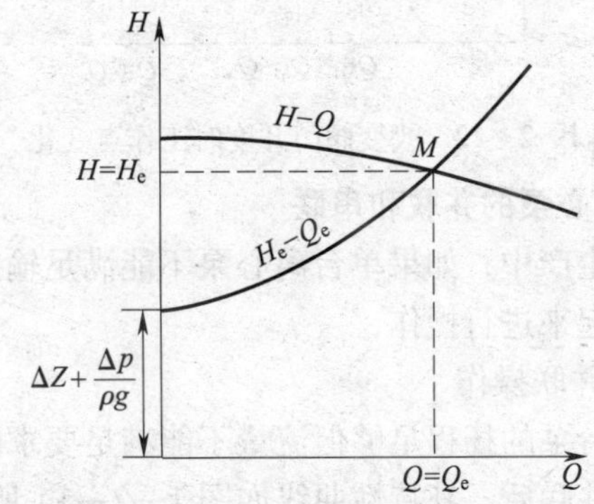

图 1—2—11　泵的工作点

2. 离心泵的流量调节

离心泵在特定管路中运转时，常常由于生产任务的变化，使泵的输送量与生产要求量不相同，这时需要对泵的流量进行调节，实质上就是要设法改变离心泵的工作点。由于离心泵的工作点由离心泵的特性曲线和管路的特性曲线决定，因此改变两特性曲线之一就能达到调节泵工作点的目的。

（1）改变管路的特性曲线

改变离心泵出口管路上调节阀的开启程度。如图 1—2—12 所示，当阀门关小时，管路

阻力增大，管路特性曲线变陡，工作点由 M 点移至 M_1点，流量由 Q_M降至 Q_{M1}；当阀门开大时，管路阻力减小，管路特性曲线变得平坦，工作点移至 M_2点，流量增大到 Q_{M2}。

采用阀门调节流量快速简便，且流量可连续变化，适合化工连续生产的要求，因此应用很广泛，但阀门关小时，管路中阻力增大，能量损失增大，不经济。用改变阀门开度的方法来调节流量多用在流量调节幅度不大、经常需要调节的场合。

（2）改变泵的特性曲线

改变泵的特性曲线的方法有两种，即改变泵的转速和叶轮直径。如图 1—2—13 所示，当叶轮转速为 n 时，其工作点为 M，如果转速下降为 n_2，工作点由 M 点移至 M_2点，相应的流量由 Q_M降至 Q_{M2}；如果转速上升为 n_1，工作点由 M 点移至 M_1点，相应的流量由 Q_M增大到 Q_{M1}。该法调节流量的特点是：动力消耗少，经济性好，效率高。由于需要变速装置，使泵整体结构复杂，且设备费用增大，调节很不方便。但随着现代工业技术的发展，无级变速设备在工业中的应用克服了上述缺点，这对大型泵的节能尤为重要。此外，减小叶轮直径也可以改变泵的特性曲线，使泵的流量减小，这种调节方法实施起来不方便，且调节范围也不大。叶轮直径减小不当还可能降低泵的效率，因此生产上很少采用。

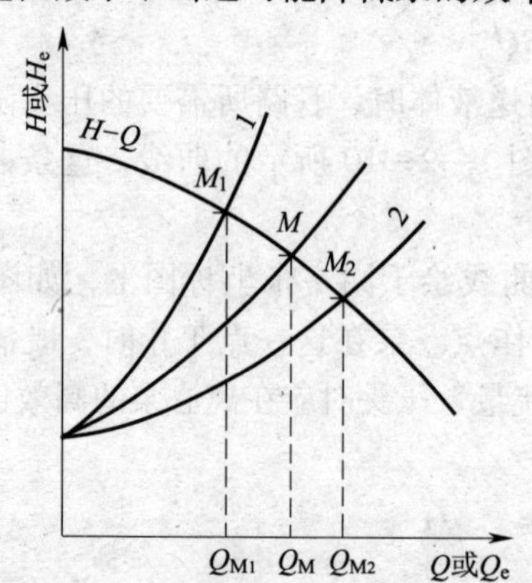

图 1—2—12　改变阀门开度时工作点变化

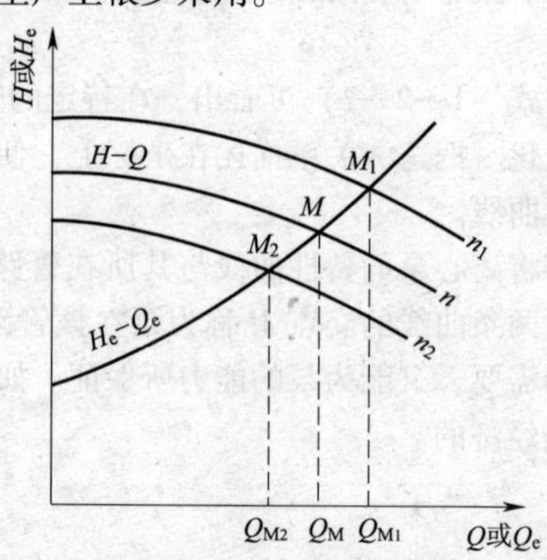

图 1—2—13　改变泵转速时工作点变化

3. 离心泵的并联和串联

实际生产中，如果单台离心泵不能满足输送任务时，可将两台或多台泵以串联或并联的方式组合起来进行操作，

（1）并联操作

当单台泵的扬程足够但流量不能满足要求时，可采用两台同型号的泵并联使用。两台同型号的泵并联后，其特性曲线如图 1—2—14 所示。当管路特性曲线不变时，并联后的流量增加，但小于两台单泵的流量之和，即 $Q_{并} < 2Q_{单}$，而 $H_{并} > H_{单}$。

两台同型号的泵并联相当于一台双吸泵在工作。并联的台数越多，流量增加的程度越小，越不经济，故一般只采用两台泵并联。实践证明，不同型号的泵并联后，其流量增加很小，这种操作没有实际意义。

（2）串联操作

当单台泵的流量足够但扬程不能满足要求时，可采用两台同型号的泵串联使用。两台同型号的泵串联后，其特性曲线如图 1—2—15 所示。当管路特性曲线不变时，串联后的压头增加，但小于两台单泵的压头之和，即 $H_{串} < 2H_{单}$，而 $Q_{串} > Q_{单}$。

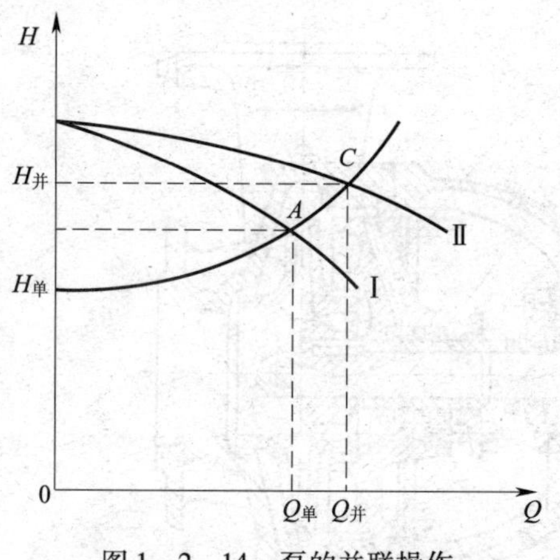

图 1—2—14　泵的并联操作

Ⅰ—单台泵的特性曲线　Ⅱ—两台泵并联后的特性曲线
A—单台泵的工作点　C—两台泵并联后的工作点

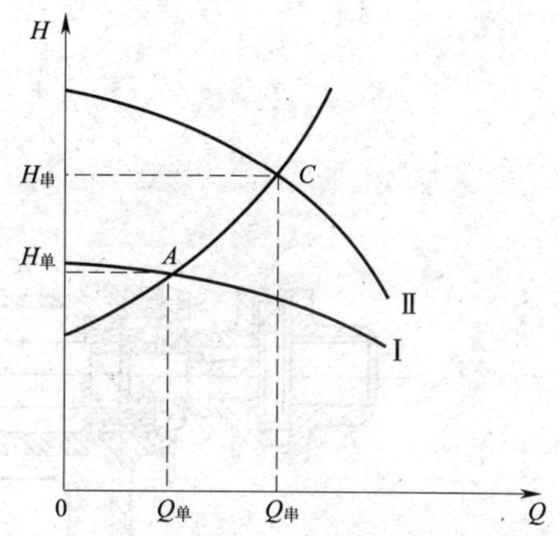

图 1—2—15　泵的串联操作

Ⅰ—单台泵的特性曲线　Ⅱ—两台泵串联后的特性曲线
A—单台泵的工作点　C—两台泵串联后的工作点

多台泵串联相当于一台多级泵，但却需要多台电动机，流体漏损的概率增多，串联的台数过多时，每增加一级，泵所承受的压强相应增大，有可能导致最后一台泵因强度不够而损坏。因此，除特殊需要外，不如选用一台多级离心泵更方便、可靠。

五、离心泵的类型

离心泵的分类方法很多，按输送液体的性质不同，可分为清水泵、耐腐蚀泵、油泵、污水泵、杂质泵；按叶轮的吸液方式不同，可分为单吸泵、双吸泵；按叶轮的数目不同，可分为单级泵和多级泵。这些泵均已按其结构特点不同，自成系列化和标准化，可在泵的有关手册中查取，下面介绍几种主要类型的离心泵。

1．清水泵

清水泵是化工常用泵，包括 IS 型、D 型、Sh 型泵，适用于输送清水或物性与水相近、无腐蚀性且杂质较少的液体，其中以 IS 型泵用得最多。

IS 型泵是按国际标准（ISO）设计、研制的，具有结构可靠、振动小、噪声小、效率高等显著特点。如图 1—2—16 所示，其结构只有一个叶轮，从泵的一侧吸液，叶轮装在伸出轴承的轴端处，好像是伸出的手臂一样，故称为单级单吸悬臂式离心泵。IS 型泵的型号以字母加数字所组成的代号表示，如型号 IS50－32－200：IS 表示泵的形式是单级单吸悬臂式离心泵，50 表示吸入口直径（mm），32 表示排出口直径（mm），200 表示最大效率下的扬程（m）。

D 型泵是多级泵的代号，当生产中需要扬程较大而流量要求不太大时，可采用多级离心泵，如图 1—2—17 所示，其结构是将几个叶轮串联安装在一根轴上，被输送液体在叶轮中多次接受能量，最后达到较高的扬程。D 型泵全系列流量范围为 10.8～850 m^3/h，扬程范围为 14～351 m。以 D30－25×3 型泵为例，D 表示多级泵，30 表示公称流量（m^3/h），公称流量指最高效率时流量的整数值，25 表示单级扬程，3 表示叶轮级数，即该泵在最高效率时的扬程为 75 m。

Sh 是双吸泵的代号，当生产中需要流量较大而扬程不太大时，可采用双吸式离心泵，如图 1—2—18 所示，其特点是从叶轮两侧同时吸液，相当于在用一根轴上并联有两个叶轮一道工作，故其流量较大。Sh 型泵全系列流量范围为 120～12 500 m^3/h，扬程范围为 9～140 m。以 100Sh90 型泵为例，100 表示吸入口直径（mm），Sh 表示双吸泵，90 表示最高效率时的扬程（m）。

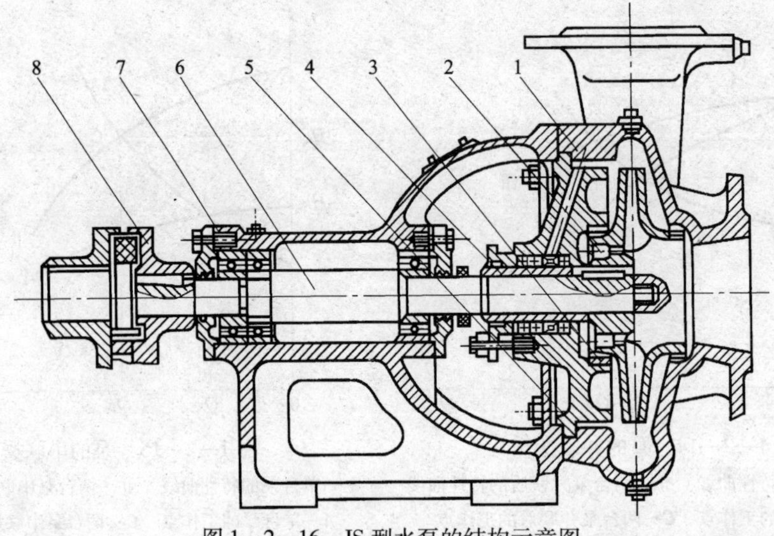

图 1—2—16　IS 型水泵的结构示意图

1—泵体　2—叶轮　3—密封环　4—护轴套　5—后盖　6—轴　7—托架　8—联轴器部件

2. 耐腐蚀泵

化工生产中许多料液是有腐蚀性的，这就要求采用耐腐蚀泵。这种泵的结构和清水泵基本相同，主要区别在于和液体接触的部件用各种耐腐蚀材料制成。我国生产的耐腐蚀泵系列代号为 F，全系列扬程为 15 ~ 105 m，流量范围为 2 ~ 400 m^3/h。以 25FB - 20A 型为例，其中 25 表示吸入口的直径（mm），F 表示耐腐蚀泵，B 表示所用材料为 1Cr18Ni9 的不锈钢，20 表示泵在最高效率时的扬程（m），A 表示装配的是比标准直径小一号的叶轮。

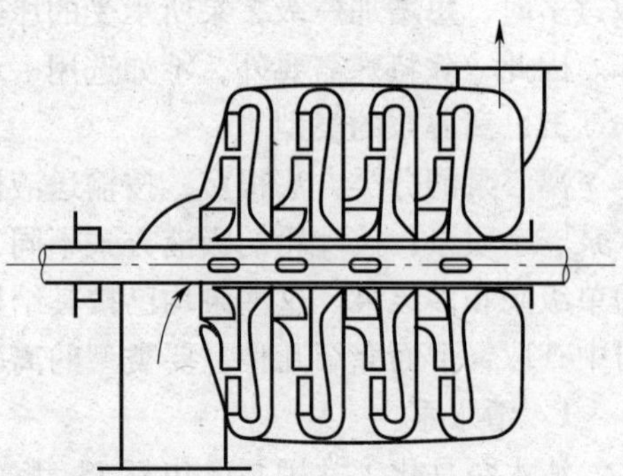
图 1—2—17　D 型泵的机构示意图

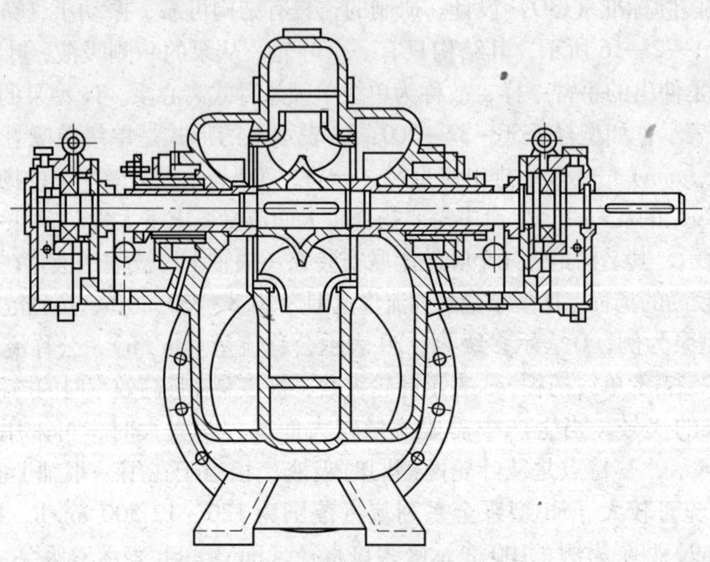
图 1—2—18　Sh 型泵的结构示意图

3. 油泵

输送石油产品等低沸点料液的泵称为油泵。这类物料易燃易爆，因此，要求这类泵密封性能好。当输送物料的温度在473 K以上时，还要对泵的轴封装置和轴承等进行有效冷却，故这些部件常装有冷却水夹套。我国生产的离心式油泵的系列代号为Y，其全系列扬程范围为60～600 m，流量范围为6.25～500 m^3/h。以100Y80－2A型为例，其中100表示泵入口直径（mm），Y表示单吸离心油泵，80表示设计扬程（m），2表示双级泵，A表示叶轮外径经第一次切削。

此外还有液下泵，常安装于液体储槽内并浸没在液体中，不存在泄漏问题，用于腐蚀性液体或油品的输送；磁力泵是近年来出现的无泄漏离心式泵，特点是没有轴封，不泄漏，转动时无摩擦，安全节能，适合输送不含固体颗粒的酸、碱、盐液体及易燃、易爆、挥发性、有毒液体等，但介质温度需小于363 K；杂质泵是少叶片的开式或半闭式叶轮离心泵，适合输送悬浮液和稠浆状液体等。

六、离心泵的安装和运转

各种泵出厂时都附有说明书，在安装时可参照执行，这里仅讨论一些注意事项。

1. 离心泵的安装

为保证不发生气蚀或吸不上液体的现象，其实际安装高度比计算安装高度要低0.5～1 m；同时，尽量减小吸入管路的阻力。

为了减小吸入管路的阻力，吸入管路应尽可能短而直；安装位置尽可能靠近储槽；吸入管连接处应严密不漏气；吸入管直径大于泵的吸入口直径，变径处要避免存气，以免发生气缚现象。如图1—2—19所示为吸入口变径连接法。

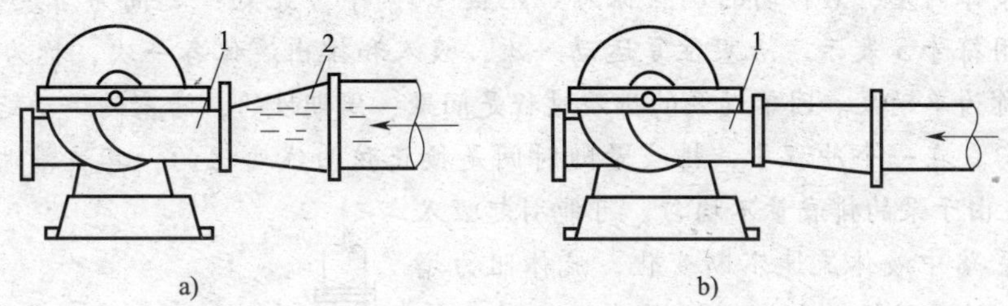

图1—2—19　吸入口变径连接法

a）不正确　b）正确

1—吸入口　2—空气囊

固定泵时，应有坚实、牢固的混凝土基础，把底板放在基础上，用垫铁调整使之水平，把泵固定牢固，以避免振动；泵轴与电动机轴应严格保持水平，以确保运转正常，延长使用寿命。

2. 离心泵的运转

（1）启动泵前，要进行盘车，检查泵轴有无摩擦卡死现象；向泵内灌注液体，将泵内空气排净，以防发生气缚现象使泵无法运转。

（2）启动泵时，应先关闭出口阀门，使泵在无负荷情况下启动，功率消耗最小，避免因启动功率过大而烧坏电动机；待运转正常后，缓慢打开出口阀，调节至生产需要量；经常检查泵的流量和出口压力；定期检查轴承是否过热；注意有无不正常的噪声。

（3）停泵时，先慢慢关闭出口阀，然后切断电源，以免高压液体倒流，叶轮反转造成事故。无论短期、长期停车，在严寒的季节必须将泵内液体排放干净，防止冻结胀坏泵壳或叶轮。

【注意事项】

1. 结合离心泵模型进行课堂教学，让学生掌握离心泵的结构及工作原理。

2. 采用实训室教学或多媒体教学，从直观上掌握离心泵的结构及工作原理。

【知识拓展】

往复泵和其他类型泵

一、往复泵

凡是利用泵体内工作室容积周期性的变化而吸入和排出液体的泵，统称为正位移泵，又称为容积泵，往复泵就是一种常用的正位移泵。

1. 往复泵的结构和工作原理

往复泵是由泵缸、活塞（或柱塞）、活塞杆、吸入单向阀和排出单向阀（活门）组成的一种容积泵，如图1—2—20所示。活塞由曲柄连杆机构带动作往复运动，当活塞自左向右移动时，泵缸内的体积扩大，压强减小，排出阀5受压关闭，吸入阀4则因泵外液体的压力而打开，液体被吸入泵内；当活塞自右向左移动时，泵内液体由于受到活塞的挤压而压强增高，吸入阀4受压而关闭，排出阀5则被顶开，液体被排出泵外。这样，活塞不断地往复运动，液体便不断地被吸入和排出。往复泵是依靠活塞的往复运动直接以静压能的形式向液体提供能量的，这与离心泵的原理是完全不同的。

活塞在泵体内左、右移动的端点称为“死点”。两个“死点”之间为活塞移动的距离，称为冲程，用符号S表示。活塞往复运动一次，吸入和排出液体各一次，称为一个工作循环，这种泵称为单动泵。因单动泵的排液过程是间歇、周期性的，活塞的运动是变速的，故排液量不均匀，在一个冲程中，排液量随时间是按正弦曲线变化的，其流量曲线如图1—2—21所示。由于泵的排液量不均匀，可能引起吸入管路和排出管路中液体流速不断变化，流体阻力增加，并造成相连管路振动。

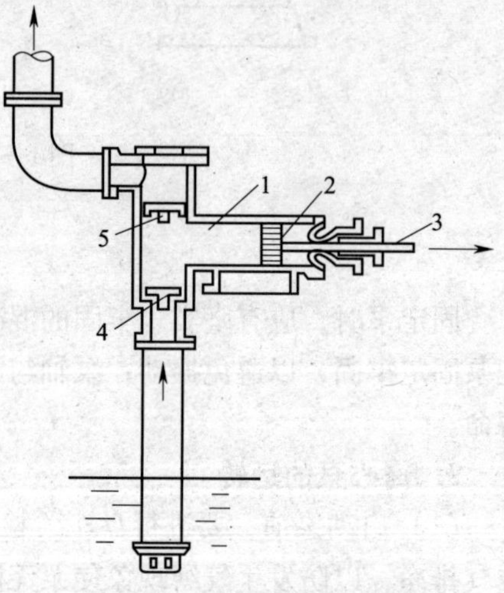

图1—2—20　往复泵装置简图

1—泵缸　2—活塞　3—活塞杆

4—吸入阀　5—排出阀

为改善单动泵排液量的不均匀性，保证输送液体连续，可采用双动泵。如图1—2—22所示，双动泵是在泵缸的两端均设有吸入阀和排出阀。活塞向泵缸的左端移动时，活塞左侧排液，右侧吸液；活塞向右移动时，活塞右侧排液，左侧吸液。活塞往复运动一次，泵吸液两次，同时排液两次，故称为双动泵，管路中的流量曲线如图1—2—23所示。不难看出，双动泵的排液是连续的，但排液量仍然不够均匀。

2. 往复泵的主要性能指标

往复泵的主要性能指标包括流量、扬程、功率和效率等。

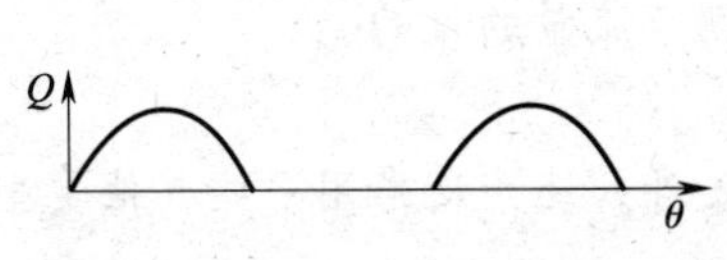

图 1—2—21　单动泵流量曲线

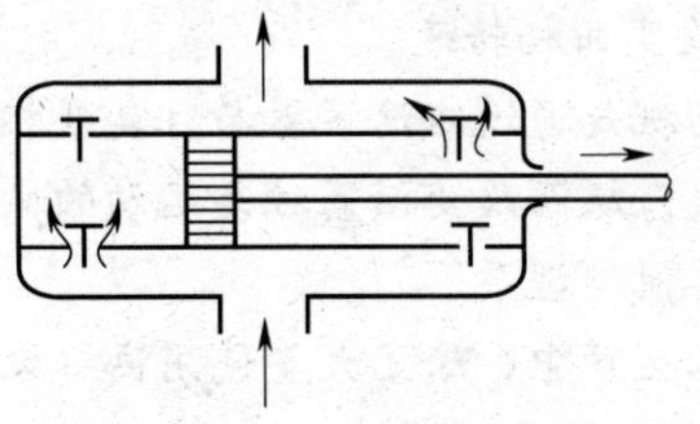

图 1—2—22　双动泵装置简图

（1）流量

往复泵的理论流量 $Q_{理}$ 等于单位时间内活塞所扫过的体积，单位为 m^3/s，往复泵的流量只与泵本身的几何尺寸和活塞的往复次数有关，而与泵的扬程无关。

（2）扬程

往复泵是依靠活塞将静压能直接传给液体的，其扬程与流量无关，这是往复泵与离心泵的不同之处，只要泵的机械强度和原动机功率足够，外界要求多高的压头，往复泵就能够提供多大的压头。因此往复泵特别适合于外加压头大，流量不大的管路系统中，尤其适合于输送高黏度液体；但不宜直接用以输送腐蚀性的液体和有固体颗粒的悬浮液，因泵内阀门、活塞受腐蚀或被颗粒磨损、卡住，都会导致严重的泄漏。往复泵的特性曲线如图 1—2—24 所示，实际上随着压头增加，填料函、阀、活塞等处的漏液量也会增大，容积效率减小，流量也略有降低。

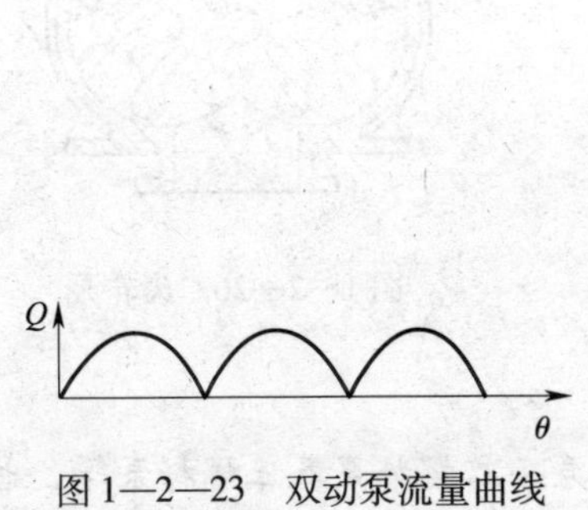

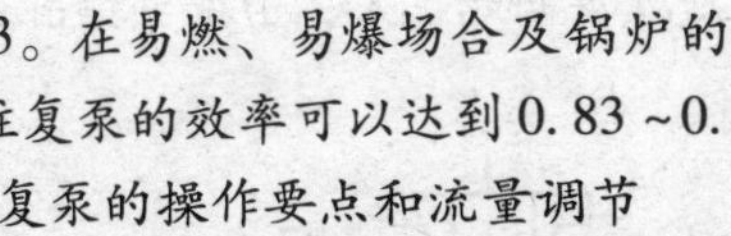

图 1—2—23　双动泵流量曲线

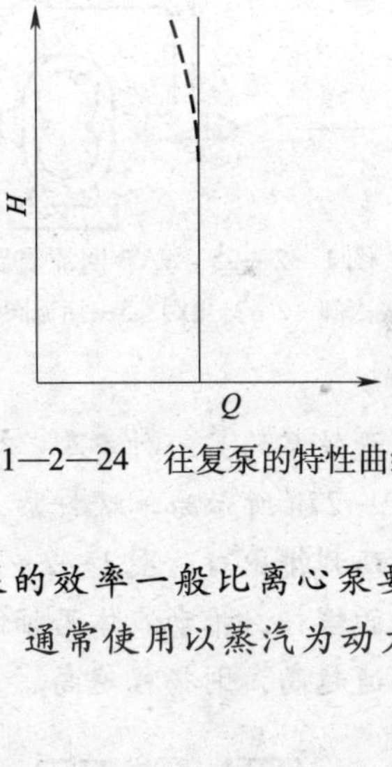

H

Q

图 1—2—24　往复泵的特性曲线

（3）功率和效率

往复泵功率和效率的计算与离心泵一样。往复泵的效率一般比离心泵要高，通常为 0.72 ~ 0.93。在易燃、易爆场合及锅炉的给水系统中，通常使用以蒸汽为动力的蒸汽往复泵，蒸汽往复泵的效率可以达到 0.83 ~ 0.88。

3. 往复泵的操作要点和流量调节

和离心泵一样，往复泵也是借助于储槽液面上的大气压强和泵内的压强之差来吸液的，因此，吸入高度也有一定的限制。往复泵有自吸能力，泵启动前，最好先灌满液体，排除泵内存留的空气，缩短启动时间。启动前必须将出口阀门打开，否则，泵内压强将因液体排不出去而急剧升高，造成事故。

往复泵的流量调节，理论上可以通过改变活塞截面积 A、冲程 S 和活塞往复次数 f 来实现，但这要改变泵的结构，实际上难以实现。实际生产中常用的流量调节方法有下列两种：

（1）用旁路阀调节流量

如图 1—2—25 所示，泵的送液量不变，只是让部分被压出的液体返回储槽，使主管路中的流量发生变化。显然这种调节方法很不经济，只适用于流量变化幅度较小的经常性调节。

(2) 改变曲柄转速

因电动机是通过减速装置与往复泵相连的，所以改变减速装置的传动比可以很方便地改变曲柄转速，从而改变活塞往复运动的频率，达到调节流量的目的。

二、其他类型泵

在化工生产中，除了大量使用离心泵、往复泵之外，还广泛采用一些其他类型的泵。

1. 正位移泵

(1) 齿轮泵

齿轮泵是一种旋转泵，属于正位移泵，如图1—2—26所示。泵壳内有两个齿轮，一个用电动机带动旋转，另一个通过齿轮啮合向相反方向旋转。吸入腔内两齿相互分开，容积增大，于是形成低压而吸入液体；被吸入的液体被齿嵌住，随齿轮转动而到达排出腔。排出腔内两齿相互合拢，容积减小，于是形成高压而排出液体。齿轮泵的压头较高而流量较小，可用于输送黏稠液体以至膏状物料，但不能用于输送含有固体颗粒的悬浮液。

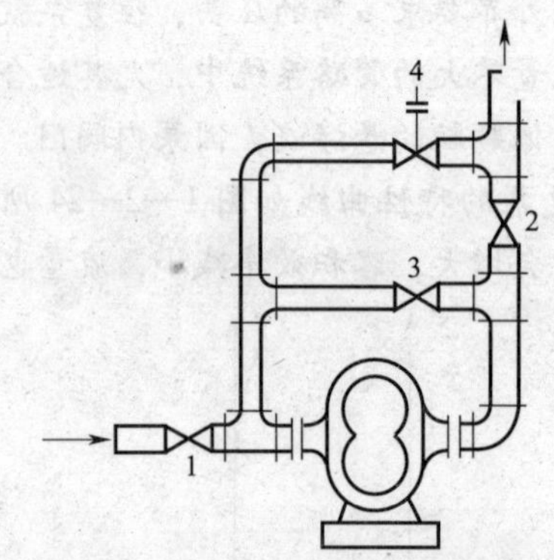

图1—2—25　安装回流支路装置

1—吸入阀　2—排出阀　3—回流阀　4—安全阀

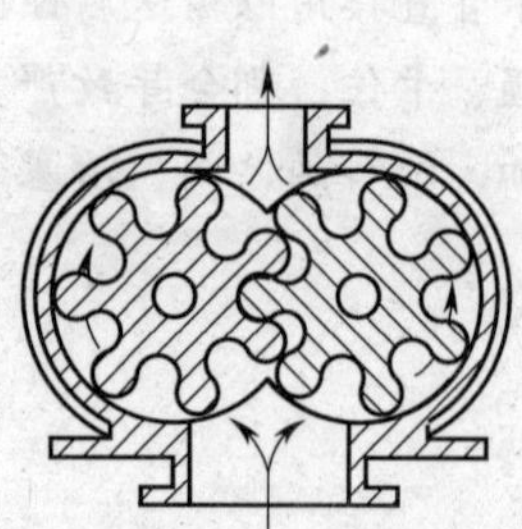

图1—2—26　齿轮泵

(2) 螺杆泵

螺杆泵是旋转泵的另一种类型，它分为单螺杆泵、双螺杆泵及三螺杆泵等，也属正位移泵。如图1—2—27a所示为单螺杆泵，螺杆在具有内螺旋的泵壳中偏心转动，使液体沿轴向推进，最后挤压到排出口；图1—2—27b所示为双螺杆泵，它与齿轮泵的工作原理相似，用两根互相啮合的螺杆，推动液体沿轴向运动。液体从螺杆两端进入，由中央排出。螺杆泵的螺杆越长，转速越高，则扬程越高。

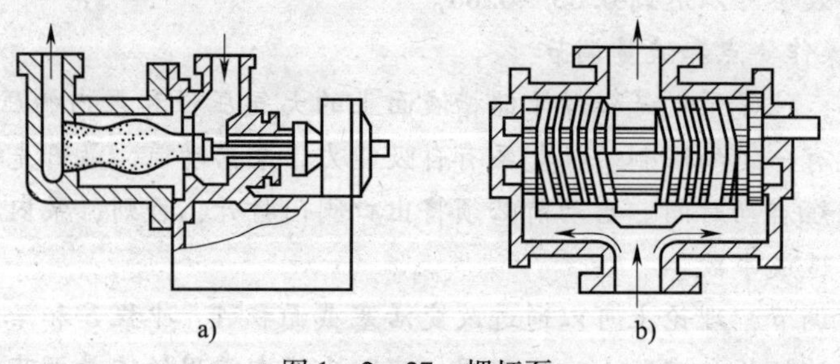

图1—2—27　螺杆泵

a）单螺杆泵　b）双螺杆泵

螺杆泵效率高，噪声小，适用于在高压下输送黏稠性液体，并可以输送带颗粒的悬浮液。其结构较齿轮泵复杂，但优点较多，有逐渐取代齿轮泵的趋势。它的调节方法与往复泵相同。

(3) 计量泵

计量泵是正位移泵的一种，其基本结构与往复泵相同。计量泵有两种基本形式，即柱塞式和隔膜式，如图 1—2—28 所示。它们都是通过偏心轮把电动机的旋转运动变成柱塞的往复运动，在一定转速下，通过调节偏心轮的偏心距可以改变柱塞的冲程，从而达到调节流量的目的。计量泵计量准确度一般在 ±1% 以内，更高的可达 ±0.5%，常可用一个电动机驱动几台计量泵，使每股液体按一定比例进行输送或混合，故计量泵又称比例泵。

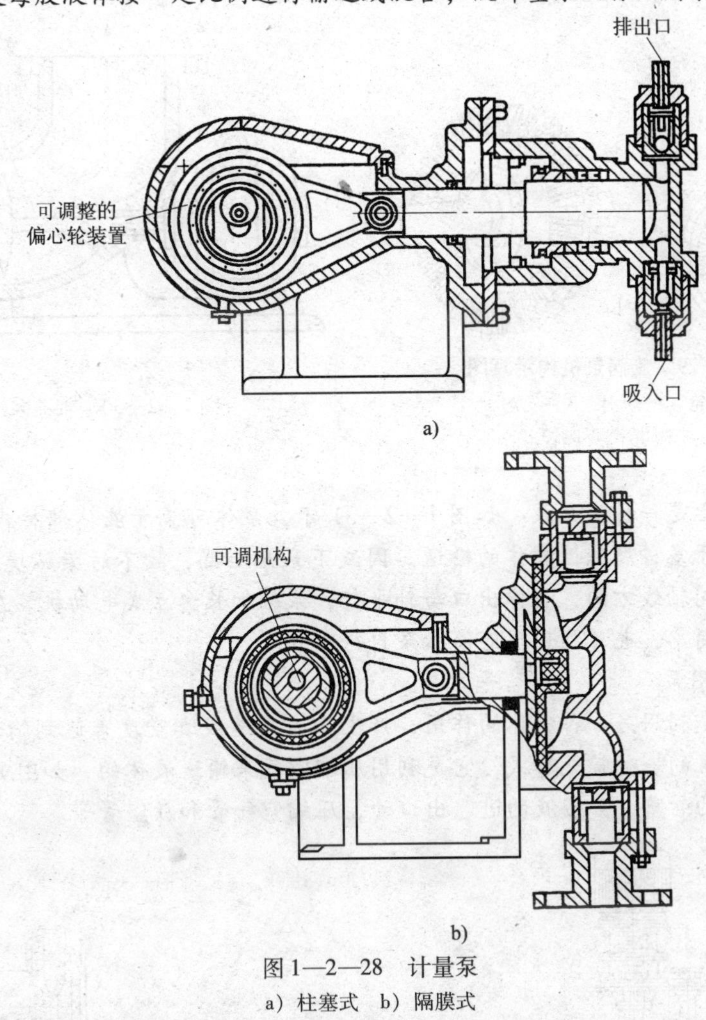

图 1—2—28　计量泵

a) 柱塞式　b) 隔膜式

2. 非正位移泵

不是靠容积周期性变化而吸液和排液的泵，都属于非正位移泵。除离心泵之外，化工生产中比较常用的还有下列几种：

(1) 旋涡泵

旋涡泵是一种特殊类型的离心泵。如图 1—2—29 所示，它的叶轮是一个圆盘，四周铣有凹槽，成辐射状排列。叶轮在泵壳内转动，其间有引水道。泵内液体在随叶轮旋转的同时，又在引水道与各叶片之间被叶片拍击多次，获得较多的能量。

液体从旋涡泵中获得的能量与液体在流动过程中进入叶轮的次数有关。当流量减小时，流道内流体的运动速度减小，液体流入叶轮的平均次数增多，泵的压头必然增大；流量增大时，则情况相反。旋涡泵结构简单、加工容易，且可采用各种耐腐蚀的材料制造，适用于高压头、小流量、输送清洁液体的场合。启动时应打开出口阀，采用旁路调节流量。

（2）轴流泵

轴流泵的结构如图1—2—30所示，其工作叶轮安装在一个肘管内，或靠近肘管的管道中，泵轴带动叶轮旋转，使液体沿轴向流动，故称为轴流泵。轴流泵所提供的压头较小，流量较大，特别适用于要求大流量、低压头的输送场合。

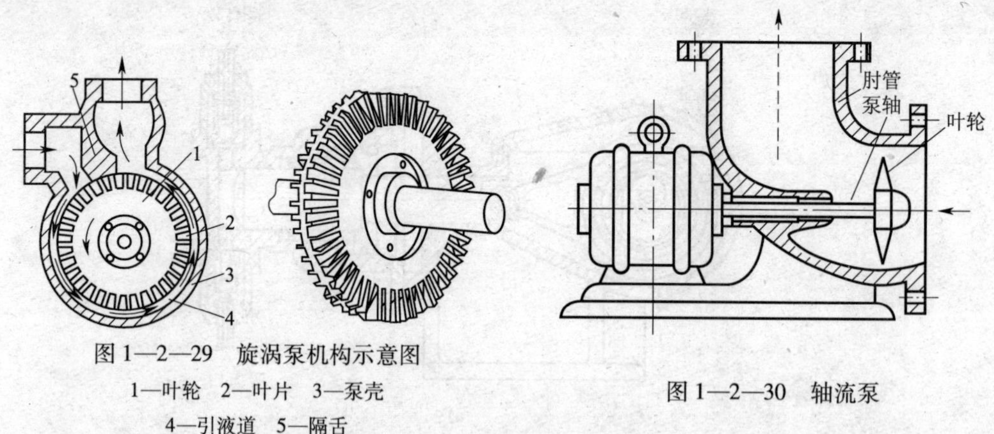

图1—2—29　旋涡泵机构示意图

1—叶轮　2—叶片　3—泵壳　4—引液道　5—隔舌

图1—2—30　轴流泵

（3）液下泵

液下泵实际上是一种离心泵。如图1—2—31示，泵体可置于液体储槽内，对轴封要求不高，特别适用于多种腐蚀性液体的输送。因液下泵无泄漏，故不污染环境，但效率不高。安装时，吸入口同轴线方向，液体出口与轴平行，泵轴加长，立式电动机装在液面以上的支架上。因其结构简单，也可利用现有离心泵自行改装。

（4）流体作用泵

流体作用泵是利用另一种流体的作用，产生压力或造成真空度来达到输送流体的目的。酸蛋是流体作用泵的一种常见形式，它是利用压缩空气来输送液体的，如图1—2—32所示，容器上配置必要的管路，如酸液的进、出口管，压缩空气管和放空管等。

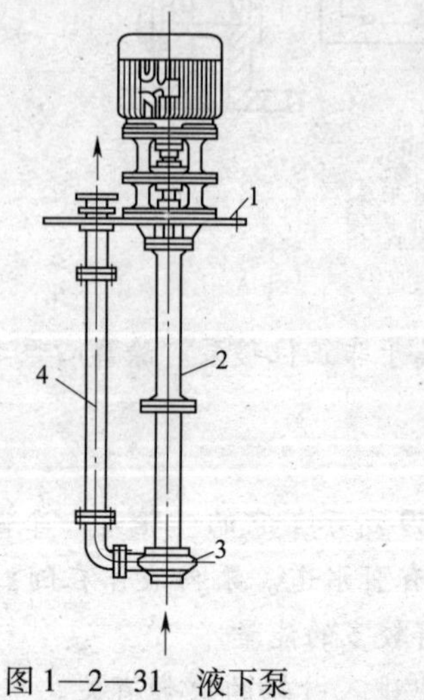

图1—2—31　液下泵

1—安装平板　2—轴套管　3—泵体　4—压出导管

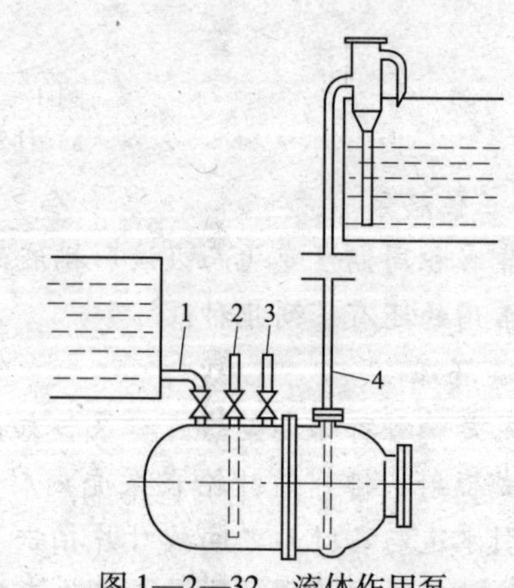

图1—2—32　流体作用泵

1—料液输入管　2—压缩空气管　3—放空阀　4—压出管

思考与练习

一、简答题

1. 流体输送机械按工作原理分为哪几种类型？

2. 简述离心泵的构造、各部件的作用及离心泵的工作原理。

3. 离心泵的叶轮有哪几种类型？各适用于何种场合？

4. 离心泵的泵壳为什么要制成蜗壳形？它有哪些作用？

5. 离心泵的特性参数有哪些？

6. 扬程和升扬高度有何区别？

7. 离心泵启动前为什么要给泵灌满被输送液体？为什么要将出口阀关闭？

8. 气缚现象和气蚀现象产生的原因是什么？有什么破坏作用？如何防止？

9. 何谓离心泵特性曲线和管路特性曲线？何谓工作点？

10. 离心泵有哪几种调节流量的方法？

11. 一台离心泵在海拔1 000 m处输送20℃的清水，若吸入管中的动压头可以忽略，且全部能量损失为6.5 m，泵安装在水面以上3.5 m处，试问此泵能否正常工作？

二、计算题

某车间有一台离心泵，现欲用此泵将储槽液面压力为157 kPa、温度为40℃、密度为100 kg/m^{3}的料液送至一设备中，其流量和扬程均满足要求。已知其允许吸上高度为5.5 m，吸入管中液体的动压头和能量损失为1.4 m。试确定其安装高度。

任务二　液体输送实训操作

任务提出

以离心泵的装置系统为实训装置，模拟真实生产中液体输送的开、停车操作及事故处理。掌握工艺流程图，认识实训装置中的工艺管线、设备、测量装置、管件和阀门，并掌握其作用。

任务分析

在进行训练前应熟悉整个工艺流程及控制点；熟悉操作过程中的开、停车步骤，以及正常操作中突发故障的判断和处理方法。

为保证生产正常进行，减少和杜绝事故的发生，延长泵的使用寿命，操作人员必须正确使用和维护好离心泵。为此，操作人员应在切实了解离心泵结构和性能的基础上，熟练操作液体输送设备的开、停车。本节以离心泵的操作技能训练作为实际操作训练，内容包括离心泵的试车、开动和停车、正常操作和事故处理，以及流量的自动调节等。

任务实施

一、工艺流程

1. 技能训练的目的

离心泵操作技能训练的目的是熟练掌握离心泵的试车、启动、停车、正常操作和事故处理技能。

2. 技能训练装置

训练装置如图 1—2—33 所示，将图中的截止阀 10 关闭，这样就切除了离心泵流量自动调节系统。

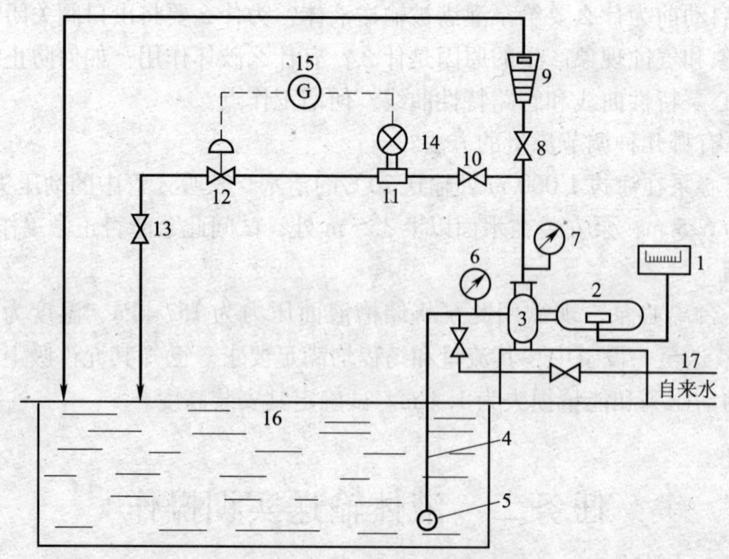

图 1—2—33　离心泵装置图

1—电源开关及功率表　2—电动机　3—离心泵　4—吸入管　5—底阀　6—真空表
7—压力表　8—出口阀　9—转子流量计　10，13—截止阀　11—涡轮流量计
12 与 15（组合）—电动调节阀　14—涡轮流量变送器　16—水池　17—加水管

二、技能训练内容

1. 离心泵的试车

熟悉离心泵的试车程序，掌握试车操作步骤。

（1）试车前的检查及准备

为了保证离心泵试车安全，试车前必须认真做以下检查和准备，检查合格后，即可进行试车。

1）检查泵体及出、入口管线，阀门，法兰，地脚螺栓，电动机与泵之间的连接螺栓和泵轴承、螺钉是否紧固。

2）检查泵与电动机联轴器的连接情况，用手拨动联轴器几圈（即盘车），观察泵轴转动是否灵活，有无不正常声响。

3）检查轴承内润滑油是否足够。

4）检查轴承水冷夹套的水管是否连接好，并通冷却水，检查其循环系统是否畅通。

5）检查轴封填料是否压紧，轴封中液封环内的管路是否已连接好。

6）检查所用仪表是否灵敏好用。

7）准备必要的修理工具及备品，如螺栓、扳手、填料、管路、法兰间的垫圈等。

（2）试车步骤

1）向泵内灌满水（或其他被输送的液体），排出泵内空气，直至泵壳顶排气嘴开启时有水冒出为止。

2）关闭出口阀8。

3）启动电动机。当电动机转速正常后，打开出口阀8，并根据需要调节流量。

2. 离心泵的开、停车

离心泵的开、停车是常见的操作项目之一，反复练习，熟练掌握开、停车步骤。

（1）离心泵开车步骤

1）检查各个连接部分的螺栓是否有松动现象。

2）检查泵的转动部分是否转动灵活，有无摩擦或卡死现象。

3）检查轴承的润滑油量是否足够，油质是否干净。

4）向泵内灌满水或被输送的液体，将泵及管道内的空气排净。

5）检查轴封装置密封腔内是否充满液体，防止泵启动时，轴封装置干磨而发生烧损现象。

6）关闭出口阀8、压力表旋塞及真空表旋塞。

7）启动电动机，并打开压力表7的旋塞，待泵以正常转速转动时，打开吸入管上真空表6的旋塞。

8）当电动机达到正常转速后，打开出口阀8，并根据需要调节流量。

（2）离心泵停车步骤

1）停泵时先关闭出口阀8，以免停泵后出口管路中的高压流体倒流入泵内，使叶轮高速反转而造成事故。

2）关闭真空表6的旋塞。

3）切断电动机电源。

4）关闭压力表7的旋塞。

5）若长期停止使用泵，应将泵和管路内的液体排净，应拆开泵，将其零件上的液体擦干，涂上防腐油并妥善保存。

6）泵冷却后，停轴承冷却水及密封液系统。

3. 离心泵的正常操作

离心泵的正常操作，是指保持离心泵的正常运转，并将流量及时准确地调节到规定的范围内，在此主要练习离心泵的手动调节。

（1）开大或关小出口阀，记录下阀门在不同开度情况下的流量，计算出口阀手轮旋转一周流量的变化值，从而掌握阀门的开度与流量的关系。在调节流量时，同时记录下真空表和压力表的读数，分析真空表、压力表的读数与流量的关系。

（2）预先确定4～5个流量值，调节出口阀，将流量调节到规定的数值上。反复练习，直到能及时、平稳、准确地调节流量为止。

三、离心泵常见故障及排除办法

在泵的流量调节练习过程中，若出现故障，应找出原因，及时排除，练习故障处理能力。运行时可能出现的故障及排除方法见表1—2—1。

表1—2—1　　　　　　　　离心泵常见故障及排除方法

故障现象	产生故障的原因	排除方法
启动后不出水	①启动前泵内灌水不足 ②吸入管或仪表漏气 ③吸入管浸入深度不够 ④底阀漏水	①停车重新灌水 ②检查不严密处，消除漏气现象 ③降低吸入管路，使管口浸没深度为0.5～1 m ④修理或更换底阀
运转过程中输水量减少	①转速降低 ②叶轮塞阻 ③密封环磨损 ④吸入空气 ⑤排出管路阻力增加	①检查电动机电压是否太低 ②检查并清洗叶轮 ③更换密封环 ④检查吸入管路，压紧或更换填料 ⑤检查所有阀门及管路中的可能阻塞之处
轴功率过大	①泵轴弯曲，轴承磨损或损坏 ②平衡盘与平衡环磨损过大，使叶轮盖板与中段磨损 ③叶轮前盖板与密封环、泵体相磨 ④填料压得过紧 ⑤泵内吸进泥沙及其他杂物 ⑥流量过大，超出使用范围	①矫直泵轴，更换轴承 ②修理或更换平衡盘 ③调整叶轮螺母及轴承压盖 ④调整填料压盖 ⑤拆卸清洗 ⑥适当关闭出口阀
振动过大，声音不正常	①叶轮磨损或阻塞，造成叶轮不平衡 ②泵轴弯曲，泵内旋转部件与静止部件有严重摩擦 ③两联轴器不同轴 ④泵内发生气蚀现象 ⑤地脚螺栓松动	①清洗叶轮并进行平衡矫正 ②矫正或更换泵轴，检查摩擦原因并消除 ③调整，使两联轴器同轴 ④降低吸液高度，消除产生气蚀的原因 ⑤拧紧地脚螺栓
轴承过热	①轴承损坏 ②轴承安装不正确或间隙不适当 ③轴承润滑不良（油质不好，油量不足） ④泵轴弯曲或联轴器没找正	①更换轴承 ②检查并进行修理 ③更换润滑油 ④矫直或更换轴承，找正联轴器

在泵的流量调节练习过程中，若出现故障，应找出原因，及时排除。也可以人为地制造一些故障，提高操作人员解决实际问题的能力，如泵启动后不出水，泵运转过程中输水量下降，泵出口压力过高等。要求训练结束后学员要熟记操作中的异常现象及排除方法，训练中应注意安全，避免训练过程中发生事故。

【注意事项】

1. 按照要求做好三级安全教育工作，树立安全第一的思想，严格按照企业《离心泵安全操作规程》做好一切安全工作，要求学员劳动防护用品穿戴齐全。

2. 严格按照操作规程进行开停车、正常操作训练。

3. 操作过程中作好记录。

思考与练习

简答题

1. 离心泵的常见故障有哪些？如何排除？
2. 新安装的离心泵在试车前为什么要仔细检查？主要检查哪些部件？
3. 新安装的离心泵怎样试车？
4. 叙述离心泵启动和停车的步骤。

课题三　离心泵的仿真操作

任务提出

以仿真操作为实习对象，学习以离心泵作为流体输送设备的流体模拟操作过程。掌握实际操作中的开、停车技能，能及时判断并处理操作过程中的事故。

任务分析

通过不断地操作练习，掌握以离心泵为流体输送设备的开、停车操作以及故障的处理方法。

任务实施

一、工艺流程

本工艺以北京东方仿真软件技术有限公司开发的“东方仿真”为操作界面，其工艺流程（参考流程仿真界面）如图 1—3—1 所示。

来自某一设备约 40℃的带压液体经调节阀 LV101 进入带压罐 V101，罐液位由液位控制器 LIC101 通过调节 V101 的进料量来控制；罐内压力由 PIC101 分程控制，PV101A、PV101B 分别调节进入 V101 和出 V101 的氮气量，从而保持罐压恒定在 5.0 atm（表压）。罐内液体由泵 P101A/B 抽出，泵出口流量在流量调节器 FIC101 的控制下输送到其他设备。

二、单元操作规程

1. 开车操作规程

本操作规程仅供参考，详细操作以评分系统为准。

（1）准备工作

1）盘车。

2）核对吸入条件。

3）调整填料或机械密封装置。

（2）罐 V101 充液、充压

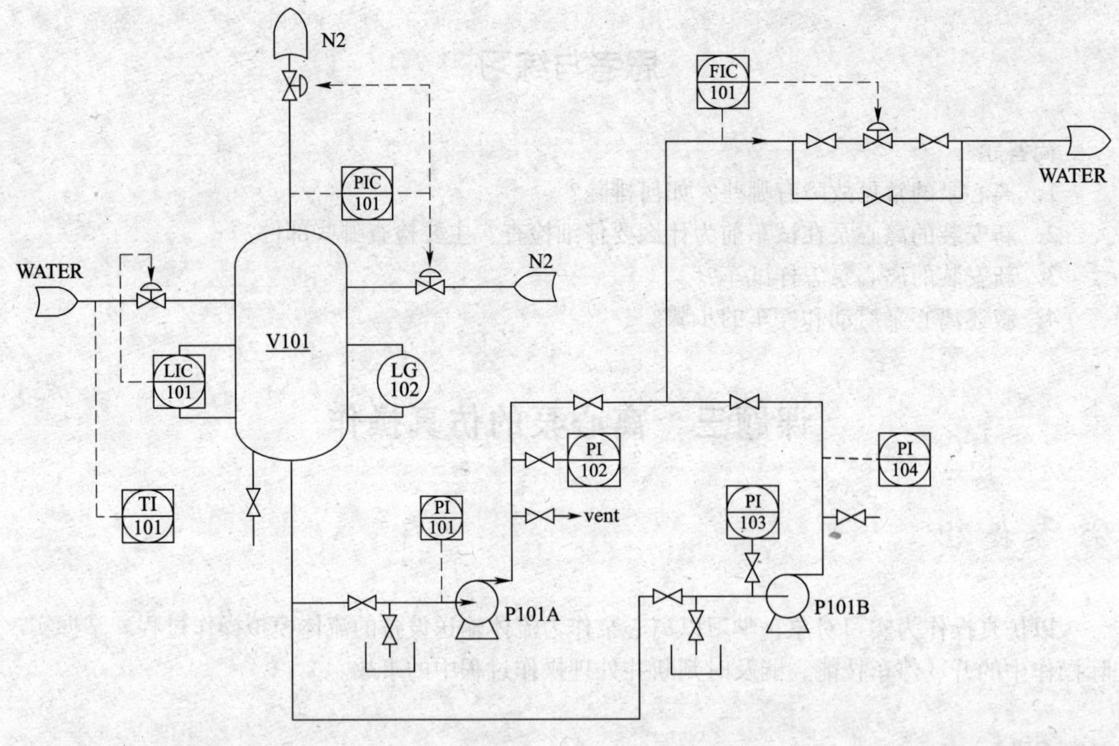

图 1—3—1 离心泵仿真操作工艺流程图

1）向罐 V101 充液

①打开 LIC101 调节阀，开度约为 30%，向 V101 罐充液。

②当 LIC101 达到 50% 时，LIC101 设定为 50%，投自动。

2）罐 V101 充压

①待 V101 罐液位 >5% 后，缓慢打开分程压力调节阀 PV101A 向 V101 罐充压。

②当压力升高到 5.0 atm 时，PIC101 设定为 5.0 atm，投自动。

（3）启动泵前的准备工作

1）灌泵。待 V101 罐充压充到正常值 5.0 atm 后，打开 P101A 泵入口阀 VD01，向离心泵充液。观察 VD01 出口标志变为绿色后，说明灌泵完毕。

2）排气

①打开 P101A 泵后排气阀 VD03 排放泵内不凝性气体。

②观察 P101A 泵后排气阀 VD03 的出口，当有液体溢出时，显示标志变为绿色，标志着 P101A 泵已无不凝气体，关闭 P101A 泵后排气阀 VD03，启动离心泵的准备工作已就绪。

（4）启动离心泵

1）启动离心泵［启动 P101A（或 B）泵］。

2）流体输送

①待 PI102 指示比入口压力大 1.5 ~2.0 倍后，打开 P101A 泵出口阀（VD04）。

②将 FIC101 调节阀的前阀、后阀打开。

③逐渐开大调节阀 FIC101 的开度，使 PI101、PI102 趋于正常值。

3）调整操作参数。微调 FV101 调节阀，在测量值与给定值的相对误差在 5% 的范围内且较稳定时，FIC101 设定到正常值，投自动。

2. 停车操作规程

本操作规程仅供参考，详细操作以评分系统为准。

（1）V101 罐停进料

LIC101 置手动，并手动关闭调节阀 LV101，停 V101 罐进料。

（2）停泵

1）待罐 V101 液位小于 10% 时，关闭 P101A（或 B）泵的出口阀（VD04）。

2）停 P101A 泵。

3）关闭 P101A 泵入口阀 VD01。

4）FIC101 置手动并关闭调节阀 FV101 及其前、后阀（VB03、VB04）。

（3）泵 P101A 泄液

打开泵 P101A 泄液阀 VD02，观察 P101A 泵泄液阀 VD02 的出口，当不再有液体泄出时，显示标志变为红色，关闭 P101A 泵泄液阀 VD02。

（4）V101 罐泄压、泄液

1）待罐 V101 液位小于 10% 时，打开 V101 罐泄液阀 VD10。

2）待 V101 罐液位小于 5% 时，打开 PIC101 泄压阀。

3）观察 V101 罐泄液阀 VD10 的出口，当不再有液体泄出时，显示标志变为红色，待罐 V101 液体排净后，关闭泄液阀 VD10。

3. 仪表及报警一览表（见表 1—3—1）

表 1—3—1　　仪表及报警一览表

位号	说明	类型	正常值	量程上限	量程下限	工程单位	高报	低报	高高报	低低报
FIC101	离心泵出口流量	PID	20 000.0	40 000.0	0.0	kg/h				
LIC101	V101 液位控制系统	PID	50.0	100.0	0.0	%	80.0	20.0		
PIC101	V101 压力控制系统	PID	5.0	10.0	0.0	atm（G）		2.0		
PI101	泵 P101A 入口压力	AI	4.0	20.0	0.0	atm（G）				
PI102	泵 P101A 出口压力	AI	12.0	30.0	0.0	atm（G）	13.0			
PI103	泵 P101B 入口压力	AI		20.0	0.0	atm（G）				
PI104	泵 P101B 出口压力	AI		30.0	0.0	atm（G）	13.0			
TI101	进料温度	AI	50.0	100.0	0.0	DEG C				

三、常见异常现象及处理方法

下列事故处理操作仅供参考，详细操作以评分系统为准。

1. P101A 泵坏

事故现象：P101A 泵出口压力急剧下降，FIC101 流量急剧减小。

处理方法：

（1）切换到备用泵 P101B。全开 P101B 泵入口阀 VD05、向泵 P101B 灌液，全开排气阀 VD07 排 P101B 的不凝气，当显示标志为绿色后，关闭 VD07。

（2）灌泵和排气结束后，启动 P101B。

(3) 待泵 P101B 出口压力升至入口压力的 1.5 ~2 倍后，打开 P101B 出口阀 VD08，同时缓慢关闭 P101A 出口阀 VD04，以尽量减少流量波动。

(4) 待 P101B 进出口压力指示正常，按停泵顺序停止 P101A 运转，关闭泵 P101A 入口阀 VD01，并通知维修工。

2. 调节阀 FV101 的阀卡

事故现象：FIC101 的液体流量不可调节。

处理方法：

(1) 打开 FV101 的旁通阀 VD09，调节流量使其达到正常值。

(2) 手动关闭调节阀 FV101 及其后阀 VB04、前阀 VB03。

(3) 通知维修部门。

3. P101A 入口管线堵

事故现象：P101A 泵入口、出口压力急剧下降，FIC101 流量急剧减小到零。

处理方法：按泵的切换步骤切换到备用泵 P101B，并通知维修部门进行维修。

4. P101A 泵气蚀

事故现象：P101A 泵入口、出口压力上下波动，P101A 泵出口流量波动（大部分时间达不到正常值）。

处理方法：按泵的切换步骤切换到备用泵 P101B。

5. P101A 泵气缚

事故现象：P101A 泵入口、出口压力急剧下降，FIC101 流量急剧减少。

处理方法：按泵的切换步骤切换到备用泵 P101B。

【注意事项】

1. 在实习教师指导下熟悉以离心泵为输送设备的工艺流程。

2. 严格按照操作规程和安全操作规程进行操作练习，按照从正常开、停车，正常工况维持，事故判断及处理的顺序进行反复训练。

3. 在训练过程中，要求对照评分细则对每一操作步骤进行修正，直到工艺指标完全符合操作规程为止。

4. 通过严格的训练和教师的指导总结，使学生熟练掌握流体输送的正常开、停车的操作步骤，正常工况维持的各工艺参数，事故判断及处理的方法，为液体输送实训操作打下基础。

思考与练习

简答题

1. 离心泵在启动和停止运行时泵的出口阀应处于什么状态？为什么？

2. 一台离心泵在正常运行一段时间后，流量开始下降，可能是由哪些原因导致的？

3. 离心泵出口压力过高或过低应如何调节？

4. 离心泵入口压力过高或过低应如何调节？

5. 若两台性能相同的离心泵串联操作，其输送流量和扬程较单台离心泵相比有什么变化？若两台性能相同的离心泵并联操作，其输送流量和扬程较单台离心泵相比有什么变化？

课题四　气体输送设备及操作实训

在化工生产中，往往需要将气体物料从低压变为高压，或需要将气体从一处输送到另一处，因此气体的压缩和输送是化工厂常见的操作。输送和压缩气体的机械统称为气体输送机械。按其结构和工作原理的不同，则可分为往复式、离心式和轴流式等类型，离心式及往复式压缩机被广泛用于化工生产中，因此要求操作人员必须在掌握理论基础的同时，能熟练掌握一定的操作技能。

任务一　气体输送设备认识

任务提出

学习往复式压缩机和离心式压缩机为主要气体输送设备的基础知识，掌握往复式压缩机的主要性能、分类、安装、运转和离心式压缩机的工作原理、结构、特性曲线及气量调节，以及其他类型的气体输送设备。

任务分析

以离心泵和往复泵为主要液体输送设备，学习各类气体输送设备的基础知识。

相关知识

气体压缩和输送机械按工作原理及其结构分为离心式、往复式、旋转式以及流体作用式等，其中往复式压缩机在中小型化工厂应用很广，离心式压缩机在大型化工厂应用较多。气体压缩和输送机械按其终压（出口压强）或压缩比（出口压强与进口压强之比），可分为四类：压缩机（终压在294 kPa以上，压缩比大于4）、鼓风机（终压15～294 kPa，压缩比小于4）、通风机（终压不大于15 kPa，压缩比1～1.15）和真空泵（在设备内造成负压，终压为大气压，压缩比由真空度决定）。

一、往复式压缩机

1．往复式压缩机的结构及工作原理

往复式压缩机的主要部件有气缸、活塞、吸气阀、排气阀及传动机构等，依靠活塞在气缸内作往复运动来压缩和输送气体。

由于气体的可压缩性，压缩机的实际工作过程比较复杂，为了讨论方便，下面以单级单动式压缩机为例说明往复式压缩机的工作过程。

如图1—4—1所示，假设气缸内已经充满压强为p_1的低压气体，活塞位于右死点，气

缸中气体的压强为 p_1，体积为 V_1，其状态点以 p—V 图上的点 1 表示。

当活塞从右死点向左移动时，缸内气体被压缩，压强升高，吸气阀自动关闭。由于出口管中的压强 p_2 大于此时缸内的压强，排气阀也处于关闭状态。随着活塞继续向左移动，缸内气体压强继续增大直至等于出口管中的压强为止，其状态点以 p—V 图上的点 2 表示。气体由状态点 1 到状态点 2 的过程称为压缩阶段。

当活塞继续向左移动，气缸内压强稍大于出口管中的气体压强 p_2 时，排气阀被顶开，气体排出（此时气体压强可认为等于 p_2），直至活塞达到左死点为止，此时体积为 V_3，其状态点以 p—V 图上的点 3 表示。气体由状态点 2 到状态点 3 的过程称为排气阶段。

当活塞到达左死点时，活塞与气缸之间还留有也必须留有一段很小的间隙，这个间隙称为余隙。由于余隙的存在，气缸内还残留一部分压强为 p_2 的高压气体，当活塞从左死点向右移动时，这部分气体将会膨胀，直至等于吸入管中的压强 p_1 为止，此时体积为 V_4，其状态点以 p—V 图上的点 4 表示，气体从状态点 3 到状态点 4 的过程称为膨胀阶段。

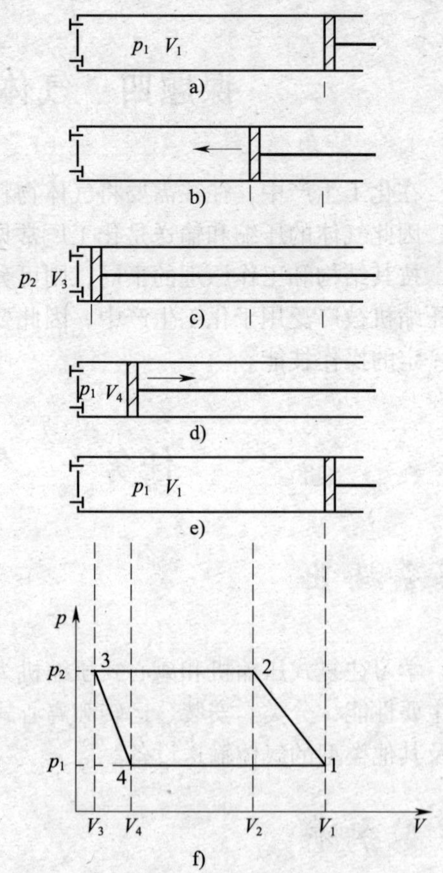

图 1—4—1 压缩机的实际工作循环

a）开始压缩阶段 b）压缩阶段 c）排气阶段 d）膨胀阶段 e）吸气阶段 f）p—V 状态图

当活塞继续向右移动，气缸内的压强稍低于 p_1 时，吸入阀自动开启，吸入管中的气体开始进入气缸。活塞继续移动，气体不断吸入，而压强保持 p_1 不变，直至活塞到达右死点，状态又回复到点 1。气体从状态点 4 到状态点 1 的过程称为吸气阶段。

综上所述，往复式压缩机的实际工作循环，由吸气—压缩—排气—膨胀四个阶段组成，p—V 图上的四条线代表了这四个阶段的变化过程。图 1—4—1 所示的压缩机的一个工作循环中，吸气和排气各一次，称为单动式压缩机。如果在气缸两端都设有吸气阀和排气阀，则在一个工作循环中，吸气和排气各两次，称为双动式压缩机。

往复式压缩机的型号很多，但它们几乎都是由一些相同的零部件组成，其中直接参与压缩过程的部件有气缸、活塞、活门。

（1）气缸

气缸是压缩机的主要部件之一，气缸和活塞配合完成气体的压缩。根据压强（俗称压力）的不同，一般分为低压缸和高压缸两类。压力小于 5×10^3 kPa 的低压缸和压力小于 8×10^3 kPa 且尺寸较小的气缸，用铸铁制造；压力小于 15×10^3 kPa 时，通常用铸钢制造；压力再高时，则用合金钢锻制。气缸外壁都装有冷却水套，用以冷却气缸内的气体和部件。

（2）活塞

活塞是用来压缩气体的基本部件。往复式压缩机一般采用盘状活塞，如图 1—4—2 所示，其内部是空心的，两端面由加强肋联结，根据活塞大小的不同，加强肋有 3 ~ 8 个。活塞顶部与气缸内壁及气缸盖构成封闭的工作容积。为防止气体由高压侧泄漏到低压侧，在活塞上装有活塞环（亦称涨圈），活塞环在未压紧的自由状态下，其直径稍大于气缸直径，因此，在装入气缸后，依靠其本身的弹性紧紧压贴在气缸表面上，以保证良好的密封性能。一般低压小于 10 at（at 是工程大气压，1 at = 98.07 kPa），活塞上设有 2 ~ 3 个活塞环，开口处尽量错开，以减少气体外泄。

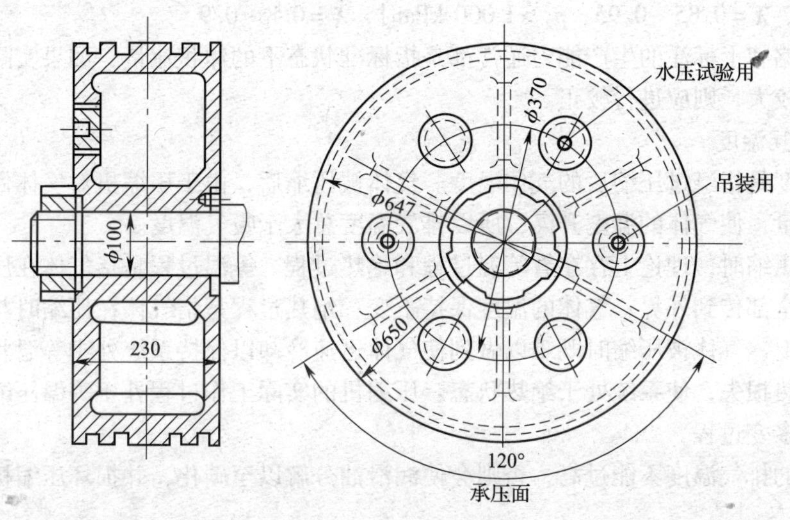

图 1—4—2　活塞示意图

（3）活门

活门也叫气阀，是往复式压缩机中一个很重要的部件。如图 1—4—3 所示，它由阀座、阀片、弹簧、升高限制器等零件组成。这种阀用做排气阀时，当气缸内压强稍大于出口管内的压强时，气体将阀片顶起，气体从阀座的孔隙中流出，并从阀片与底座之间的缝隙通过。当阀片两侧气体的压强相等时，阀片紧贴在阀座上，将孔隙关闭。这种阀用做吸气阀时，只要将整个活门掉换一下方向装入吸气孔端即可。活门的好坏直接影响压缩机的排气量、功率消耗及运转的可靠性。为了保证压缩机工作良好，活门必须严密、阻力小、开启迅速、结构紧凑。

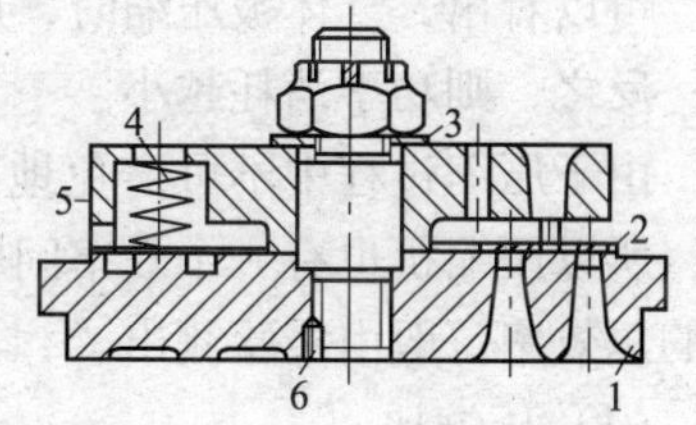

图 1—4—3　低压段排气阀组合图

1—阀座　2—阀片　3—垫片　4—弹簧　5—升高限制器　6—制动螺钉

2. 往复式压缩机的主要性能

（1）排气量

即压缩机的生产能力，用符号 Q 表示，单位为 m^3/h。理论上的排气量 $Q_{理}$ 等于活塞扫过的气缸容积，单动式压缩机理论上的排气量可以按下式计算

$$Q_{理} = ASf = \frac{\pi}{4}D^2Sf \qquad (1—4—1)$$

式中　A——活塞的截面积，m^2；

D——活塞直径，m；

S——活塞的冲程，m；

f——活塞往复运动的频率，Hz 或 1/s。

由于气缸余隙内高压气体的膨胀会占据一部分气缸容积，且压缩气体通过填料函、阀门、活塞杆等处时会有泄漏，所以实际排气量总比理论排气量要小，即

$$Q_{实} = \lambda Q_{理} \tag{1—4—2}$$

式中 λ 称为送气系数，由实验测得，一般 $\lambda = 0.7 \sim 0.9$。新压缩机，出口压力 $p_2 <$ 1 000 kPa时，$\lambda = 0.85 \sim 0.95$；$p_2 >$ 1 000 kPa时，$\lambda = 0.8 \sim 0.9$。

压缩机铭牌上标注的生产能力通常都是指标准状态下的体积流量，如果实际操作时的状态与其差别较大，则应进行校正。

（2）排气温度

排气温度是指经过压缩后的气体温度。气体被压缩后，由于压缩机对气体做了功，会产生大量的热量，使气体的温度升高，所以排气温度总大于吸气温度。

气体被压缩时，理论上存在着等温过程和绝热过程。等温过程是指气体在压缩过程中所产生的热量全部传到外界，气体的温度保持不变；绝热过程是指气体在压缩时与外界无热量交换。实际上，气体被压缩时既难以做到使气体迅速冷却以保持系统处于等温状态，也不可能没有一点热损失，使系统处于绝热状态。压缩机的实际工作过程处于等温压缩和绝热压缩之间，称为多变过程。

压缩机的排气温度不能过高，否则会使润滑油分解以至碳化，并损坏压缩机部件。

（3）功率

压缩机在单位时间内消耗的功，称为功率。压缩机铭牌上标注的功率为压缩机的最大功率。可以看出，气体被压缩时，压强与温度越高，压缩比越大，排气量越大，功率消耗也越大；反之，则功率消耗越小。

由于压缩过程中不可避免地有部分气体泄漏，通过气阀开启时不可避免地有能量损失等，所以压缩机也有一个效率问题，压缩机的轴功率定为理论功率除以压缩机总效率，压缩机的总效率一般由实验测出。

（4）压缩比

气体的出口压强与进口压强之比称为压缩比，用符号 ε 表示，$\varepsilon = p_2/p_1$。压缩比越大，说明气体经压缩后压强升得越高，排气温度也相应升得越高。

气体经过一个气缸压缩后，压缩比一般不超过6。若压缩比过大，会使气体温度升得很高，不仅使功耗增大，而且会使润滑油黏度降低，失去润滑作用，损坏设备；同时由于余隙中气体的压强很高，膨胀后体积很大，占据气缸有效容积多，使气缸吸气量下降或不能吸气。故不能在一个气缸中实现很大的压缩比。

3. 多级压缩

在化工生产中常常需将一些气体从常压提高到几兆帕或几百兆帕，这时压缩比就会很大，需采用多级压缩。所谓多级压缩就是把压缩机中的两个或两个以上的气缸串联在一起，将气体逐级压缩到所需压强。如图 1—4—4 所示的双级压缩流程，气体在第一个气缸 1 内被压缩后，经中间冷却器 2、油水分离器 3，使气体降温和分离出润滑油和冷凝水，避免带入

下一气缸，然后再送入第二个气缸4进行压缩，以达到所需要的最终压强。每经过一次压缩称为一级，连续压缩的次数就是压缩机的级数。

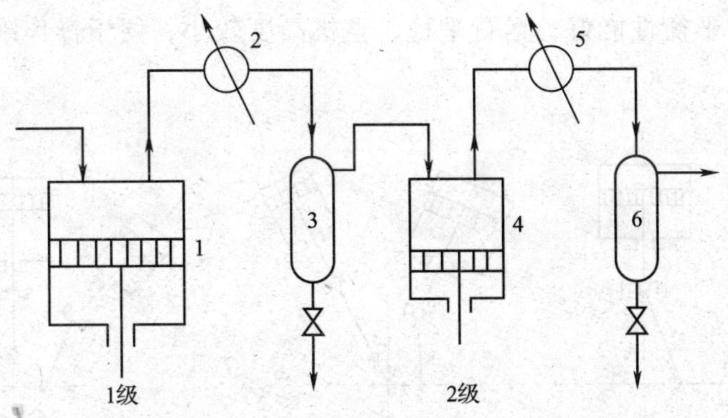

图1—4—4　双级压缩流程示意图

1—第1级气缸　2，5—中间冷却器　3，6—油水分离器　4—第2级气缸

采用多级压缩可以克服一个气缸压缩比过大的缺点，避免因气体温度过高而降低功耗。若级数过多，则压缩机结构复杂，中间冷却器、油水分离器等辅助设备增多，造价高，克服系统流动阻力的能耗也会相应增加。因此，往复式压缩机的级数一般不超过6级，每级的压缩比以2~5为宜。

4. 往复式压缩机的分类和型号

往复式压缩机的分类方法很多，根据不同的特点有如下分类方法：

（1）按活塞在往复运动一次过程中的吸、排气次数，分为单动、双动式压缩机。

（2）按气体受压缩的次数，分为单级、双级和多级压缩机。

（3）按压缩机出口压强的高低，分为低压（10 at以下）、中压（10~100 at）、高压（100~1 000 at）和超高压（1 000 at以上）压缩机。

（4）按压缩机生产能力的大小，分为小型（10 m^3/min以下）、中型（10~30 m^3/min）和大型（30 m^3/min以上）压缩机。

（5）按所压缩气体的种类，分为空气压缩机、氧气压缩机、氮气压缩机、氨气压缩机等。

（6）按气缸在空间位置的不同，分为立式、卧式、角式和对称平衡式等，这是压缩机最主要的一种分类方法。

立式往复压缩机代号为Z，由于气缸中心线与地面垂直，活塞作上下运动，对气缸作用力小，磨损小，振动小，整机占地面积也小，但机身较高，操作、检修不便，仅适合于中、小型压缩机。卧式往复压缩机代号为P，由于气缸中心线是水平的，故机身较长，占地面积大，但操作、检修方便，适用于大型压缩机。

角式往复压缩机的代号根据气缸位置形式可分为L形、V形、W形等，分别如图1—4—5a、b、c所示，其主要优点是活塞往复运动的惯性力有可能被转轴上的平衡重量所平衡，基础比立式小。但因气缸是倾斜和立式的，维修不方便，也仅适用于中、小型压缩机。

对称平衡式，即气缸对称地分布在电动机的两侧，活塞成对称运动，即曲轴两侧相对的两列活塞对称地同时伸长、同时收缩，故称为对称平衡型，其代号为 H、M，如图 1—4—5d、e 所示。H 形气缸对称分布在电动机两侧，M 形是电动机位于各列气缸的外侧。这种形式压缩机的平衡性能好，运行平稳，整机高度较小，便于操作维修，通常用于大型压缩机。

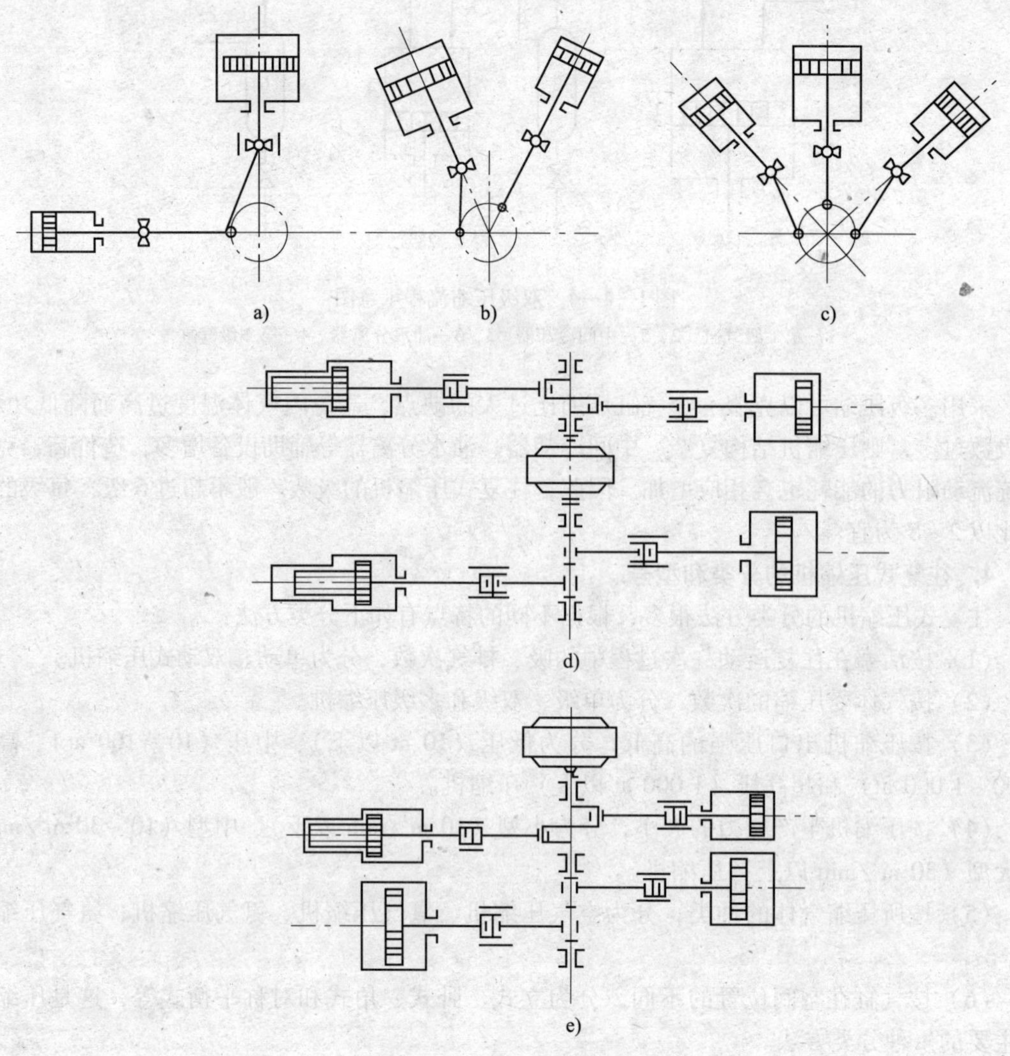

图 1—4—5　气缸排列示意图

a) L形　b) V形　c) W形　d) H形　e) M形

二、离心式压缩机

1. 离心式压缩机的工作原理和结构

离心式压缩机也称透平式压缩机，它的工作原理和多级离心泵相似，气体在叶轮带动下作旋转运动，由于离心力的作用使气体压强增高，经过一级一级的增压作用，最后可以得到相当高的排气压强。

图 1—4—6 所示是一台六级两段离心式压缩机的典型结构示意图，气体经吸气室 1 进入

到一段第一级叶轮 2 内，在叶轮高速旋转的带动下，气体获得很大的动能，并从叶轮四周甩出后进入蜗壳形通道，气体的动能部分地转化为静压能，提高了压力，由此依次进入二、三级，进一步提高压力。经三级压缩后，因气体压力增大、温度升高，需将高温气体由蜗壳引出机外，在中间冷却器冷却，气体被冷却后再由二段第四级气体进口处进入第四级叶轮继续升压，最后从第六级叶轮甩出来进入末级蜗壳进行最后增压，这样气体以较大的压力离开气缸进入输送气体管道。

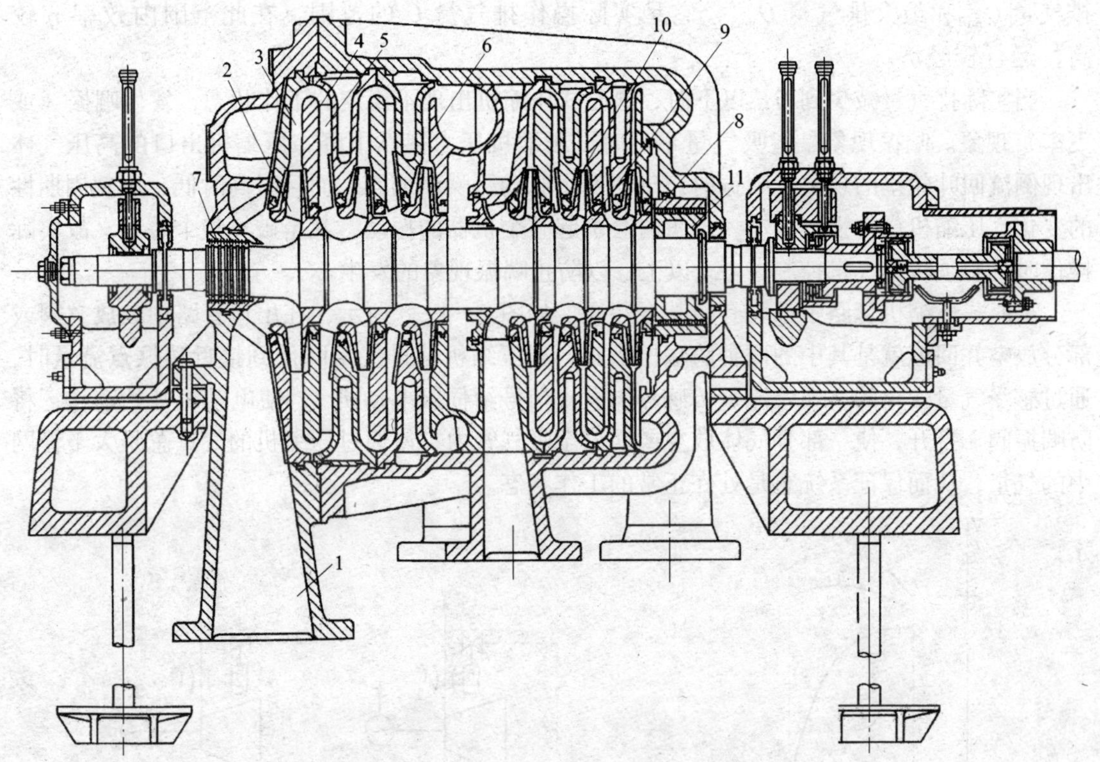

图 1—4—6　离心式压缩机的典型结构

1—吸气室　2—叶轮　3—扩压室　4—弯道　5—回流器　6—蜗壳

7，8—轴端密封　9—隔板密封　10—轮盖密封　11—平衡盘

离心式压缩机的主轴和叶轮一般都由合金钢制成。由于气体的压强增高较多，气体的体积变化较大，所以叶轮的直径应制成不同的大小，一般是将其分成几段，每段包括若干级，每段叶轮的直径和宽度依次减小。段与段之间设有中间冷却器，以避免气体的温度过高。

离心式压缩机与往复式压缩机相比，具有体积小、重量轻、占地面积小、运行平稳、排气量大、均匀无脉冲、结构紧凑、运转周期长等优点；但也存在制造精度要求高、操作适应性差、气体性质对操作性能影响大、气流速度大、气体与流道内部件摩擦损失大、效率不如往复式压缩机高的缺点。

2. 离心式压缩机的特性曲线与气量调节

(1) 特性曲线

和离心泵一样，离心式压缩机的特性曲线也是对特定的压缩机、在一定的转速下、通过试验测定的。离心式压缩机的特性曲线由 ε (p_2) —Q、N—Q、η—Q 三条曲线组成，它表示该压缩机的压缩比 ε（或排气压强 p_2）、功率 N、效率 η 随排气量（按进气状态计算）变化而变化的规律。

图 1—4—7 所示是某离心式压缩机的特性曲线图。ε（p_2）—Q 曲线是一条在排气量不为零处有一最高点、呈驼峰状的曲线，在最高点右侧，压缩比（出口压强）随流量增大而急剧降低；N—Q、η—Q 曲线为两条较平缓的抛物线，N、η 先随排气量的增大而逐渐增大，达到最大值后，排气量再增加，N、η 反而下降。特性曲线上通常都标有最小排气量 Q_{min} 和最大排气量 Q_{max}，它是实际操作排气量 Q 的范围，在此范围内效率 η 较高，运行较经济。

当实际排气量减少到 Q_{min} 以下时，离心式压缩机出现不稳定的工作状态，发生喘振（或飞车）现象。喘振现象是指吸气量不足时，压缩机压力突然下降，压缩机出口的高压气体出现倒流回叶轮里的现象。喘振时，气流发生脉动，噪声加剧，而且时高时低，出现周期性的变化；压缩机产生强烈振动，严重时会引起整个机器的振动，甚至破坏整个装置。故实际操作时，必须将排气量控制在 Q_{min} 以上，以防止喘振现象的发生。

离心式压缩机管路中都装有防喘振装置。如图 1—4—8 所示，在出口管路中装放空阀或部分放空并回流就是其中的两种防喘振措施。当压缩机的排气量降低到接近喘振点流量时，通过感受气量变化的文氏管流量传感器 1 发出信号给伺服电动机 2，使电动机开始动作，将防喘振阀 3 打开，使一部分气体放空或回流至吸气管内，使通过压缩机的气量总是大于管网中的气量，从而保证系统总是处在正常的工作状态。

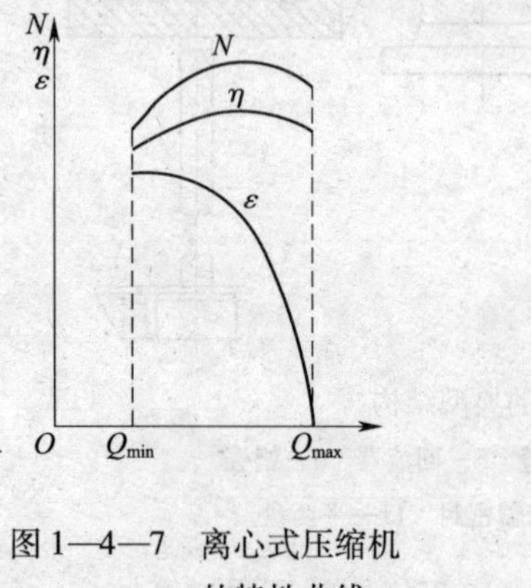

图 1—4—7　离心式压缩机的特性曲线

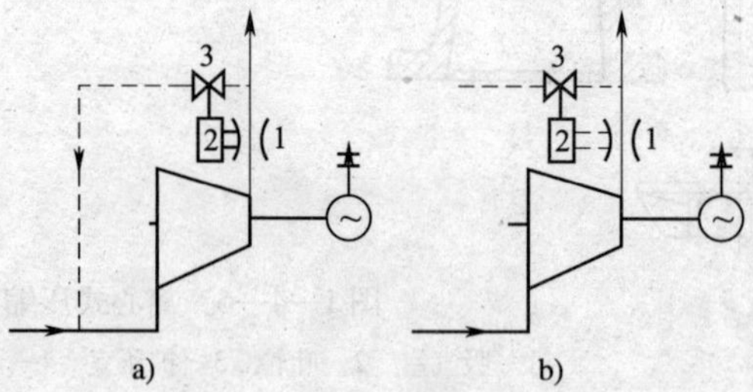

图 1—4—8　防止喘振的措施
a）部分放空并回流　b）部分放空
1—文氏管流量传感器　2—伺服电动机　3—防喘气阀

（2）气量调节

离心式压缩机常用的气量调节方法有：调整进口或出口阀门的开启程度、改变压缩机转速等。

1）改变转速。此法最经济，调节范围广泛，无节流损失，适合于驱动机为汽轮机和燃气机的离心式压缩机。

2）进口节流调节法。即调节进口阀的开启程度，此法简单、操作稳定，常用于转速固定的离心式压缩机的流量调节。

3）出口节流调节法。即调节出口阀的开启程度，此法操作简单，但由于气体节流带来的损失大，使整个机器的效率大大降低，不经济。

【知识拓展】

其他类型的气体输送设备

一、鼓风机

化工生产中使用的鼓风机，主要有罗茨鼓风机和离心式鼓风机，通常用在压强要求不高而流量较大的场合。

1. 离心式鼓风机

离心式鼓风机又称透平式鼓风机，其结构和工作原理与离心式压缩机相同。图1—4—9所示为一台五级离心式鼓风机。气体由吸气口进入后，在第一级叶轮离心力的作用下压力升高，由导轮将气体导入第二级叶轮，再依次通过以后各级叶轮和导轮，最后由排出口排出。离心式鼓风机的外壳直径和宽度都比较大，叶轮叶片数目较多，转速较高，送气量大，但产生的风压不高，出口表压力一般不超过 294×10^3 Pa。由于离心式鼓风机的压缩比不高（为1.15~4），压缩过程中气体获得的能量不多，温度升高不明显，无需设置冷却装置，各级叶轮的直径大小相同。

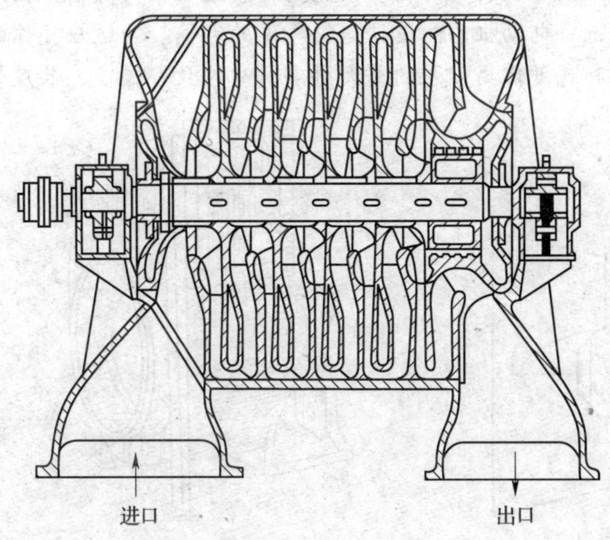

图1—4—9　离心式鼓风机

2. 罗茨鼓风机

罗茨鼓风机的结构、工作原理和齿轮泵相似，如图1—4—10所示，在一个跑道似的机壳内有两个"8"字形转子，两转子之间和转子与机壳之间留有很小的缝隙（0.2~0.5 mm），两转子的旋转方向相反，将机壳内分成一个低压区和一个高压区，气体从低压区吸入，从高压区排出。如果改变转子的旋转方向，应将吸入口与排出口互换，因此在开车前应仔细检查转子的旋转方向。

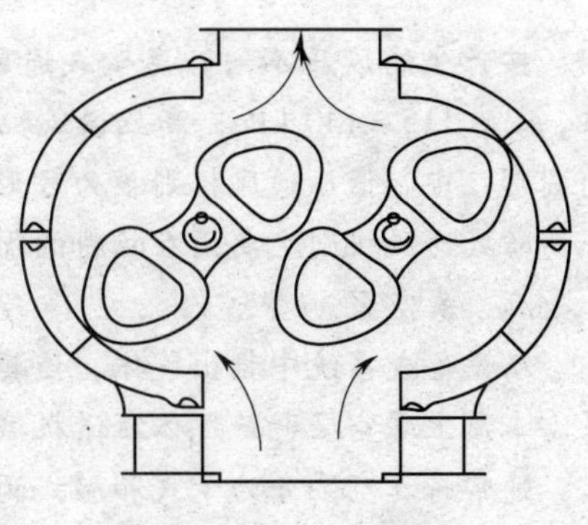

图1—4—10　罗茨鼓风机

罗茨鼓风机属于正位移型，风量与转子转速成正比，采用安装回流支路（旁路）来调节气量，出口阀不可完全关闭。该风机出口装有气体稳压罐，并设安全阀。操作时，气体温度不能超过85℃，否则转子会因受热膨胀而卡住。罗茨鼓风机常用在硫酸和合成氨等生产中。

二、通风机

通风机是一种在低压下沿管道输送气体的机械。工业上常用的通风机主要有轴流式和离心式两种类型。

1．轴流式通风机

如图1—4—11所示，在机壳内装有快速旋转的叶轮，叶轮上固定有12片形状与螺旋桨相似的叶片，当叶轮转动时，叶片推动着空气，使之沿着与轴平行的方向流动，叶片将能量传递给空气，使排出时气体的压力略有提高，故其特点是压力不大而送风量大。由于其体积小，质量轻，常安装在墙壁或天花板上，也可以临时放置在一些需要送风的场合，主要用于车间通风换气和空冷器、凉水塔等的通风。

2．离心式通风机

离心式通风机的结构和工作原理与单级离心泵相似，如图1—4—12所示，同样具有一个蜗壳，其中只有一个高速旋转的叶轮。蜗壳的作用是收集由叶轮抛出的气体并将部分动能转化为静压能，叶轮是将电动机的能量传递给气体的部件。为适应气体的可压缩性和大流量的要求，叶轮的直径和宽度比离心泵的要大得多，叶片数目较多、长度较短。

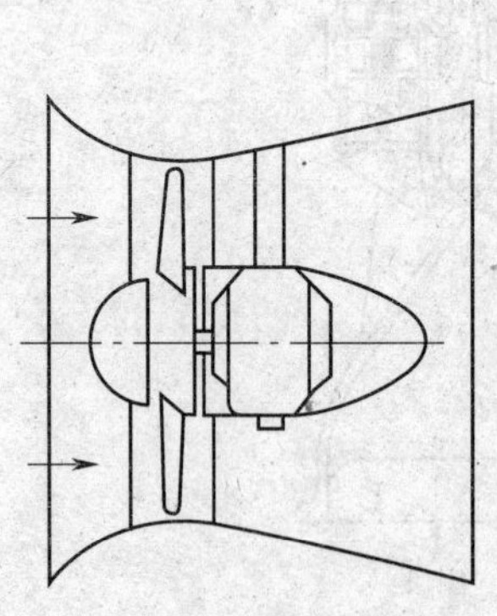

图1—4—11　轴流式通风机

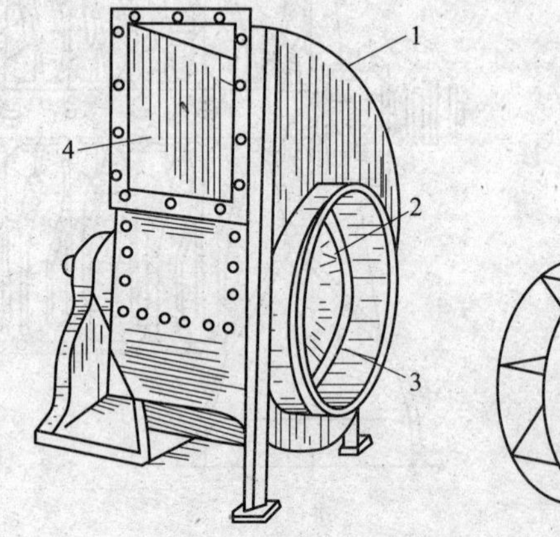

图1—4—12　离心式通风机及叶轮

1—机壳　2—叶轮　3—吸入口　4—排出口

按产生的风压不同，离心式通风机可分为三类：低压通风机，p_2 <115 kPa；中压通风机，p_2 为115～140 kPa；高压通风机，p_2 为140～300 kPa。高压通风机的机壳通道断面形状为圆形，中、低压通风机则多为方形。中、低压离心式通风机主要作为车间通风换气用，高压离心式通风机则主要用在物料的气体输送上。

三、真空泵

从设备或系统中抽出气体，使其中的绝对压强低于大气压强，所用的抽气机械称为真空泵。本质上真空泵也是气体压送机械，只是它的进口压强低、出口为常压。

通常将真空泵分为干式和湿式两大类。干式真空泵只能从设备中抽出干燥气体，其真空度高达96%～99%；湿式真空泵在抽气的同时允许带走较多的液体，只能产生85%～90%

的真空度。从结构上分，真空泵有水环式、往复式和喷射式等形式。

1. 水环式真空泵

水环式真空泵如图1—4—13所示，外壳1内装有偏心叶轮，叶轮上有辐射状叶片，泵壳内约充有一半容积的水，当叶轮旋转时，形成水环3。水环具有密封作用，与叶片一起将空隙形成大小不同的密封小室。当小室增大时，气体从吸入口4吸入；当小室变小时，气体由排出口5排出。当被抽吸的气体不宜与水接触时，泵内可充以其他液体，故又称为液环真空泵。

水环式真空泵的特点是结构简单、紧凑，易于制造和维修，使用寿命长、操作可靠，适用于抽吸含有液体的气体；但其效率低（约为30%~50%），所产生的真空度受泵内水温的控制。

2. 往复式真空泵

往复式真空泵的结构和工作原理与往复式压缩机相同，只是压缩机是为了提高气体压力，而真空泵是为了降低入口处的气体压力，其排气压强为101.3 kPa（绝对压强）。为降低余隙气体的影响，真空泵在结构上采取了相应的措施，即在气缸左右两端设置一个平衡气道，如图1—4—14所示，在活塞到达终点时的气缸内壁上加工出一个凹槽，当活塞排气过程刚完成时，能连通平衡气道，使余隙中的部分残留气体从活塞一侧流向另一侧，降低余隙气体的压力，提高生产能力。真空泵和压缩机一样，气缸外壁采用冷却装置，以除去气体压缩和机件摩擦所产生的热量。

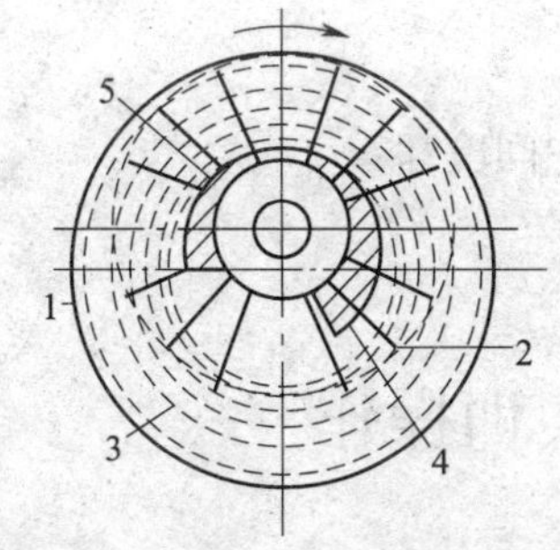

图1—4—13 水环式真空泵简图

1—外壳 2—叶片 3—水环

4—吸入口 5—排出口

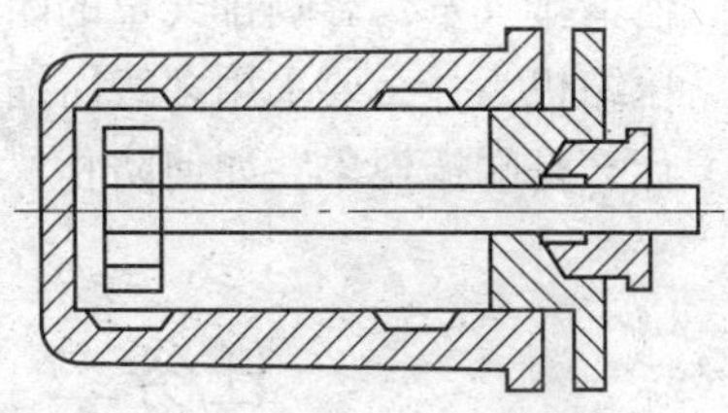

图1—4—14 平衡气道

往复式真空泵属干式真空泵，操作时必须采取有效措施。例如，设置冷凝器，将湿气体中的水蒸气冷凝，并与进入真空泵的干燥气体分开；必要时还可配洗罐，以防所抽气体带液而造成严重的设备事故。往复式真空泵的缺点是转速低、排气不均匀、结构复杂、运动部件多、易于磨损等，故有被其他真空泵替代的可能性。

3. 喷射泵

喷射泵是利用流体流动时静压能转换为动能而造成的真空来抽送流体的，它既可用来抽送气体，也可用来抽送液体。在化工生产中，喷射泵常用于抽真空，故它又称为喷射式真空泵。喷射泵的工作流体可以是蒸汽，也可以是液体。图1—4—15所示是单级蒸汽喷射式真空泵，工作蒸汽以很高的速度从喷嘴喷出，在喷射过程中，蒸汽的静压能转变为动能，产生低压，而将气体吸入。吸入的气体与蒸汽混合后进入扩散管，使部分动能转变为静压能，从压出口排出。

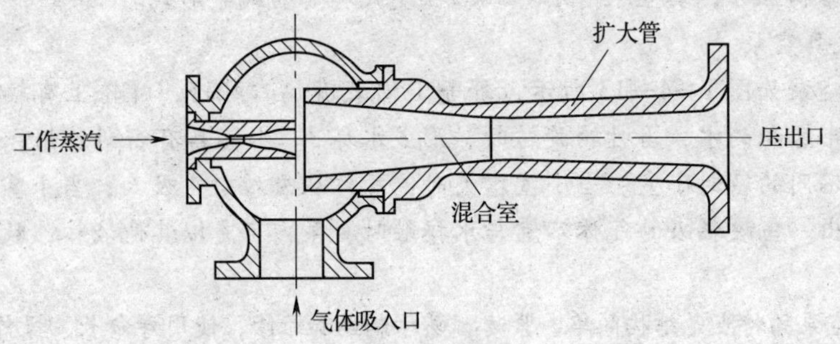

图 1—4—15　单级蒸汽喷射式真空泵

喷射泵结构简单，无运动部件，但效率低，工作流体消耗很大。由于抽送液（气）体与工作流体混合，其应用范围受到一定的限制。单级蒸汽喷射式真空泵可产生90%的真空度，若要获得更高的真空度，可以采用多级蒸汽喷射。

思考与练习

简答题

1. 何谓压缩比？压缩机气缸内为什么要留有余隙？
2. 何谓排气量？影响排气量的因素有哪些？
3. 压缩机为什么要采用多级压缩？为什么要进行中间冷却？
4. 什么是喘振现象？如何防止？

任务二　气体输送实训操作

任务提出

以额定输出压力为 8 000 kPa 的往复式压缩机装置系统作为实训装置，模拟真实操作时往复式压缩机气体输送的操作及事故处理。

任务分析

熟悉往复式压缩机操作装置的工作过程，掌握排气量调节的方法，了解冷却系统和润滑系统。

任务实施

往复式压缩机操作训练的目的，一方面是熟悉压缩机的结构及操作装置的工作过程，另一方面是掌握排气量调节的方法，了解冷却系统和润滑系统。开车一般可分为原始开车和正常开车。前者是压缩机新安装或大、中修后的开车，后者是经过短期停车后的开车。原始开车比正常开车复杂，并且包括全部正常开车的操作步骤，因此此处安排练习压缩机的原始开车。原始开车的程序包括开车前的准备工作、空负荷试车、负荷试车和转入正常运转。

一、开车前的准备工作

1. 检查压缩机各部件（特别是运动部件）、所属设备及全部管道是否完整无误，确认无问题后方可进行试车。

2. 接通水源，打开冷却水路上的阀门，使冷却水畅通。

3. 向油池中加入牌号为46号的机油，油面保持在规定的高度范围内。

4. 向注油器中加入150号压缩机油，并将手动注油轮转动数十转，从油缸进油管接头处旋松螺母，观察到出油后再旋紧螺母，将注油器再摇几转，确保气缸中已注入润滑油。

5. 将压缩机的进气管道吹除干净。

6. 测量电动机的绝缘情况，然后断开联轴器，启动电动机，检查电动机旋转方向是否正确，运转有无阻碍和异声，电流、电压和电动机温度是否正常，检查完毕后装好联轴器。

7. 盘车数转，检查有无障碍、撞击、振动或其他声音。

8. 检查排气管、气体冷却器、油水分离器和储气罐有无堵塞现象，确保排气系统处于无压力状态。

9. 转动减压阀手轮，使螺杆上升，关闭减压阀切断进气，以减轻启动负荷；检查仪表及联锁装置是否正常。

二、空负荷试车和负荷试车

1. 空负荷试车

以上准备工作逐条检查无误后，方可进行空负荷试车。空负荷试车的目的，是使曲轴、连杆等运动机构的各部件有良好的转动配合，轴与轴瓦、填料与活塞杆、活塞环与气缸等摩擦件之间得到良好的磨合；检查润滑系统和冷却系统的运转情况；检查和调整电气设备、仪表和联锁装置；及时发现压缩机的缺陷，为负荷试车创造条件。空负荷试车的步骤如下：

（1）将排气管路中的阀门打开，通向大气。

（2）开启冷却水。

（3）瞬时启动后立即停车，并再次检查设备情况，若无异常现象，再启动压缩机作空负荷运行。

（4）第二次连续空负荷运转20 min后停车，打开机身侧窗孔和后窗孔，用手检查主轴承、曲拐颈、连杆大小头、滑道、活塞杆是否异常发热。若温度过高，则属不正常，须检修发热部件；若温度正常，也无其他不正常现象，可继续运转。

（5）第三次连续运转4～8 h（实习时，该项时间可适当缩短），停车检查，若一切正常，可进行负荷试车。

（6）在试车中若发现油压表指针剧烈振摆，应旋松管接头，将余气排出后再旋紧螺母。

2. 负荷试车

压缩机负荷试车（又称加压试车）的目的是在各段压力增加的情况下，继续检查和消除各种不正常现象，检查各连接部位的气密程度以及排气量、工作性能等是否符合规定要求。负荷试车是决定压缩机能否投入生产的关键，负荷试车的步骤如下：

（1）接通电源，启动压缩机。

（2）待压缩机运转平稳后，用手轮打开减压阀开始进气，同时调节排气阀，使压缩机在196 kPa的压力下运行，若发现不正常现象应立即停车检修；若无异常现象，将出口压力逐渐提至392 kPa，运行20 min；无异常现象，方可将压力逐渐提至7 841 kPa，运行8 h（实习时，该项目可适当缩短）。然后减压至340 kPa，进行压缩机装置的气密查漏试验。

（3）在负荷试车中要仔细检查各部件是否工作正常，各机件运行是否有异声，同时严密注意并仔细记录各种操作条件及控制指标：要求一级排气压力为177～216 kPa，二级排气压力≤784 kPa，排气温度≤160 ℃，冷却水排出温度≤40 ℃，电动机电流≤103 A，油泵油压为147～294 kPa。

（4）每8 h将中间冷却器的油水排放一次。

负荷试车合格后，即可投入正式使用，或停车待命。

三、停车

压缩机的停车也分为两种：正常停车和紧急停车。

1. 正常停车

正常停车前，要与有关工序和岗位联系，做好一切准备工作。停车时应先将各段压力卸掉，目的是防止各部件受力不平衡，发生冲击和扭转等事故；方法是停止进气和停止向用气工序供气，从高压级到低压级缓慢卸去各级压力（由放空阀排气卸压）；注意阀门开关顺序不能颠倒搞错，并密切注意各级压力变化情况。压缩机正常停车步骤如下：

（1）打开中间冷却器的排污阀进行排污。

（2）逐渐关闭减压阀，使压缩机进入无负荷运转。

（3）打开放空阀，将二级排气系统的高压气体放空，卸掉二段压力。

（4）断开电源，使压缩机停止运转。

（5）关闭冷却水进水阀，打开放水阀，将气缸、中间冷却器和气体冷却器中的水完全放掉，以防设备锈蚀和在冬季被冻裂。

（6）排放中间冷却器、气体冷却器、油水分离器和储气罐中的油水。

（7）长期停车时，需在压缩机的运动部件上涂油，以防锈蚀。

2. 紧急停车

当压缩机系统发生设备损坏、停电、停水、超温和超压等事故时，应紧急停车。紧急停车时应首先切断电源，停止电动机运转，通知各有关工序。

（1）当出现如下情况之一时，压缩机应按紧急停车处理：

1）外界因素。电源突然中断、循环冷却水突然中断、仪表风突然中断、转化或合成工序要求紧急停车时、压缩机联锁停车或装置联锁停车时。

2）内在因素。润滑油进油总管压力低于下限0.15 MPa，且联锁停车未动作；有严重异常声响，如撞缸声且振动，电流明显波动时；气体管路严重外漏时；排气温度超过高报警值，处理无效时；压缩机轴承温度达75 ℃，有抱轴危险，且联锁装置不动作时；主电动机轴承温度达75 ℃，有抱轴危险，而且联锁装置不动作时；电动机定子温度超过110℃时；电缆头发热冒烟时。

(2) 压缩机紧急停车程序

1) 立即切断压缩机主电动机电源。

2) 立即打开压缩机出口的放空阀和回流阀，并关闭压缩机进、出口阀（先关出口阀，再关入口阀)。

3) 按正常停车程序后的处理过程进行处理。

4) 及时向班长和主管领导汇报。

按上述步骤反复练习开、停车操作方法，熟练掌握开、停车操作技能。

四、往复式压缩机的常见故障及其排除方法

往复式压缩机在正常运转过程中，由于操作、检修维护不及时或检修质量不佳等，常会发生一些故障。现将压缩机常见故障、产生原因及排除方法列于表1—4—1。

表1—4—1　　往复式压缩机常见故障的产生原因及排除方法

故障特征	产生原因	排除方法
循环油压力降低	①油泵磨损 ②油管连接处密封不严，发生泄漏 ③油管堵塞 ④滤油器脏污 ⑤油压表失灵	①修理或更换油泵 ②紧固油管各连接部位 ③清洗、疏通油管 ④清洗滤油网 ⑤更换油压表
冷却水温升高	①水压低、水量不足、水管漏水或堵塞 ②气体泄漏（水中有可见气泡）	①开大水量，清洗管道 ②检查气、水间的密封情况，使之完全密封
轴承发热或烧坏	①间隙过小或接触不均匀 ②润滑油量不足或脏污 ③机械过载	①检查间隙和接触情况，更换轴瓦使其符合要求 ②检查油路或更换新油，检查滤油器的作用 ③降低负荷
排气温度过高	①冷却水量不足，水套内积垢过厚 ②活塞工作不正常 ③吸入温度超过规定值 ④排气阀泄漏	①加大水量，清洗水套 ②检查活塞与气缸的间隙及同轴度，调整到规定范围 ③检查工艺流程及吸气管附近的热源，并消除其影响 ④检查排气阀并消除泄漏因素
气缸内有异常声响或异常振动	①活塞止点间隙过小 ②活塞连接螺母松动 ③管内有水 ④异物进入缸内 ⑤气阀工作不正常，阀片、弹簧损坏 ⑥管子振动 ⑦填料破坏，支撑不合理	①检查、调整活塞止点间隙 ②紧固连接部位 ③检查有无漏水 ④检查并采取相应措施 ⑤检查、清洗气阀，更换损坏的阀片、弹簧 ⑥改变配管设计，消除振动源 ⑦更换破损填料，调整支撑

续表

故障特征	产生原因	排除方法
气体压力不正常	①气阀、填料、活塞环泄漏过大 ②压力表失灵	①检查并更换磨损过大的零件 ②更换压力表
运动机构响声异常	①连杆螺栓、轴承螺栓、十字头螺栓断裂或螺母松动 ②各摩擦副间隙过大 ③各轴瓦与轴承座接触不良	①紧固或更换损坏件 ②检查并采取措施调整间隙 ③刮研轴瓦瓦背

【注意事项】

1. 在压缩机正常操作中，若出现故障，应检查故障原因，在指导教师指导下进行排除故障练习。

2. 在不损坏压缩机的情况下，指导教师制造一些故障，由学生检查故障原因并排除故障。

五、往复式压缩机的操作与运转

1. 为防止吸入压缩机的气体中夹带灰尘、铁屑等固体物，在压缩机吸入口前应安装气体过滤器，确保气缸内壁和滑动部件不被磨损和划伤。应定期清洗或更换过滤元件。

2. 往复式压缩机的排气量是间歇、不均匀的，通常在出口处安装缓冲容器，以降低气流脉动，使排气连续、均匀。缓冲容器可使气体中夹带的水和油沫在此分离出来，注意要定期排放。为确保操作安全，缓冲容器上应安装安全阀和压力表。

3. 往复式压缩机开车时必须打开出口阀，防止压力过高而造成事故。

4. 运行中还应防止气体带液，因气缸余隙很小而液体又不可压缩，即使有少量液体进入气缸，也可能造成压力太大而使机器被损坏；压缩机在运行中，气缸和活塞间有相对运动摩擦，温度较高，需保证其具有良好的冷却和润滑；时常检查压缩机各运动部件是否正常，若发现异常声响及噪声，应采取相应措施予以消除，必要时立即停车检查。

【注意事项】

1. 按照企业要求做好三级安全教育工作，树立安全第一的思想，严格按照企业《安全规程》做好一切安全工作，要求学生劳动防护用品穿戴齐全。

2. 严格按照操作规程进行开停车、正常操作训练。

3. 操作过程中作好记录。

4. 了解运行过程中常见的异常现象及处理方法。

5. 针对运行过程中出现的不正常现象组织讨论，提出解决的方法，并通过实际操作排除这些现象。

思考与练习

简答题

1. 原始开车应包括哪些程序？压缩机开车前应做哪些准备工作？
2. 何谓空负荷试车与负荷试车？两者的目的各是什么？
3. 运行的压缩机系统如何停车？应注意哪些问题？
4. 压缩机内产生不正常声音的原因有哪些？

课题五　压缩机的仿真训练

任务提出

以离心式压缩机仿真操作为实习对象，进行实际操作时离心式压缩机的仿真操作训练。

任务分析

通过不断地操作练习，熟悉气体压缩流程，掌握离心式压缩机作为气体输送设备的开停车操作方法、故障判断方法，以及故障的处理方法等。

任务实施

一、工艺流程

1. 工艺说明

离心式压缩机常称为透平式压缩机，它是进行气体压缩的常用设备。离心式压缩机以汽轮机（蒸汽透平）为动力，使蒸汽在汽轮机内膨胀做功驱动压缩机主轴，主轴带动叶轮高速旋转；被压缩气体从轴向进入压缩机叶轮后高速旋转，并沿半径方向被甩出叶轮；气体在叶轮内的流动过程中，一方面受离心力作用增加了其本身的压力，另一方面得到了很大的动能。气体离开叶轮进入流通面积逐渐扩大的扩压器，流速急剧下降，动能转化为压力能（势能），使气体的压力进一步提高得到压缩。

压缩机 DCS 界面如图 1—5—1 所示，压缩机现场界面如图 1—5—2 所示。

本仿真培训系统选用甲烷单级透平压缩的典型流程作为仿真对象，以北京东方仿真软件技术有限公司开发的“东方仿真”为操作界面。

生产过程中产生的 120 ~ 160 kPa、30℃左右的低压甲烷经 VD01 阀进入甲烷储罐 FA311，罐内压力控制在 300 mmH_2O（3 kPa）。甲烷从储罐 FA311 出来，进入压缩机 GB301，经过压缩机压缩，出口排出压力为 3. 03 atm（303 kPa）、温度为 160℃的中压甲烷，然后经过手动控制阀 VD06 进入燃料系统。

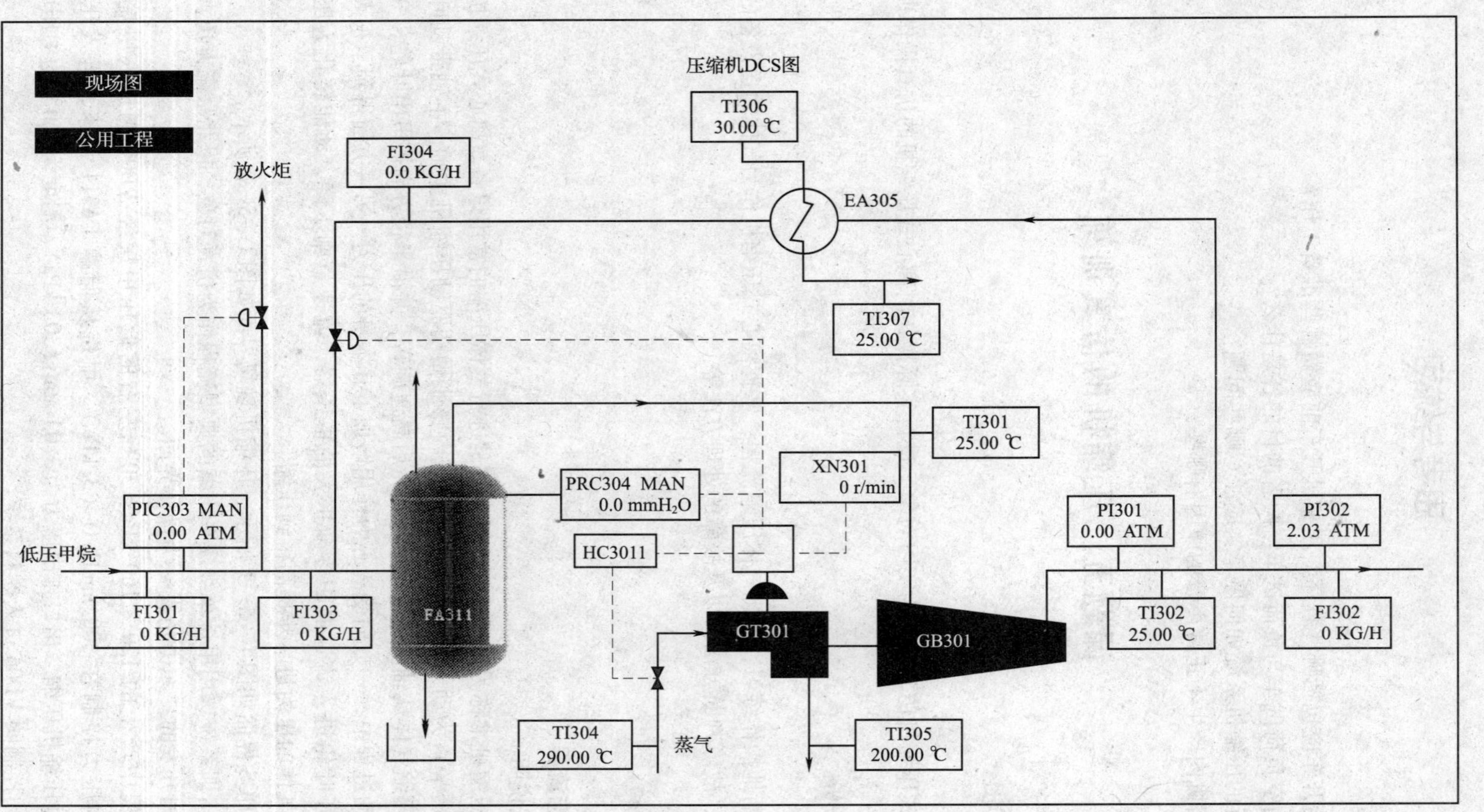

图 1—5—1　压缩机 DCS 界面

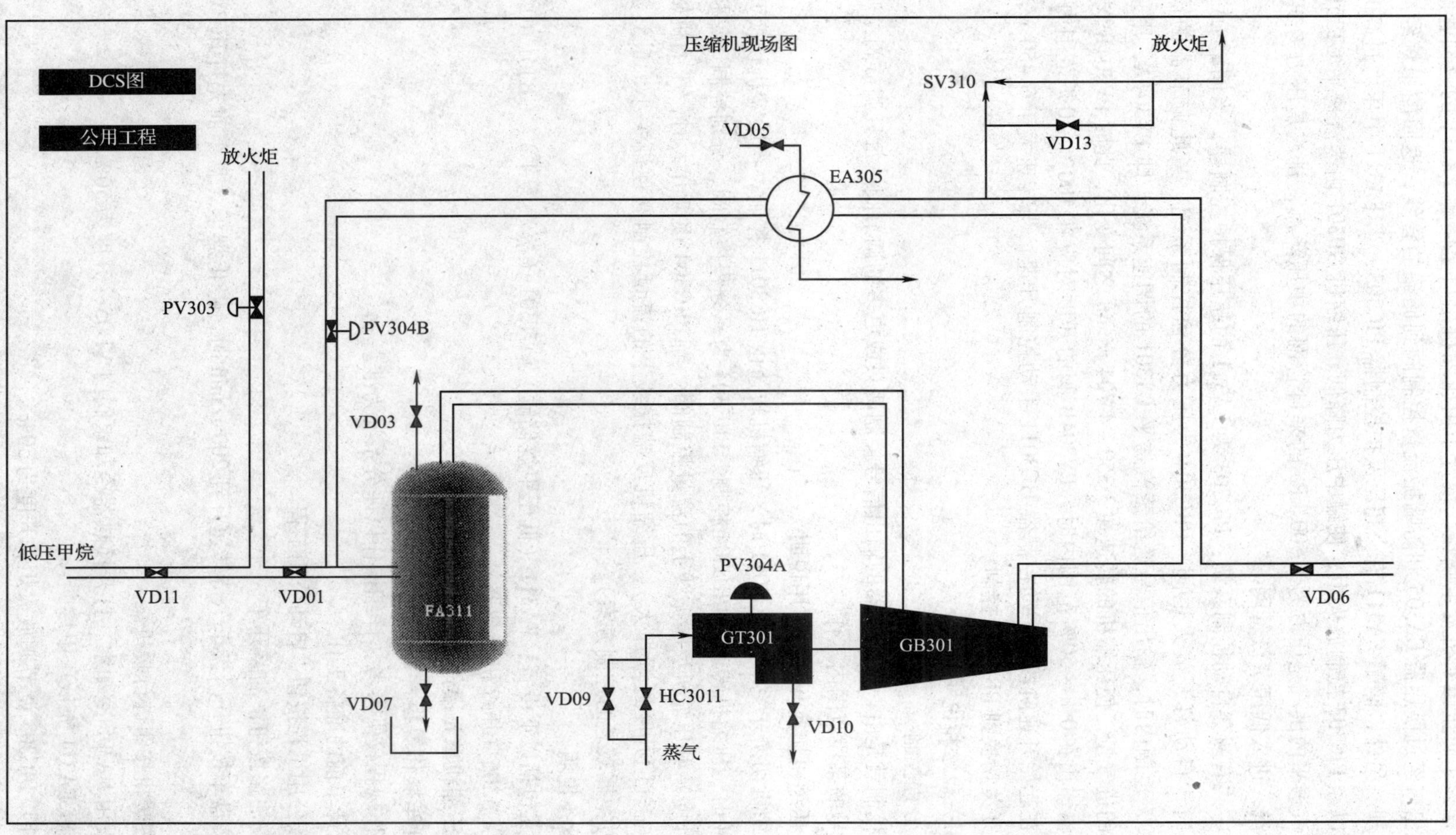

图 1—5—2　压缩机现场界面

该流程为了防止压缩机发生喘振，设计了由压缩机出口至储罐 FA311 的返回管路，即由压缩机出口经过换热器 EA305 和防喘振流量控制阀到储罐的管线，返回的甲烷经冷却器 EA305 冷却。另外，储罐 FA311 有一超压保护控制器 PIC303，当 FA311 中压力过高时，低压甲烷可以经 PIC303 控制放火炬，使罐中压力降低。压缩机 GB301 由蒸汽透平 GT301 同轴驱动，蒸汽透平的供汽是压力为 1 500 kPa 的来自管网的中压蒸汽，排汽是压力为 300 kPa 的降压蒸汽，进入低压蒸汽管网。

流程中共有两套自动控制系统：PIC303 为 FA311 的超压保护控制器，当储罐 FA311 中压力过高时，自动打开放火炬阀。PRC304 为压力分程控制系统，当此调节器的输出在 50% ~100% 范围内时，输出信号送给蒸汽透平 GT301 的调速系统，即 PV304A，用来控制中压蒸气的进气量，使压缩机的转速在 3 350 ~4 704 r/min 之间变化，此时 PV304B 阀全关。当此调节器输出在 0% ~50% 范围内时，PV304B 阀的开度对应在 100% ~0% 范围内变化。蒸汽透平在起始升速阶段由手动控制器 HC3011 手动控制升速，当转速大于 3 450 r/min 时可由切换开关切换到 PRC304 控制。

2. 相关概念和说明

（1）分程控制

分程控制就是由一只调节器的输出信号控制两只或更多的调节阀，每只调节阀在调节器的输出信号的某段范围内工作。

（2）压缩机切换开关的作用说明

当压缩机切换开关指向 HC3011 时，压缩机转速由 HC3011 控制；当压缩机切换开关指向 PRC304 时，压缩机转速由 PRC304 控制。PRC304 为一分程控制阀，分别控制压缩机转速（主气门开度）和压缩机反喘振线上的流量控制阀。当 PRC304 逐渐开大时，压缩机转速逐渐上升（主气门开度逐渐加大），压缩机反喘振线上的流量控制阀逐渐关小，最终关成 0（本控制方案属较老的控制方案）。

3. 设备说明

该单元包括以下设备：FA311（低压甲烷储罐）、GT301（蒸汽透平）、GB301（单级压缩机）和 EA305（压缩机冷却器）。

二、压缩机单元操作规程

1. 开车操作规程

本操作规程仅供参考，详细操作以评分系统为准。

（1）开车前的准备工作

1）按公用工程按钮，启动公用工程。

2）按油路按钮，油路开车。

3）按盘车按钮开始盘车，待转速升到 200 r/min 时，停止盘车（盘车前先打开 PV304B 阀）。

4）按暖机按钮进行暖机。

5）投用 EA305 冷却水。打开换热器冷却水阀门 VD05，开度为 50%。

（2）罐 FA311 充低压甲烷

1）打开 PIC303 调节阀放火炬，开度为 50%。

2）打开 FA311 入口阀 VD11，开度为 50%，微开 VD01。

3）打开 PV304B 阀，缓慢向系统充压，调整 FA311 顶部安全阀 VD03 和 VD01，使系统压力维持在 300 ~ 500 mmH_2O。

4）调节 PIC303 阀门开度，使压力维持在 10 kPa。

（3）透平单级压缩机开车

1）手动升速

①缓慢打开透平低压蒸汽出口截止阀 VD10，开度递增级差保持在 10% 以内。

②将调速器切换开关切到 HC3011 方向。

③手动缓慢打开 HC3011，压缩机开始升速，开度递增级差保持在 10% 以内。使透平压缩机转速在 250 ~ 300 r/min。

2）跳闸试验（视具体情况决定此操作进行与否）

①压缩机继续升速至 1 000 r/min。

②按紧急停车按钮进行跳闸试验，试验后压缩机转速 XN301 迅速下降为零。

③手关 HC3011，开度为 0.0%，关闭蒸汽出口阀 VD10，开度为 0.0%。

④按压缩机复位按钮。

3）重新手动升速

①重复手动升速步骤，缓慢升速至 1 000 r/min。

②HC3011 开度递增级差保持在 10% 以内，升速至 3 350 r/min。

③进行机械检查。

4）启动调速系统

①将调速器切换开关切到 PRC304 方向。

②缓慢打开 PV304A 阀（即 PRC304 阀门开度大于 50.0%），若阀开得太快会发生喘振。同时可适当打开出口安全阀旁路阀（VD13）调节出口压力，使 PI301 压力维持在 300 kPa，防止喘振发生。

5）调节操作参数至正常值

①当 PI301 压力指示值为 300 kPa 时，一边关出口放火炬旁路阀，一边打开去燃料系统阀 VD06，同时相应关闭 PIC303 放火炬阀。

②控制 PRC304 入口压力在 300 mmH_2O，慢慢升速。

③当转速达全速（4 480 r/min 左右）时，将 PRC304 切换为自动。

④PIC303 设定为 10 kPa（表），投自动。

⑤顶部安全阀 VD03 缓慢关闭。

2. 正常操作规程

（1）正常工况下的工艺参数

1）储罐 FA311 压力 PRC304：295 mmH_2O。

2）压缩机出口压力 PI301：3.03 atm；燃料系统入口压力 PI302：2.03 atm。

3）低压甲烷流量 FI301：3 232.0 kg/h。

4）中压甲烷进入燃料系统的流量 FI302：3 200.0 kg/h。

5）压缩机出口中压甲烷温度 TI302：160.0 ℃。

（2）压缩机防喘振操作

1）启动调速系统后，必须缓慢开启 PV304A 阀，此过程中可适当打开出口安全阀旁路阀调节出口压力，以防喘振发生。

2）当有甲烷进入燃料系统时，应关闭 PIC303 阀。

3）当压缩机转速达全速时，应关闭出口安全阀旁路阀。

3. 停车操作规程

本操作规程仅供参考，详细操作以评分系统为准。

（1）正常停车过程

1）停调速系统

①缓慢关闭 PV304B 阀，降低压缩机转速。

②打开 PIC303 阀将余气排放至火炬。

③开启出口安全阀旁路阀 VD13，同时关闭去燃料系统阀 VD06。

2）手动降速

①将 HC3011 开度置为 100.0%。

②将调速开关切换到 HC3011 方向。

③缓慢关闭 HC3011，同时逐渐关小透平蒸汽出口阀 VD10。

④当压缩机转速降为 300～500 r/min 时，按紧急停车按钮。

⑤关闭透平蒸汽出口阀 VD10。

3）停 FA311 进料

①关闭 FA311 入口阀 VD01、VD11。

②开启 FA311 泄料阀 VD07，泄液。

③关换热器冷却水。

（2）紧急停车

1）按动紧急停车按钮。

2）确认 PV304B 阀及 PIC303 置于打开状态。

3）关闭透平蒸汽入口阀及出口阀。

4）甲烷气通过 PIC303 阀排放至火炬。

5）其余同正常停车。

4. 联锁说明

该单元有一联锁装置，该联锁装置有一现场旁路键（BYPASS），另有一现场复位键（RESET）。

（1）联锁源

1）现场手动紧急停车（紧急停车按钮）。

2）压缩机喘振。

（2）联锁动作

1）关闭透平主汽阀及蒸汽出口阀。

2）全开放空阀 PV303。

3）全开防喘振线上 PV304B 阀。

【注意事项】

联锁发生后，在复位前，应首先将 HC3011 置零，将蒸汽出口阀 VD10 关闭，同时各控制点应置手动，并设成最低值。

5. 仪表一览表

本单元涉及的仪表见表 1—5—1。

表 1—5—1　　压缩机单元操作仪表一览表

位号	说明	类型	正常值	量程上限	量程下限	工程单位
PIC303	放火炬控制系统	PID	0.1	4.0	0.0	atm
PRC304	储罐压力控制系统	PID	295.0	40 000.0	0.0	mmH_2O
PI301	压缩机出口压力	AI	3.03	5.0	0.0	atm
PI302	燃料系统入口压力	AI	2.03	5.0	0.0	atm
FI301	低压甲烷进料流量	AI	3 233.4	5 000.0	0	kg/h
FI302	燃料系统入口流量	AI	3 201.6	5 000.0	0	kg/h
FI303	低压甲烷入罐流量	AI	3 201.6	5 000.0	0	kg/h
FI304	中压甲烷回流流量	AI	0.0	5 000.0	0	kg/h
TI301	低压甲烷入压缩机温度	AI	30.0	200.0	0.0	℃
TI302	压缩机出口温度	AI	160.0	200.0	0.0	℃
TI304	透平蒸汽入口温度	AI	290.0	400.0	0.0	℃
TI305	透平蒸汽出口温度	AI	200.0	400.0	0.0	℃
TI306	冷却水入口温度	AI	30.0	100.0	0.0	℃
TI307	冷却水出口温度	AI	30.0	100.0	0.0	℃
XN301	压缩机转速	AI	4 480	4 500	0	r/min
HX311	FA311 罐液位	AI	50.0	100.0	0.0	%

三、事故设置一览表

下列事故处理操作仅供参考，详细操作以评分系统为准。

1. 入口压力过高

主要现象：FA311 罐中压力上升。

处理方法：手动适当打开 PV303 的放火炬阀。

2. 出口压力过高

主要现象：压缩机出口压力上升。

处理方法：开大去燃料系统阀 VD06。

3. 入口管道破裂

主要现象：储罐 FA311 中压力下降。

处理方法：开大 FA311 入口阀 VD01、VD11。

4. 出口管道破裂

主要现象：压缩机出口压力下降。

处理方法：紧急停车。

5. 入口温度过高

主要现象：TI301 及 TI302 指示值上升。

处理方法：紧急停车。

【注意事项】

1. 在教师指导下熟悉压缩系统的工艺流程，熟练掌握各控制系统的控制内容、操作方法。

2. 熟练掌握压缩系统的正常运行操作方案。

3. 严格按照操作规程和安全操作规程进行操作练习，按照从正常开停车、正常工况维持、事故判断及处理的顺序进行反复训练。

4. 在训练过程中，要求对照评分细则对每一操作步骤进行修正，直到工艺指标完全符合操作规程为止。

5. 通过严格的训练和教师的指导总结，使学生熟练掌握压缩系统正常开停车的操作步骤、正常工况维持的各工艺参数、事故判断及处理方法。

思考与练习

简答题

1. 在手动调速状态，为什么防喘振线上的防喘振阀 PV304B 全开可以防止喘振？

2. 离心式压缩机的优点是什么？

模块小结

流体力学是一门基础性很强和应用性很广的学科，是研究流体静止或流动时有关参数变化规律的基础。本模块中主要学习了流体流动的基本概念，包括流体的密度、流体的压强、流量与流速、流体的黏度、稳定流动与非稳定流动、流体的流动类型（层流和湍流）、流动阻力等；了解了流体流动的基本计算问题，学习了流体静力学基本方程、连续性方程、伯努利方程；学习了流体流量的测量方法，掌握了各方程的意义和应用条件等。

对流体输送机械中的离心泵和往复式压缩机作了主要介绍，重点掌握其基本结构、工作原理、主要性能参数、特性曲线、流量调节等；对其他流体输送机械作了简单介绍。最后通过离心泵和往复式压缩机的操作技能训练，使学生熟练掌握离心泵、往复式压缩机的启动、正常操作、停车的步骤和常见故障及排除方法。

模块二　非均相物系的分离

教学要求

应知：

1. 了解非均相物系的其他液－固分离设备、气体净制设备的结构与操作特点。

2. 理解影响沉降速度的因素、过滤介质及助滤剂的作用和种类、旋风分离器的结构和性能。

3. 掌握沉降的原理、沉降器的结构，过滤的原理及影响过滤速率的因素，板框压滤机及转筒真空过滤机的结构和工作原理，离心机的工作原理和操作。

应会：

1. 了解非均相物系的各种分离方法。

2. 理解沉降、过滤的基本概念，沉降、过滤的影响因素。

3. 掌握沉降原理、降尘室的设计；过滤原理、板框压滤机的结构及操作训练；旋风分离器的结构及工作原理。

在化工生产中，大多数的原料、半成品、成品以及排放的“三废”均为混合物，一般分为均相混合物和非均相混合物。内部各处均匀且不存在相界面的混合物系称为均相物系，如清洁的空气、清水、苯与甲苯混合溶液等。由具有不同物理性质（如密度差别）的分散物系或连续介质所组成的物系称为非均相物系，主要有：气体非均相物系，即由气体与固体或液体组成的混合物；液体非均相物系，即由液体和固体组成的混合物。在非均相物系中，通常有一相处于分散状态，称为分散相或分散物质，如悬浮在气体或液体中的固体尘粒；而另一相处于连续状态，称为连续相或分散介质，如包围在固体尘粒周围的气体和液体。

非均相物系的分离主要依靠力学原理来实现，一般不涉及相变，主要有沉降、过滤、离心分离和固体流态化等。

非均相物系的分离在化工生产中应用很广，主要有以下几点：回收有价值的分散物质，例如，催化剂反应器出口的气体往往夹带着有价值的催化剂颗粒，必须将这些颗粒加以回收循环使用；净化分散介质以满足后续生产要求，例如，为了满足工艺条件，将多相混合物原料进行分离；为了得到合格的产品，需要对从反应器出来的生成物进行分离；为了保护生态环境，必须清除工业污染及达到气体排放要求，例如，对排放“三废”中的废气，应将固体颗粒和有害物质在排放前进行分离。

课题一　沉降和过滤的基本原理及常用分离设备

任务提出

以气－固、液－固非均相物系为研究对象，掌握沉降、过滤的基本原理，熟悉分离设备的结构和分离要求。

任务分析

以气－固、液－固为非均相分离物系，掌握沉降、过滤的基本原理，以及相应的操作过程。

相关知识

一、沉降

沉降操作是指在某种力场中利用分散相和连续相之间的密度差异，使之发生相对运动，从而达到分离的操作过程。根据实现操作的作用力不同，沉降可分为重力沉降和离心沉降。

1. 重力沉降

在重力作用下使颗粒与流体之间发生相对运动而实现分离的沉降过程，称为重力沉降。

(1) 重力沉降速度及其影响因素

1）重力沉降速度。当固体颗粒在静止的流体中降落时，颗粒受到三个力的作用，即向下的重力、向上的浮力及与颗粒运动的方向相反的阻力（向上），如图2—1—1 所示。对于一定的流体和颗粒，重力与浮力是恒定的，而阻力却随颗粒的下降速度而变化。

图 2—1—1　沉降颗粒的受力情况

颗粒下降过程中，当重力大于浮力和阻力时，颗粒作加速运动，随着速度的增大，阻力也相应增大。当三个力处于平衡状态时，颗粒匀速降落，此时的速度即称为重力沉降速度。

2）影响重力沉降速度的因素。在沉降过程中，颗粒之间发生相互影响而使颗粒沉降的过程称为干扰沉降。在实际沉降操作中，影响沉降速度的因素如下：

①颗粒的特性。对于同种颗粒，球形颗粒的沉降速度大于非球形颗粒的沉降速度。颗粒的直径越大，密度越大，则沉降速度越大，越容易分离。颗粒浓度越大，沉降时受周围颗粒的影响越大，使沉降速度减慢。

②流体的性质。流体与颗粒的密度差越大，沉降速度越大；流体的黏度越大，沉降速度越小。因此，对高温含尘气体的分离，应先降低气体的温度，使黏度降低，以增加颗粒的沉降速度。

③流体的流动状态。流体应尽可能处于稳定的低速流动状态，以减少干扰，提高分离效率。

④器壁效应。器壁和颗粒之间存在摩擦而使沉降速度减小。当容器的尺寸远远大于颗粒尺寸时，器壁效应可以忽略。

（2）重力沉降设备

1）降尘室。降尘室是利用重力沉降从气流中除去颗粒的设备，如图 2—1—2 所示。含有颗粒的气体进入降尘室气道后，因流通截面积扩大而速度减慢，只要颗粒能够在气体通过降尘室的时间内降至室底，便可从气流中分离出来。为了满足除尘要求，气体在降尘室的停留时间至少需要等于颗粒的沉降时间，即 $\theta \geqslant \theta_t$。

为了提高分离效率，可采用多层（隔板式）降尘室，如图 2—1—3 所示。在砖砌的降尘室中放置很多水平隔板，含尘气体以很慢的速度沿水平方向流动，灰尘便落在隔板上，经过一段时间后，从除尘口将降落在隔板上的灰尘取出。操作时气体流速一般为 1.5 ~ 3 m/s，以免干扰颗粒的沉降或出现“返混”现象。多层降尘室虽然提高了分离效率，增大了处理量，能分离较细的颗粒，但清灰比较麻烦。

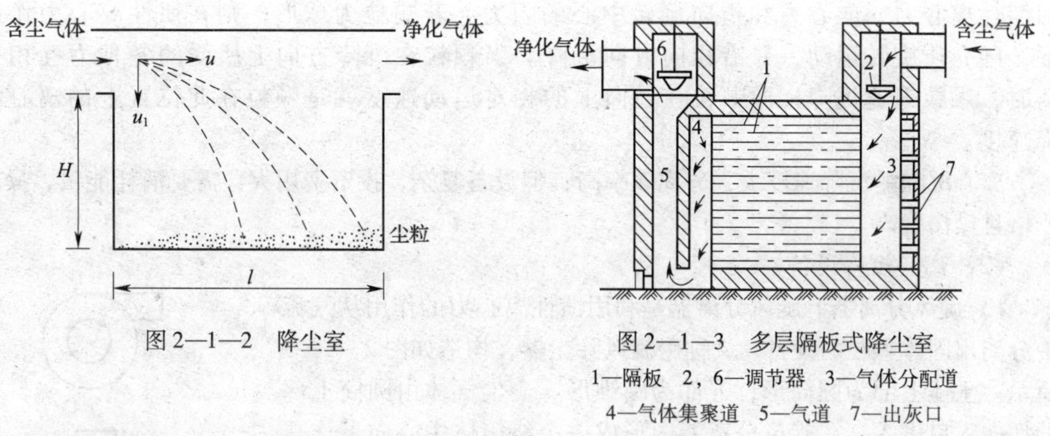

图 2—1—2　降尘室

图 2—1—3　多层隔板式降尘室

1—隔板　2，6—调节器　3—气体分配道
4—气体集聚道　5—气道　7—出灰口

降尘室结构简单，气流阻力小，但体积庞大，分离效率低，适于分离直径 75 μm 以上的较大颗粒。

2）沉降槽。利用重力沉降从悬浮液中分离固体颗粒的设备称为沉降槽，又称为增浓器或澄清器，可进行间歇操作或连续操作。如图 2—1—4 所示为化工生产中常用的连续沉降槽，它是一个底部呈锥形的圆槽，悬浮液连续地沿送液槽从上方中央进入，颗粒沉降到底部成为稠浆，稠浆由缓慢旋转的转耙将沉降颗粒收集到中心，然后从底部中心出口连续排出，排出的稠浆称为底流。澄清液经上口周边的溢流槽连续地排出，称为溢流。

沉降槽操作连续、构造简单、处理量大，沉淀物的浓度均匀；但设备庞大，占地面积大，分离效率比较低。

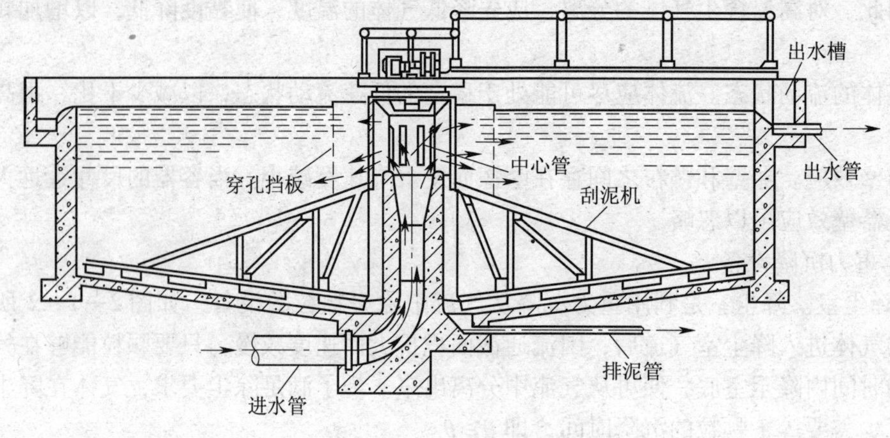

图 2—1—4　连续沉降槽

2. 离心沉降

（1）离心沉降的原理

离心沉降是依靠惯性离心力的作用使固体颗粒迅速沉降而实现分离的操作。当固体颗粒随流体作圆周运动时，便形成惯性离心力场。颗粒在离心力场中受到三个力的影响，即惯性离心力、向心力和指向旋转中心的阻力。若颗粒为球形，则在惯性离心力作用下，随介质旋转运动，并沿径向方向沉降。当颗粒在沉降方向上所受的各种力互相平衡时，颗粒等速沉降，即颗粒在径向上的相对运动速度就是颗粒在此位置上的离心沉降速度。

离心沉降的沉降速度大，分离效率高；但设备复杂，投资费用大，需要消耗能量，操作严格且操作费高。

（2）离心沉降设备

1）旋风分离器。旋风分离器是利用惯性离心力的作用从气流中分离出固体颗粒的设备，又称为旋风除尘器，构造如图 2—1—5 所示。主体上部为圆筒形，下部为圆锥形。含尘气体由圆筒上部的切向入口进入，在旋风分离器内形成一个绕筒体中心向下作螺旋运动的外旋流。在此过程中，颗粒在离心力的作用下，被甩向器壁与气流分离，并沿器壁滑落至锥底排灰口，定期排放；外旋流到达旋风分离器底后（已除尘）变成向上的内旋流，最终，内旋流（净化气）由顶部排气管排出。

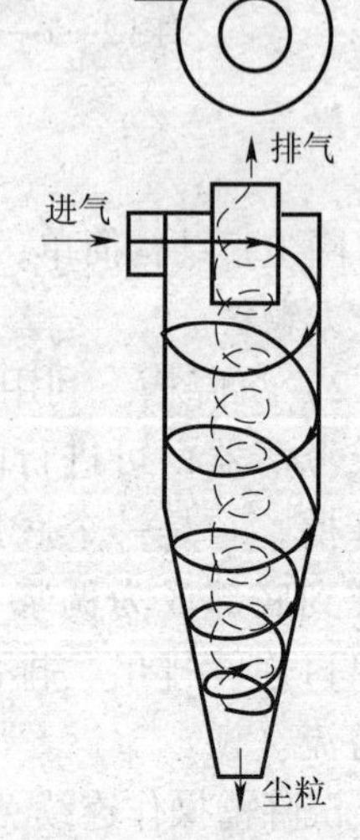

图 2—1—5　旋风分离器

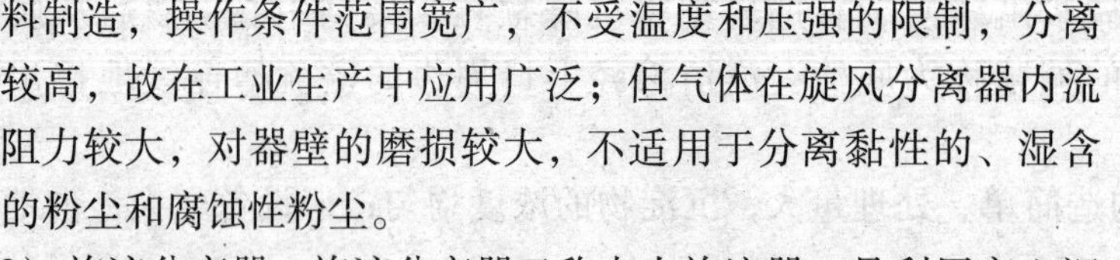

旋风分离器的结构简单，造价较低，没有运动部件，可用多种材料制造，操作条件范围宽广，不受温度和压强的限制，分离效率较高，故在工业生产中应用广泛；但气体在旋风分离器内流动的阻力较大，对器壁的磨损较大，不适用于分离黏性的、湿含量高的粉尘和腐蚀性粉尘。

2）旋液分离器。旋液分离器又称水力旋流器，是利用离心沉降原理从悬浮液中分离固体颗粒的设备。它的结构和操作原理与旋风分离器相类似，设备主体是由直径较小的圆筒和较长的圆锥两部分组成，如图 2—1—6 所示。直径小的圆筒有利于增加惯性离心力，提高沉降速度。加长的圆锥部分可增大悬浮液的行程，增加了悬浮液在器内的停留时间，有利于分离。悬浮液经入口管沿切向进入圆筒，以螺旋状向下运动，形成下旋流。固体颗粒受惯性离心力的作用被甩向器壁，随下旋流降至锥底的出口，由底部排出。排出的增浓液称为底流；清液或含有微细颗粒的液体则成为上升的内旋流，从顶部的中心管排出，称为溢流。

旋液分离器结构简单，操作可靠，设备费用较低，常用于悬浮液的增浓，还用于不同粒径颗粒的分级，也可用于不互溶液体的分离、气 - 液分离等操作中。

二、过滤

过滤主要是分离液 - 固非均相物系（悬浮液）的一种单元操作，利用过滤操作可以得到清洁的液体或固体产品，与沉降分离相比，过滤操作可使悬浮液的分离更迅速、更彻底。按照固体颗粒被截留的情况，过滤可分为滤饼过滤和深层过滤两类。

1. 过滤原理

过滤是在推动力的作用下，使悬浮液通过一种多孔性物质的隔层，而固体颗粒被截留在隔层上，从而实现固、液分离的单元操作。在过滤操作中，所用的多孔性物质的隔层称为过滤介质，把需要分离的悬浮液称为滤浆或料浆，被截留在过滤介质上的固体颗粒层称为滤渣或滤饼，通过滤渣和过滤介质的澄清液称为滤液。如图2—1—7所示为过滤操作示意图。

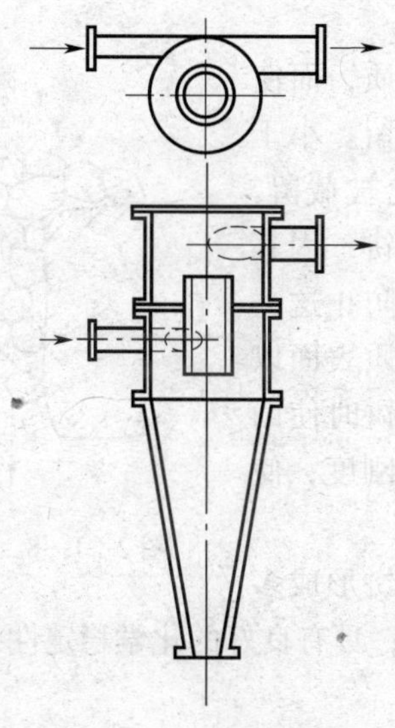

图 2—1—6　旋液分离器

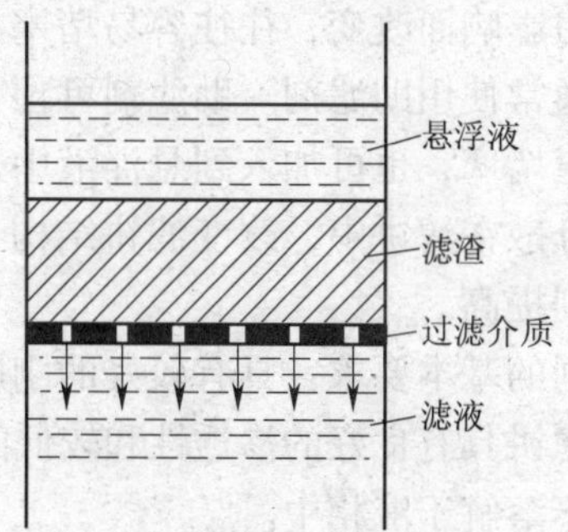

图 2—1—7　过滤操作示意图

实现过滤操作的推动力可以是重力、压强差或惯性离心力，在化工生产中应用最广的是以压强差为推动力的过滤，分为加压过滤和真空过滤。若维持操作压强差不变，过滤速度将逐渐下降，这种操作称为恒压过滤；若逐渐加大压强差，以维持过滤速度不变，这种操作称为恒速过滤。

2. 过滤介质和助滤剂

(1) 过滤介质

工业上常用的过滤介质种类很多，选择合适的过滤介质，是过滤操作中的一个重要问题。对过滤介质的基本要求是：具有多孔性，阻力小，使液体易通过；具有化学稳定性，耐腐蚀，耐热；具有足够的机械强度，表面光滑，价格低廉。工业上常用的过滤介质主要有以下三类：

1) 织物介质（又称滤布）。织物介质是使用最广泛的一种过滤介质，如用棉、麻、羊毛、蚕丝或石棉等天然纤维以及各种合成纤维、玻璃纤维织成的滤布等，或用金属丝等织成的滤网。织物介质造价低，清洗、更换方便。

2) 堆积介质。如用细砂、石砾、玻璃碴、木炭屑、膨胀珍珠岩粉、石棉粉等固体颗粒堆积成一定厚度的床层结构，粒状介质多用于深层过滤，适用于过滤含滤渣较少的悬浮液。

3) 多孔固体介质。多孔固体介质是具有很多微细孔道的固体材料制成的管或板等，如多孔陶瓷板、多孔塑料、多孔金属。其优点是耐腐蚀、孔隙小、过滤效率高，适用于过滤含少量微粒的腐蚀性悬浮液。

在过滤操作中，随着操作的进行，滤饼的厚度和流动阻力都逐渐增加。若构成滤饼的颗粒是由不易变形的颗粒组成（如晶体物料），当滤饼两侧的压差增大时，颗粒的形状和床层的空隙都基本不变，此类滤饼称为不可压缩滤饼；反之，若滤饼由不定形的颗粒组成（如一般胶体颗粒），当压差增大时，颗粒的形状和床层的空隙都会有不同程度的改变，此类滤饼称为可压缩滤饼。

(2) 助滤剂

在过滤开始阶段，会有一些细小颗粒穿过过滤介质，而使滤液浑浊，但是会有一部分颗粒不能通过介质而被截留。小于滤孔的粒子，由于在过滤中发生的“架桥”现象也会被截留，如图 2—1—8 所示。对于由胶体颗粒组成的可压缩滤饼，因其形状易受压力影响而改变，往往容易堵塞滤孔。为了防止这一情况发生，通常使用助滤剂。助滤剂可预敷于过滤介质表面以防止介质孔道堵塞，也可加入到悬浮液中，在形成滤饼时使助滤剂均匀地分散在滤饼中，改变滤饼结构，增加滤饼刚度，使过滤速率得到提高。

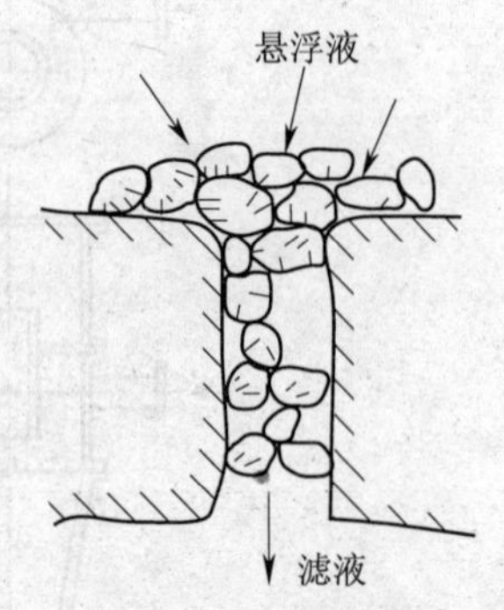

图 2—1—8　架桥现象

对助滤剂的基本要求：具有较好的刚度，能与滤饼形成多孔床层，使滤饼具有良好的渗透性和较低的流动阻力；具有良好的化学稳定性，不与悬浮液反应，并且不溶解于液相中。

助滤剂一般是质地坚硬的细小颗粒，如硅藻土、石棉、炭粉等。

3. 过滤速率及其影响因素

(1) 过滤速率

过滤速率是指单位时间内通过单位过滤面积上的滤液体积。实践证明，过滤速率与过滤的推动力成正比，与过滤阻力成反比。要想提高过滤速率，应增大过滤推动力，减小过滤阻力。

(2) 影响过滤速率的因素

1）悬浮液的性质。悬浮液的黏度越小，过滤速率越快。因此，有时还将滤浆先适当预热，使其黏度下降。

2）过滤推动力。要使过滤操作得以进行，必须保持一定的推动力，即在滤饼和介质的两侧保持一定的压差，可采用加压或抽真空的方法获得较大压差，但只适用于不可压缩滤饼。

3）过滤介质和滤饼性质。过滤介质的影响主要表现在过滤阻力和过滤效率上，例如，金属网与棉毛织品的空隙大小相差很大，因此过滤阻力和过滤效果差别也就很大。滤饼的影响因素主要为颗粒的形状、大小，滤饼的紧密度和厚度等。

4. 过滤设备

过滤设备种类繁多，结构各不相同。按操作方法不同，可分为间歇式过滤机和连续式过滤机；按过滤设备产生的压强差来分，可分为加压过滤、真空过滤和离心过滤。下面主要介绍板框压滤机和转筒真空过滤机。

（1）板框压滤机

板框压滤机是间歇操作过滤机中应用最广泛、最早应用于工业生产过程的过滤设备，如图2—1—9所示。板框压滤机主要由压紧装置、固定头、滤框、滤板、滤布等部分构成。每机所用滤板和滤框的数目，由生产能力和悬浮液的情况而定。

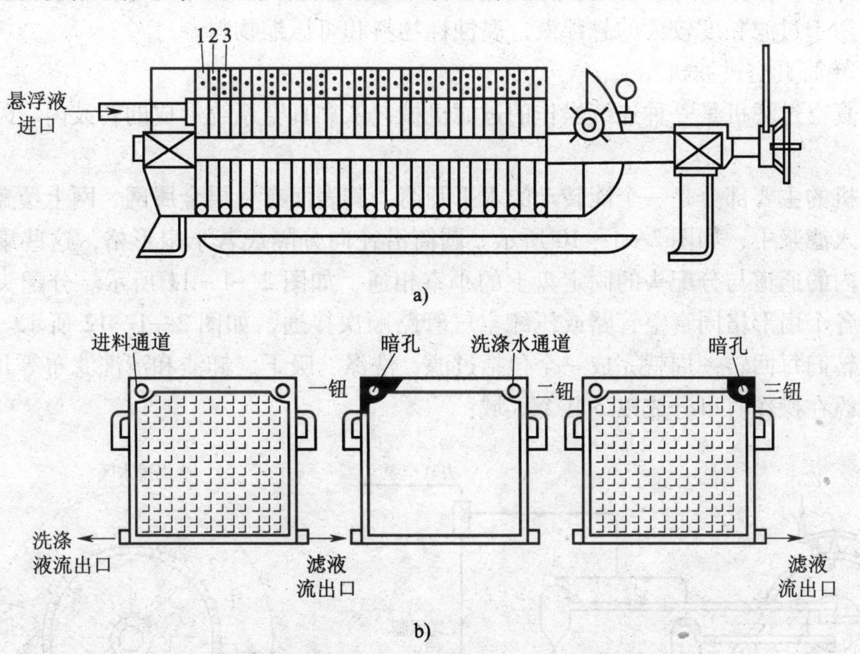

图2—1—9　板框式压滤机的装置情况以及滤板和滤框的构造情况

a）板框压滤机装置情况　b）压滤机的滤板和滤框

1—过滤板　2—滤框　3—洗涤板

为了在装合时不至于使板和框的次序排错，在铸造时常在板和框的外缘铸有小钮。在滤板的外缘铸有一个钮的称为过滤板，在滤板的外缘铸有三个钮的称为洗涤板，在滤框的外缘则铸有两个钮。由图2—1—9可以看出，1是过滤板，2是滤框，3是洗涤板，板和框是按照钮的记号1—2—3—2—1…的顺序排列的。过滤板的表面上有棱状沟槽，其边缘略微突出，板与框之间隔有滤布；在板、框和滤布的两上角都有小孔，当装合后，就连接成为两条孔道，一条是悬浮液通道，另一条是洗涤水通道。此外，在框的上角有暗孔与悬浮液通道相通，在过滤板和洗涤板的下角（悬浮液通道的对角线位置）都装有滤液的出口阀，在洗涤板的上角有暗孔与洗涤水通道连通，在过滤板的另一下角（洗涤水通道的对角线位置）装有洗涤液出口阀。

操作前，应将板、框和滤布按前面所述的顺序排列，并转动机头，将板、框和滤布压紧。操作时，悬浮液在压力作用下经悬浮液通道和滤框的暗孔进入滤框的空间内，滤液透过滤布沿板上沟槽流下，汇集于下端后经滤液出口阀流出。固体微粒在框内形成滤渣，待滤渣充满滤框后，就结束过滤阶段的操作。开始洗涤时应先将悬浮液进口阀和洗涤板下角的滤液出口阀关闭，然后再送入洗涤水；洗涤水经洗涤水通道和暗孔进入洗涤板，透过滤布和滤渣的全部厚度，自过滤板下角的洗涤液出口阀流出；然后放松机头旋钮，松动板框，取出滤渣；最后将滤框和滤布洗净，重新装合，准备下一次的过滤操作。滤液的排出方式有明流和暗流之分，若滤液经由每块板底部的旋塞直接排出，则称为明流；若各板流出的滤液汇集于总管后排走，则称为暗流。

板框压滤机的操作是间歇的，由装合、过滤、洗涤、卸渣、洗净等阶段组成一个操作周期。板框压滤机的构造简单、制造方便、所需辅助设备少、过滤面积大、推动力大、操作压力高、便于检修，但劳动强度大、生产效率低、滤渣洗涤慢且不均匀、滤布磨损严重。板框压滤机适用于过滤黏度较大的悬浮液、腐蚀性物料和可压缩物料。

（2）转筒真空过滤机

转筒真空过滤机是一种连续操作的过滤机械，依靠真空系统形成的转鼓内、外压差进行过滤。

过滤机的主要部分是一个能转动的水平圆筒，其表面有一层金属网，网上覆盖滤布，筒的下部浸入滤浆中，如图 2—1—10 所示。圆筒沿径向分隔成若干扇形格，这些扇形格经过空心主轴内的通道与分配头的固定盘上的小室相通，如图 2—1—11 所示。分配头的作用是使转筒内各个扇形格同真空管路或压缩空气管路顺次接通，如图 2—1—12 所示。转筒真空过滤机的转筒每回转一周就完成一个包括过滤、洗涤、吸干、卸渣和清洗滤布等几个阶段的操作。转筒在操作时可分成以下几个区域：

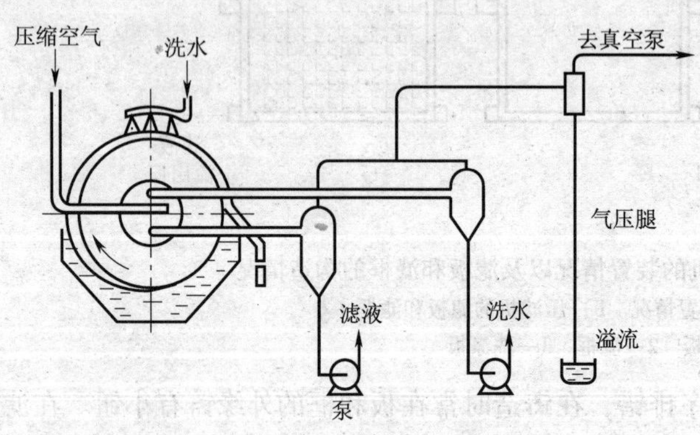

图 2—1—10　转筒真空过滤机装置流程

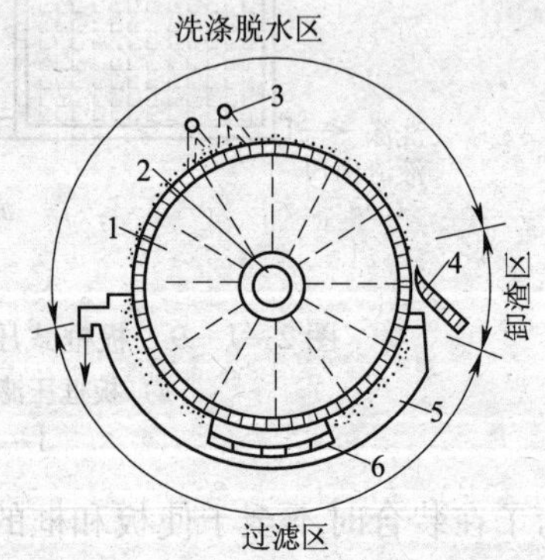

图 2—1—11　转筒真空过滤机操作示意图

1—转筒　2—分配头　3—洗涤液喷嘴
4—刮刀　5—滤浆槽　6—摆式搅拌器

1）过滤区域。当浸在悬浮液内的各个扇形格同真空管路接通时，格内为真空，在大气压的作用下，滤液透过滤布被吸入扇形格内，经分配头被吸出，在滤布上形成一层逐渐增厚的滤渣。

2）吸干区域。当扇形格离开悬浮液时，格内仍与真空管路接通，滤渣在真空下被吸干。

3）洗涤区域。洗涤水喷洒在滤渣上，洗涤液同滤液一样经分配头被吸出。滤渣被洗涤后，在同一区域被吸干。

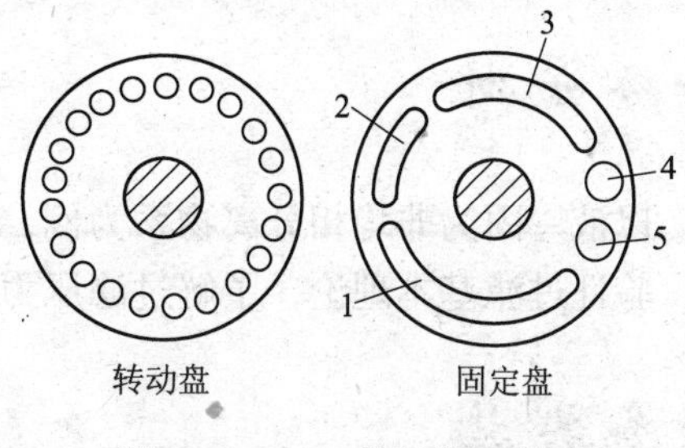

图 2—1—12　分配头示意图

1，2—与真空滤液相通的槽　3—与真空洗涤液罐相通的槽　4，5—与压缩空气相通的圆孔

4）吹松区域。扇形格与压缩空气管接通，压缩空气经分配头从扇形格内部吹向滤渣，使其松动，以便卸料。

5）滤布复原区域。这部分扇形格移近刮刀时，滤渣就被刮落下来。滤渣被刮落后，可由扇形格内部通入空气或水蒸气，将滤布吹洗净，重新开始下一循环的操作。

转筒真空过滤机适用于过滤各种物料，也适用于温度较高的悬浮液，但温度不能过高。

【注意事项】

课堂教学结合多媒体教学。熟悉气－固、液－固混合物系的分离原理及分离设备。

思考与练习

简答题

1. 什么是均相物系？什么是非均相物系？举例说明。
2. 非均相物系的分离方法有哪几种？非均相物系分离的目的有哪些？
3. 什么是重力沉降？写出重力沉降速度的表达式。影响重力沉降速度的因素有哪些？
4. 离心沉降与重力沉降有何异同？
5. 画图并说明旋风分离器的工作原理。
6. 什么叫滤浆、滤饼、滤液、过滤介质、助滤剂？常用的过滤介质有哪几种？
7. 过滤操作中，对过滤介质有何要求？
8. 对板框压滤机，一个过滤周期包括几个阶段？
9. 过滤设备按压差可分为几种类型？

课题二　恒压过滤操作技能训练

任务提出

以液－固非均相物系为分离对象，利用板框压滤机过滤含 $CaCO_3$ 10% ~30% ［w_t（质量分数），%］的水悬浮液，掌握板框压滤机的操作过程。

任务分析

以液－固为非均相分离物系为例，掌握恒压过滤操作的基本技能；通过恒压过滤实训操作，验证过滤基本理论，了解过滤压力对过滤速率的影响。

任务实施

一、工艺流程

本实验装置由空压机、配料槽、压力料槽、板框压滤机等组成，过滤含 $CaCO_3$ 10% ~ 30%（w_t,%）的水悬浮液，其流程如图 2—2—1 所示。

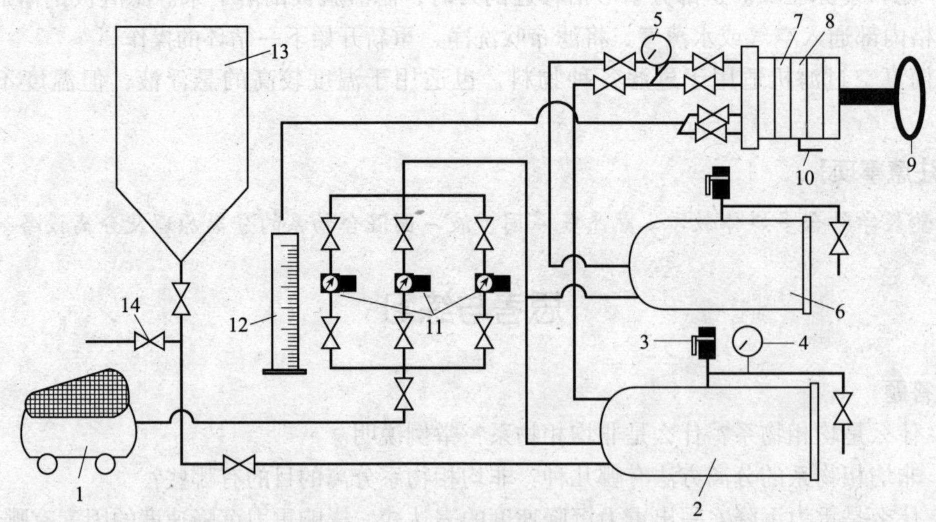

图 2—2—1　板框压滤机过滤流程

1—空气压缩机　2—压力罐　3—安全阀　4，5—压力表　6—清水罐　7—滤框　8—滤板　9—手轮　10—通孔切换阀　11—调压阀　12—量筒　13—配料罐　14—泄料阀

二、训练操作步骤

1. 实验准备

（1）配料

在配料罐内配制含 $CaCO_3$ 10% ~ 30%（w_t,%）的水悬浮液，$CaCO_3$ 事先由天平称重，水位高度按标尺示意，筒身直径 35 mm。配置时，应将配料罐底部阀门关闭。

（2）搅拌

开启空压机，将压缩空气通入配料罐（空压机的出口小球阀保持半开，进入配料罐的两个阀门保持适当开度）将碳酸钙悬浮液搅拌均匀。搅拌时，应将配料罐的顶盖合上。

（3）设定压力

分别打开进压力罐的三路阀门，由空压机过来的压缩空气经各定值调节阀分别设定为 0.1 MPa、0.2 MPa 和 0.3 MPa（出厂已设定，每个间隔压力大于 0.05 MPa。若欲作 0.3 MPa 以上压力过滤，需要调节压力罐安全阀）。设定定值调节阀时，压力罐泄压阀可略开。

(4) 装板框

正确装好滤板、滤框及滤布。滤布使用前用水浸湿，滤布要绷紧，不能起皱，并紧贴滤板，密封垫贴紧滤布。

【注意事项】

旋转手轮压紧滤板时，要注意不要把手指压伤，先慢慢转动手轮使板框合上，然后再压紧。

(5) 灌清水

向清水罐通入自来水，液面达视镜高度 2/3 左右。灌清水时，应将安全阀处的泄压阀打开。

(6) 灌料

在压力罐泄压阀打开的情况下，打开配料罐和压力罐间的进料阀门，使料浆自动由配料罐流入压力罐至其视镜 1/3 ~ 1/2 处，关闭进料阀门。

2. 过滤过程

(1) 通压缩空气至压力罐不断搅拌容器内的料浆。压力罐的排气阀应不断排气，但不能喷浆。

(2) 将中间双面板下的通孔切换阀开到通孔通路状态。打开进板框前料液进口的两个阀门，打开出板框后清液出口球阀。此时，压力表指示过滤压力，清液出口流出滤液。

(3) 每次实验应以滤液从汇集管刚流出的时候作为开始时刻，每次 ΔV 取 800 mL 左右，记录相应的过滤时间 Δt。每个压力下，测量 8 ~ 10 个读数即可停止实验。若欲得到干而厚的滤饼，则应做到每个压力下没有清液流出为止。交换量筒接滤液时不要流失滤液，等量筒内滤液静止后读出 ΔV 值（注意：ΔV 约 800 mL 时替换量筒，这时量筒内的滤液量并非正好 800 mL；要事先熟悉量筒刻度，不要打碎量筒），此外，要熟练双秒表轮流读数的方法。

(4) 每次均将滤液及滤饼收集在小桶内，滤饼弄细后重新倒入料浆桶内搅拌配料，进入下一个压力实验。注意：若清水罐水不足，可补充一定量的水，补水时仍应打开该罐的泄压阀。

3. 清洗过程

(1) 关闭板框过滤的进、出阀门，将中间双面板下的通孔切换阀开到通孔关闭状态。

(2) 打开清洗液进入板框的进、出阀门（板框前两个进口阀，板框后一个出口阀）。此时压力表指示清洗压力，清液出口流出清洗液。清洗液流出速度比同压力下过滤速度小很多。

(3) 清洗液流动约 1 min，可观察混浊变化情况判断是否结束。一般物料可不经过清洗过程。结束清洗过程，也是关闭清洗液进、出板框的阀门，关闭定值调节阀后面的进气阀门。

4. 实验结束

(1) 先关闭空压机出口球阀，关闭空压机电源。

(2) 打开安全阀处的泄压阀，使压力罐和清水罐泄压。

(3) 用刷子刷洗滤框、滤板、滤布，滤布不要折叠。

（4）将压力罐内的物料反压到配料罐内备下次实验使用，或将该两罐物料直接排空后用清水冲洗。

三、常见事故及处理方法

恒压过滤操作过程中的常见故障及处理方法参见表2—2—1。

表2—2—1　　恒压过滤操作常见故障及处理方法

序号	常见故障	原因	处理方法
1	板框漏液	①板框变形 ②滤布没装好	①更换变形板框 ②重新装滤布、压紧
2	滤液澄清度不合格	①没做好循环调整 ②滤布破损	①重新进行循环调整 ②检查滤布，如有破损及时更换

【注意事项】

1. 按照企业要求做好三级安全教育工作，树立安全第一的思想，严格按照企业《板框压滤机安全操作规程》做好一切安全工作，要求学生劳动防护用品穿戴齐全。
2. 严格按照操作规程进行开停车、正常操作训练。
3. 操作过程中作好记录。
4. 通过改变工艺参数反复训练，以达到掌握操作的目的。

思考与练习

简答题

1. 板框压滤机主要由哪些部件构成？按怎样的顺序安装？
2. 简述板框压滤机的操作过程，并简述该过滤设备的主要优缺点。

模块小结

非均相物系的分离为化工生产中应用极为广泛的单元操作，本模块主要介绍了重力沉降、离心沉降的基本概念，沉降设备——降尘室、沉降槽、旋风分离器，旋风分离器的结构、操作原理；过滤的基本概念、常用过滤介质和助滤剂、过滤速率及其影响因素，过滤设备——板框压滤机、转筒真空过滤机的结构。最后通过恒压过滤操作技能训练，使学生掌握板框压滤机的操作步骤，以及常见故障的判断和处理。

模块三　传 热 操 作

教学要求

应知：

1. 了解传热在化工生产中的应用。
2. 理解传热的三种基本方式及工业换热方法。
3. 掌握常用换热器的类型、结构、特点、应用及发展。

应会：

1. 能独立进行传热装置的开、停车操作及故障处理。
2. 能独立进行换热器和管式加热炉的仿真操作。

课题一　传热的基础知识

任务一　传热的基本概念

任务提出

在化工产品的制造中，为满足生产过程的需要，经常要把物料加热或冷却，如把80℃的热水冷却为50℃的常温水，在工业上如何实现这种操作？常用的方法是什么？这就是本任务要讨论的问题。

任务分析

在工业上，高温物料通常用低温物料来冷却，低温物料用高温物料来加热，实现这种物料的加热或冷却的单元操作是传热。它是化工生产过程中最基础的单元操作之一，应用范围很广。传热有三种方式，传导、对流和辐射，三种方式的原理和影响因素各不相同，一般的传热是两种或两种以上传热方式同时发生。有些传热需要提高传热速率，有些需要降低传热速率，因此要分析影响传热快慢的因素，就要充分了解传热过程和传热的基本概念并学会分析运用。

相关知识

一、基本概念

1. 传热

传热是由于物料间存在温度差而发生热传递的一种单元操作。凡是有温差存在的地方，必然有热的传递，加热、冷却和保温都属于传热，加热和冷却是强化传热过程，保温是削弱传热过程。

2. 载热体

生产中的许多传热过程是在两种流体之间进行的，参与传热的流体称为载热体。

如果传热的目的是将冷流体加热或汽化，则所用的载热体称为加热剂；如果传热的目的是将热流体冷却或凝结，则所用的载冷体称为冷却剂或冷凝剂。

3. 稳定传热和不稳定传热

稳定传热时，传热系统中各点的温度仅随位置的变化而变化，不随时间的变化而变化，其特点是单位时间内通过传热间壁的热量是一个常量。

不稳定传热时，传热系统中各点的温度不仅随位置的不同而不同，而且随时间发生变化。

连续生产过程中所进行的传热多为稳定传热。在间歇操作的换热设备中或连续操作的换热设备处于开、停车阶段所进行的传热，都属于不稳定传热。本模块只讨论稳定传热。

二、传热的三种基本方式

传热有传导、对流和辐射三种基本方式。在实际的传热过程中，三种基本方式可以单独进行，也可两种或三种同时进行。

1. 传导传热

（1）机理

当物体的内部或两个直接接触的物体之间存在温度差时，物体中温度较高的部分的分子因振动而与相邻分子碰撞，并将能量的一部分传给后者，例如用火焰加热金属条，金属条在火焰上的一端很快就会把热量传递到温度较低的另一端。传导传热主要在固体、静止或层流流体中进行。

（2）热传导的速率方程

热传导的快慢除了取决于物体的性质外，还和物体的温差、传热的面积以及两传热截面间的垂直距离有关，通过实验，总结出单层平壁的热传导速率方程为

$$Q = \frac{\lambda}{\delta}A(T_1 - T_2) \tag{3—1—1}$$

式中 Q——单层平壁的热传导速率，W；

A——平壁的导热面积，m^2；

δ——平壁厚度，m；

λ——热导率（导热系数），W/（m·K）；

$T_1 - T_2$——温度差，K。

（3）提高传导传热速率的措施

提高传导传热速率的措施包括提高导热系数 λ、降低传导厚度、增加传热面积和提高冷热流体的温差。

2. 对流传热

（1）机理

由于流体中质点发生相对位移和混合，而将热能由一处传递到另一处，如用水壶烧水就是对流传热。

对流有自然对流和强制对流两种，强制对流即用机械能使流体发生对流运动，其传热效果较好，故工业生产中常用强制对流传热。

（2）对流传热速率

对流传热的介质是对流即湍流的流体，由于在靠近管壁处存在一个薄的层流层，因此对流传热也包括传导传热。对流传热速度快、阻力小，因此阻力主要集中在传导传热的层流层，假设流体与管壁间的层流层的有效厚度为 δ_t，其热导率为 λ，由于 δ_t 的大小随流速而变化，很难测定，所以实际计算中常用 α 代替 λ/δ_t，得

$$Q = \alpha A(T - T_W) \tag{3—1—2}$$

式中 Q——对流传热速率，W；

α——对流传热系数，W/（$m^2 \cdot K$）；

A——传热壁面积，m^2；

$T - T_W$——热流体温度与传热壁面温度之差，K。

（3）提高对流传热系数的措施

无相变的对流传热，α 正比于流速的 0.8 次方，反比于管径的 0.2 次方，因此减小管径、增大流速可提高传热系数；有相变的对流传热，如冷凝传热则尽量以滴状冷凝为主，同时排出冷凝液和不凝性气体，如沸腾传热应尽量以泡核沸腾为主。

3. 辐射传热

物体以电磁波的形式向外界发射能量，同时又会吸收来自外界物体发射来的辐射能，当其发射和吸收的辐射能不等时，该物体就与外界发生热量传递，这种传热方式称为辐射传热。只要是温度高于绝对零度的物体，都会不断向外发射电磁波。热辐射不需要介质，可以在真空中进行传播。

（1）黑体、白体、透热体和灰体

1）能够全部吸收辐射能的物体称为绝对黑体或黑体，其吸收率 A 为 100%。如黑丝绒、煤等都是黑体，黑体并不是指黑色的物体。

2）能够全部反射辐射能的物体称为绝对白体或镜体，其反射率 R 为 100%。如磨光的金属表面等，白体并不是指白色的物体。

3）能够透过全部辐射能的物体称为透热体，其透热率为 100%。一般来说，由 O_2、H_2、N_2 和 He 等单原子和对称的双原子分子构成的气体为透热体。

4）工业上绝大部分物体都介于黑体和白体之间，即只能部分地吸收辐射能，一部分辐射能要反射回去，这样的物体称为灰体。

（2）黑度

黑度即实际物体的辐射能力与黑体的辐射能力之比，用 ε 表示。即

$$\varepsilon = \frac{E}{E_0} \tag{3—1—3}$$

实践证明，黑体的辐射能力 E_0 与其表面的热力学温度 T 的四次方成正比，即

$$E_0 = C_0\left(\frac{T}{100}\right)^4 \qquad (3—1—4)$$

$$E = \varepsilon E_0 = \varepsilon C_0\left(\frac{T}{100}\right)^4 \qquad (3—1—5)$$

式中 E_0——黑体的辐射能力，W/m^2；

C_0——黑体的辐射常数，$C_0 = 5.699 \times 10^{-8}\ W/(m^2 \cdot K^4)$；

T——黑体表面的热力学温度，K。

物体的黑度表示实际物体辐射能力的大小，其值越大，物体的辐射能力越强。实际物体的黑度恒小于1，黑体的黑度等于1。

三、工业上的换热方法

由于换热的目的和工艺条件不同，工业生产中采用的换热方法有多种，按其工作原理和设备类型分有以下三种：

1. 直接混合式换热

直接混合式换热是冷热两种流体直接接触的热交换，是依靠热流体和冷流体直接接触和混合的过程实现的。这种换热方式传热速度快、效率高、设备简单。常见设备有凉水塔、喷洒式冷却塔、混合式冷凝器，一般适用于无价值的蒸汽冷凝或其冷凝液不要求是纯粹的物料等，常用于允许冷热两流体直接接触混合的场合。如图3—1—1所示为混合冷凝器。

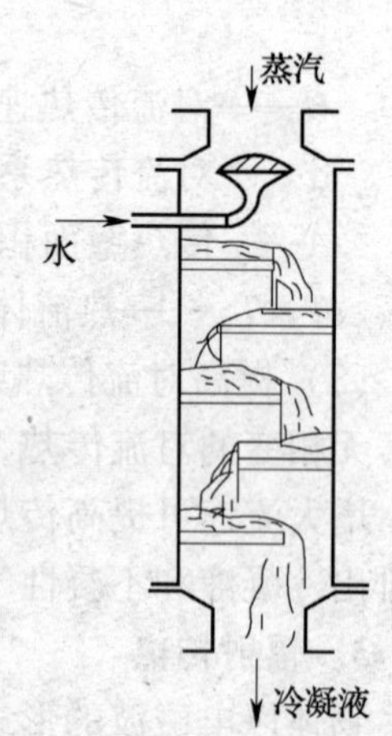

图3—1—1 混合冷凝器

2. 间壁式换热

间壁式换热是冷、热流体被固体壁面隔开，热流体将热量传给壁面，壁面再将热量传给冷流体的传热。它适用于冷、热流体不允许直接混合的场合。在化工生产中大多数情况下冷、热流体是不允许直接混合的，因此间壁式换热方法在生产中应用最广。这类换热器的类型有列管式、夹套式、蛇管式、板翅式等。

间壁式换热的快慢与冷热流体的温差、接触面积以及换热器的传热系数有关，通过分析间壁式换热过程，总结出其传热速率方程，即

$$Q = KA\Delta T_m \qquad (3—1—6)$$

式中 Q——换热速率，即单位时间交换的热量，J/s，或W；

K——传热系数，$W/(m^2 \cdot K)$；

A——间壁的传热面积，m^2；

ΔT_m——冷热流体的主体温差，K。

由上述公式可得出，提高间壁式换热速率的措施有如下几种。

（1）增大传热面积A，具体措施如下：

1）增大换热器的尺寸。采用这种方式虽增大了传热面积，但设备体积增大、费用增加、操作和管理的难度也相应增大了。

2）改进换热器的结构。目前采用的一些新型换热器，如翅片管、螺纹管、板式换热器等，都可增大单位体积的换热面积。实践证明，单位体积板式换热器提供的换热面积是一般列管式换热器的6~10倍。

（2）增大传热平均温差 ΔT_m，具体措施有：

1）在流体进、出口温度一定的情况下，采用逆流操作可获得较大的平均温度差 ΔT_m。

2）在条件允许的情况下，尽可能提高热流体的入口温度，降低冷流体的出口温度。

（3）增大传热系数 K，具体措施如下：

1）增大流体的湍流程度，减小层流层的厚度，提高两流体的传热系数，尤其是提高两传热系数中较小的那一个。如增加管程或壳程数、加装折流挡板可使流程加长、流速增大；增加搅拌，如夹套换热器加搅拌，可增大流速和湍流程度；在管内装入扰动元件，如金属螺旋圈、麻花铁等，改变流动方向，可以在较低的流速下达到较高的湍流程度。

2）减小结垢层和及时清除垢层。当换热器使用时间较长、垢层较厚时，垢层热阻将成为影响传热速率的重要因素。

在具体的实施中应从实际的生产情况出发，对设备的结构、动力消耗、清洗和检修的难易程度以及经济效益等多方面综合考虑。

3. 蓄热式换热

利用蓄热式换热方法进行换热的设备为蓄热器，它由蓄热室和室内固体填充物（如耐火砖）构成，如图 3—1—2 所示。蓄热式换热是使冷、热流体交替通过同一蓄热室，先通入热流体将热量传给填充物储存，然后改通冷流体，填充物释放出热量传给冷流体来达到传热的目的。这类设备虽结构简单、传热效率高，但设备体积较大，两流体在交替时难免出现混合，故使用不多，主要用于气体余热和冷量的利用。

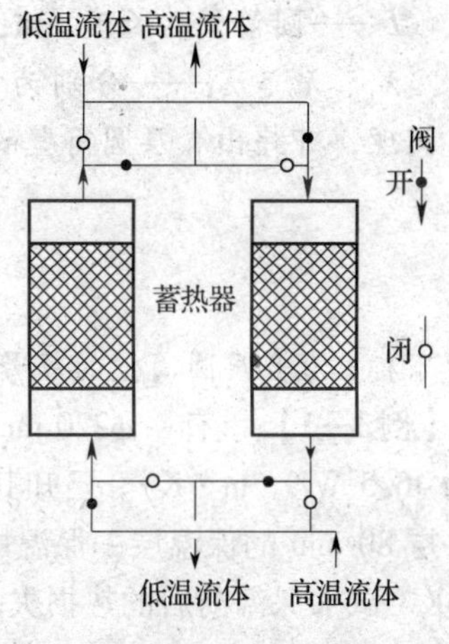

图 3—1—2　蓄热式裂解炉

【知识拓展】

多层圆筒壁的热传导——保温

多层传热计算主要用在热力管道和设备的绝热保温上，如在高温或低温管道外部包一层或多层隔热材料，以减少热损失；换热器中换热管的内外表面形成的污垢阻碍传热等。多层圆筒壁的导热方程式可以采用与多层平壁相同的方法来导出。但各层的平均面积和厚度要分层计算，不要相互混淆。

如图 3—1—3 所示，假设三层圆筒间接触良好，由内向外各层材料的热导率分别为 λ_1、λ_2 和 λ_3，各层圆筒的半径分别为 r_1、r_2、r_3 和 r_4，长度为 L，各接触表面的温度分别为 t_1、t_2、t_3 和 t_4，且 $t_1 > t_2 > t_3 > t_4$，为稳定传热，各层传热速率为 $Q_1 = Q_2 = Q_3 = Q$。根据傅立叶定律得出三层圆筒壁的热传导速率方程式

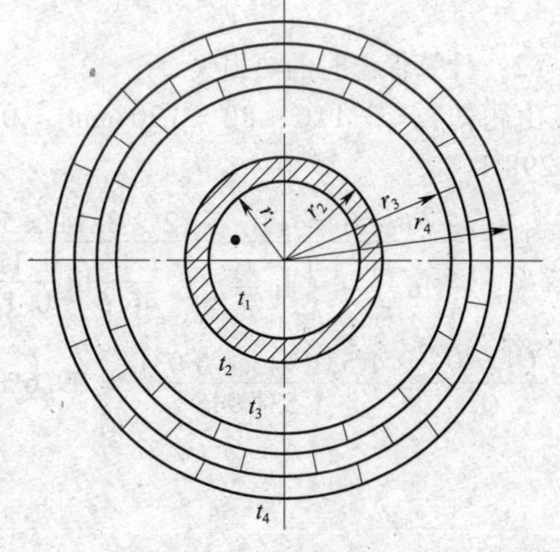

图 3—1—3　三层圆筒壁导热

$$Q = \frac{2\pi L(t_1 - t_4)}{\frac{1}{\lambda_1}\ln\frac{r_2}{r_1} + \frac{1}{\lambda_2}\ln\frac{r_3}{r_2} + \frac{1}{\lambda_3}\ln\frac{r_4}{r_3}} \quad (3—1—7)$$

式中　Q——多层圆筒壁的热传导速率，W；

r_1——第一层圆筒壁内半径，m；

r_2——第一层圆筒壁外半径即第二层圆筒壁内半径，m；

r_3——第二层圆筒壁外半径即第三层圆筒壁内半径，m；

r_4——第三层圆筒壁外半径，m；

t_1——第一层圆筒壁的内侧温度，K；

t_4——第三层圆筒壁的外侧温度，K；

L——圆筒壁的长度，m；

λ_1、λ_2、λ_3——分别为第一层、第二层、第三层圆筒壁的热导率，W/（m·K）。

同理，可导出 n 层圆筒壁的热传导速率方程式

$$Q = \frac{2\pi L(t_1 - t_{n+1})}{\sum_{i=1}^{n}\frac{\ln(r_{i+1}/r_i)}{\lambda_i}} \quad (3—1—8)$$

式中下标 i 为多层圆筒壁的序号，$i=1$，2，3，4…n。

【例3—1】　有一 ϕ220 mm × 10 mm（外径 × 壁厚）的蒸汽管道，管长为50 m，导热系数为46.5 W/（m·K）。已知其内壁温度为473 K，内壁和外壁的温差为10 K，如果管道上敷一层80 mm的保温层，保温层的导热系数为0.06 W/（m·K），保温层外表面的温度为298 K，试求保温前后的热损失。

解：（1）计算不保温时的热损失

由题知：$\lambda_1 = 46.5$ W/（m·K），$L = 50$ m，$t_1 - t_2 = 10$ K

$r_2 = 220/2 = 110$ mm $= 0.11$ m，$r_1 = 110 - 10 = 100$ mm $= 0.1$ m

根据公式（3—1—7），得

$$Q_1 = \frac{2\pi L\lambda(t_1 - t_2)}{\ln\frac{r_2}{r_1}} = \frac{2 \times 3.14 \times 50 \times 46.5 \times 10}{\ln\frac{0.11}{0.1}} = 1\ 531\ 945 \text{ W}$$

（2）计算保温时的热损失

由题知：$r_3 = 110 + 80 = 190$ mm $= 0.19$ m，$\lambda_2 = 0.06$ W/（m·K），$t_1 = 473$ K，$t_3 = 298$ K

$$Q_2 = \frac{2\pi L(t_1 - t_3)}{\frac{1}{\lambda_1}\ln\frac{r_2}{r_1} + \frac{1}{\lambda_2}\ln\frac{r_3}{r_2}} = \frac{2 \times 3.14 \times 50 \times (473 - 298)}{\frac{1}{46.5}\ln\frac{0.11}{0.1} + \frac{1}{0.06}\ln\frac{0.19}{0.11}} = 6\ 031 \text{ W}$$

则 $\frac{Q_1 - Q_2}{Q_1} = \frac{1\ 531\ 945 - 6\ 031}{1\ 531\ 945} = 99.6\%$，可见保温之后的热损失与不保温时相比大大减少。

思考与练习

简答题

1. 对管道进行保温时，适宜选用什么样的保温材料？如果采用几种不同的保温材料进行保温，应如何安排先后顺序？

2. 影响间壁式换热器传热量的因素有哪些？

3. 传热有哪几个基本方式？各自的特点是什么？

任务二　认识换热器

任务提出

工业上实现传热的设备是什么？使用过程中应注意哪些事项？这就是本任务要研究的问题。

任务分析

传热的主要设备是换热器，它是实现冷、热流体之间热量交换的装置，因此要掌握换热器的内部结构、使用条件及特点。换热器一般不单独使用，在工厂中，大多是和一些反应器或其他大型设备连在一起。由于生产规模、物料的性质、传热要求等各不相同，故换热器的类型也多种多样。

相关知识

一、列管式换热器

1. 结构

列管式换热器是最典型的间壁式换热器，也是化工生产中使用最广的换热设备。列管式换热器主要由壳体、管束、管板、折流挡板、封头等组成，如图 3—1—4 所示。由于管板和壳体、管子都焊在一起，位置完全固定不变，所以又称为固定管板式列管换热器，这是列管换热器中最简单的一种形式。

2. 管程数

流体每经过一次管束为一个管程。为了提高管程流体的流速，每个管程常采用多管并列，在封头内安装隔板即可，常见的有双管程、四管程、六管程。如图 3—1—5 所示为双管程列管换热器。

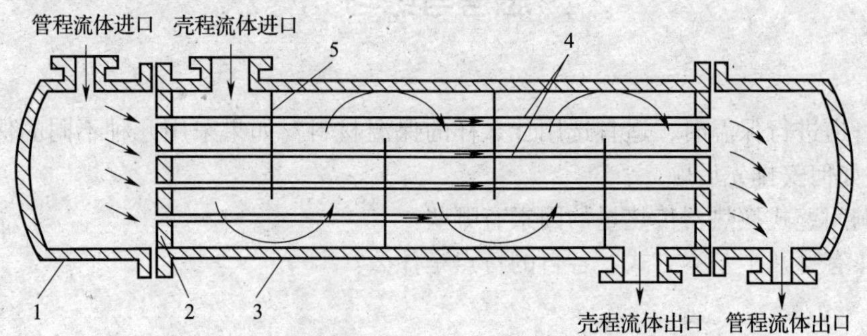

图 3—1—4　列管式换热器

1—封头　2—管板　3—壳体　4—管束　5—折流挡板

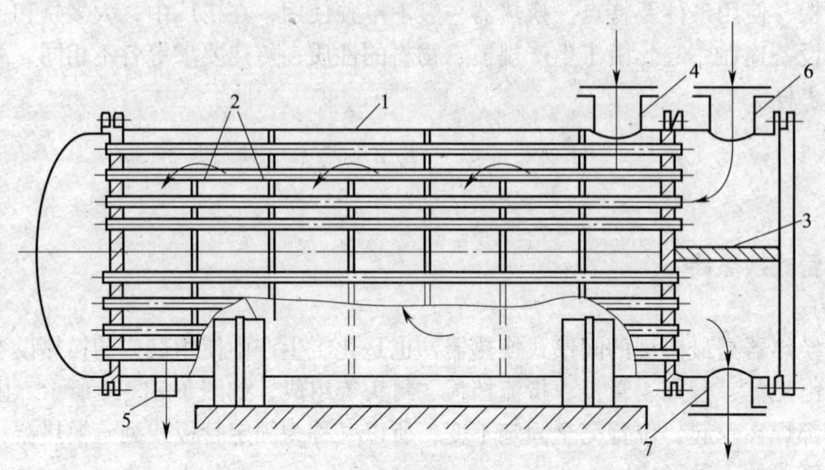

图 3—1—5　双管程列管换热器

1—壳体　2—挡板　3—隔板　4，5—走管隙流体的进、出口管　6，7—走管内流体的进、出口管

3. 壳程数

壳程流体每通过一次壳体为一个壳程。若在壳体中加一纵向挡板，流体从进入端的一侧进入，再从进入端的另一侧流出，则为双壳程。如图 3—1—6 所示为双管程双壳程列管换热器。

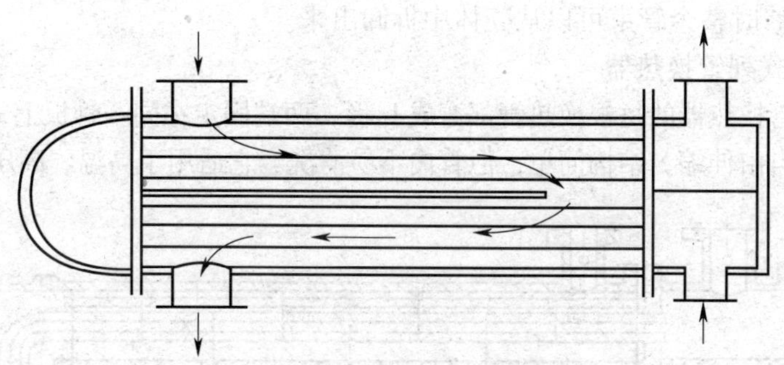

图 3—1—6　双管程双壳程列管换热器

4. 热补偿

在列管式换热器中，由于走管程和走壳程的两股流体温度不一样，管束与壳体的热膨胀程度不同，当两者温差超过 50℃时，可能引起管子变形甚至断裂，严重的会毁坏换热器，因此必须对换热器进行热补偿，常用的补偿措施如下：

（1）具有补偿圈的固定管板式换热器

在普通的固定管板式换热器壳体的适当位置焊一圈波形补偿圈（也叫膨胀节），依靠补偿圈的弹性变形来消除管子与壳体因膨胀程度不同引起的影响，如图 3—1—7 所示。它适用于温差为 60 ~ 70 K，壳程压力小于 0.6 MPa 的场合。

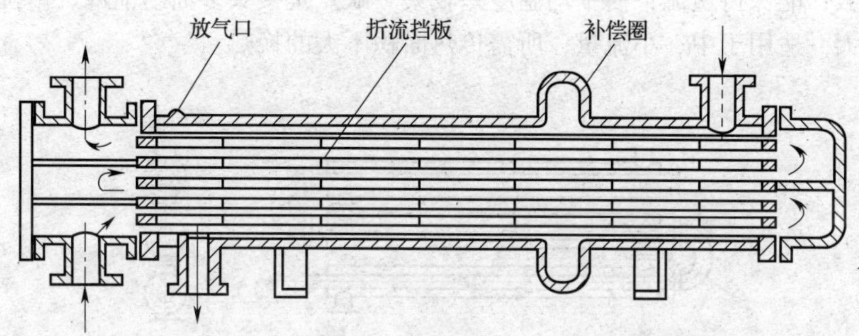

图 3—1—7　具有补偿圈的固定管板式换热器

（2）浮头式列管换热器

浮头式列管换热器中两端的管板有一端不与壳体相连，而是连接在一个可沿管长方向自由伸缩的封头上，这个封头称为浮头，如图 3—1—8 所示，当壳体与管束的热膨胀不一致时，

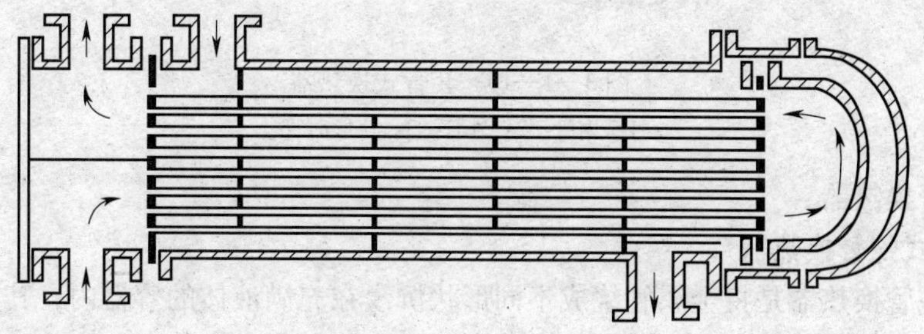

图 3—1—8　单壳程双管程浮头式换热器

管束连同浮头可在壳体内自由伸缩。浮头式列管换热器可用于温差较大（70 ~ 120 K）的场合，在清洗和检修时整个管束可以从壳体中拆卸出来。

（3）U 形管式列管换热器

U 形管式列管换热器的每根换热管都弯成 U 形，两端固定在同一管板上，如图 3—1—9 所示，每根管子可自由伸缩，结构简单，但管内不易清洗。它适用于高温、高压下的清洁流体。

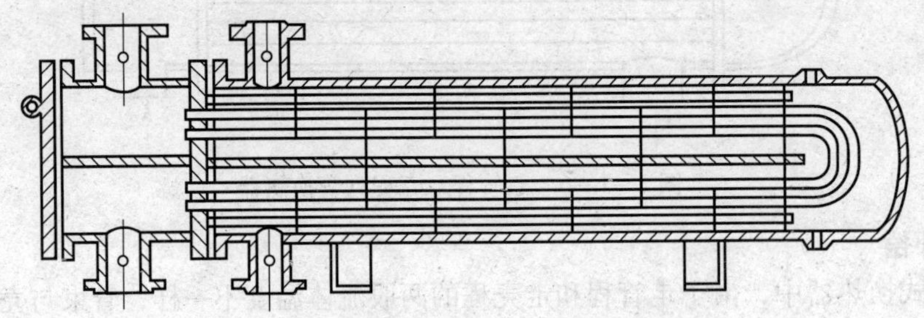

图 3—1—9　双管程双壳程 U 形管式换热器

二、套管式换热器

套管式换热器是由两种大小不同的直管制成的同心圆套管组成，并根据要求将上下内管用 U 形肘管连接，外管通过法兰相连，每一段套管为一程，如图 3—1—10 所示。其优点是结构简单、耐高压；传热面积可根据需要增减；可适当选择管径，使流体有较高的流速，以提高传热系数；能保持逆流，使平均温度差较大。缺点是接头多而易泄漏，单位传热面积的金属消耗量大。适用于中、小流量，所需传热面积不大的换热。

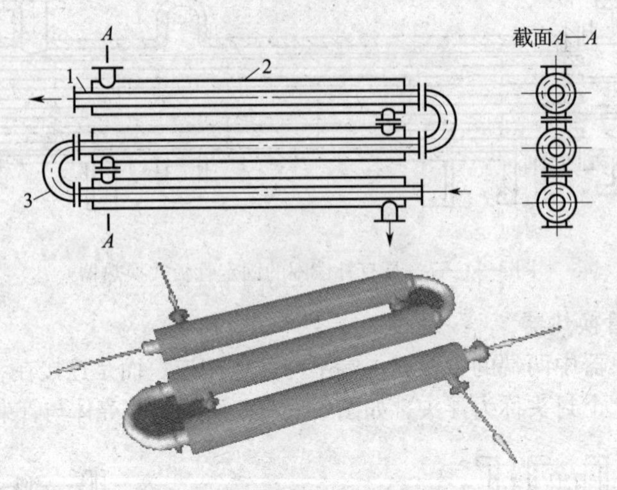

图 3—1—10　套管式换热器

1—内管　2—外管　3—U 形肘管

三、蛇管换热器

1. 沉浸式蛇管换热器

沉浸式蛇管换热器是将金属管绕成不同形状沉浸在充满液体的容器内，其具体形状由容器而定，两种流体通过蛇管管壁进行换热，如图 3—1—11 所示。其优点是结构简单，制造方便，能承受高压，可选择不同材料以利于防腐，操作方便；缺点是蛇管外容器中的料液流动性较差，传热系数小，所以常在容器内装设搅拌器。它适用于传热量不大的反应釜内传热、高压传热、腐蚀性介质的传热。

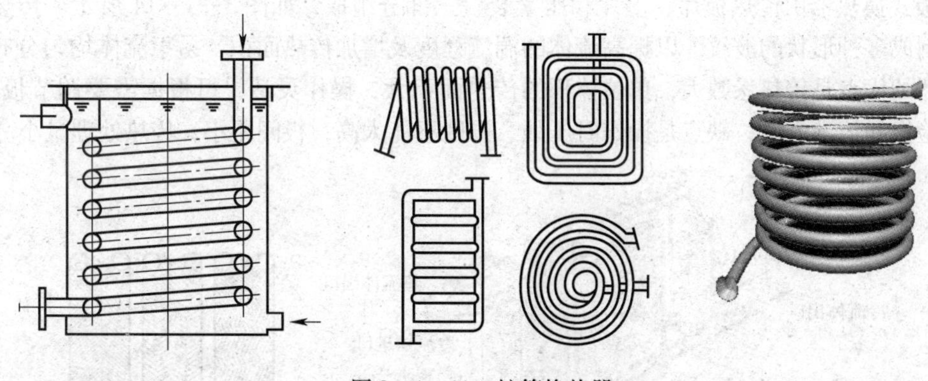

图 3—1—11　蛇管换热器

2. 喷淋式蛇管换热器

喷淋式蛇管换热器是将蛇管固定在钢架上，热流体由蛇管的下部进入，上部流出，冷却水由上向下喷淋，流到底部可收集回收再利用，如图 3—1—12 所示。与沉浸式相比，喷淋式传热效果较好，便于检修和清洗；缺点是占地面积大，只能安装在室外，冷却水喷淋不易均匀。它适合于高压流体的冷却，如硫酸厂、合成氨厂较常用。

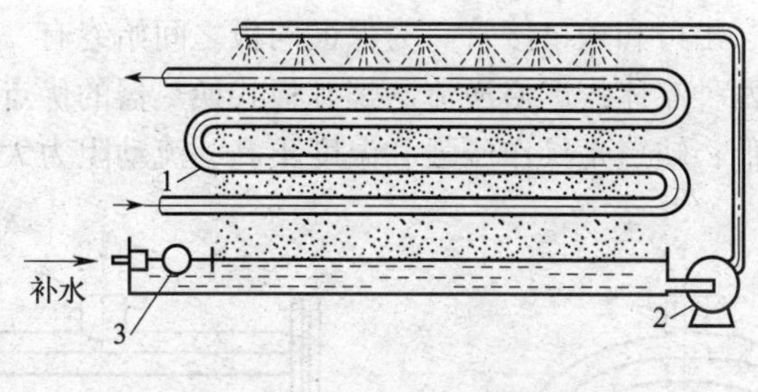

图 3—1—12　喷淋式换热器

1—蛇管　2—循环泵　3—控制阀

四、夹套式换热器

夹套式换热器的结构简单，加热剂或冷却剂在夹套和容器壁间的空间内流动，容器的器壁就是传热面，如图 3—1—13 所示。当用水蒸气加热时，为避免产生水击和阻塞蒸汽，应使水蒸气从上部进入，冷凝水从下部排出；冷却时，为保证套内充满液体，冷却水从下部进入，上部排出。

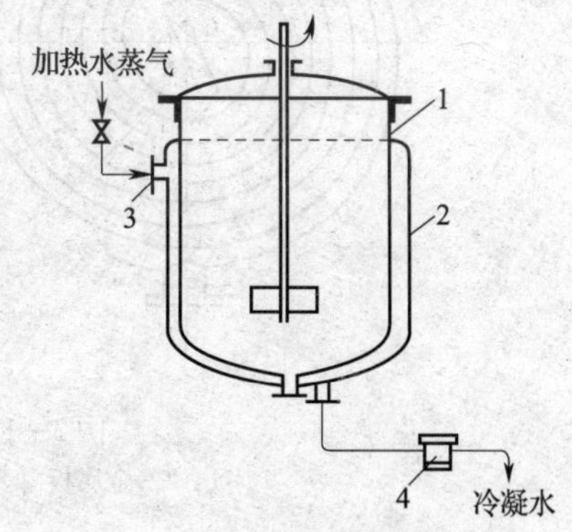

图 3—1—13　夹套式换热器

1—容器　2—夹套　3—水蒸气进口　4—疏水器

由于夹套内部清洗困难，故一般用水蒸气、冷却水、导热油、氨等不易结垢的流体作为载热体，且在容器内装搅拌器使容器内的流体处于强制对流状态。

五、板式换热器

1. 平板式换热器

平板式换热器由传热板片、垫片和压紧装置三部分组成，如图 3—1—14 所示。传热板片可被压制成多种形状的波纹，以提高流体的湍流程度及增加传热面积，易于流体均匀分布。平板换热器的优点是传热系数大，单位体积的传热面积大，操作灵活，可根据需要调节板片数，安装、检修和清洗方便；缺点是操作时压强、温度不能太高，板间距小，传热处理量小。

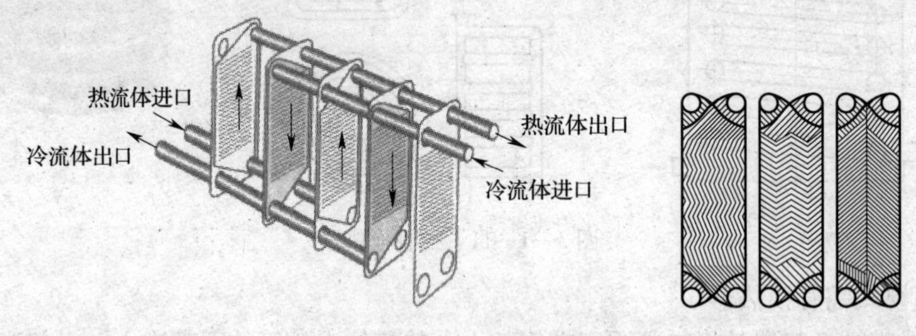

图 3—1—14　平板式换热器

2. 螺旋板式换热器

螺旋板式换热器的结构如图 3—1—15 所示，它由两张平行的薄钢板卷制而成，构成两条互不相通的螺旋通道。在换热器中心设有中心隔板，将两个螺旋通道隔开。在顶部和底部分别安装有盖板或封头、出口和入口接管。为保证两板之间始终有一定的间距，在两板间焊接一定数量的定距柱，两种流体作严格逆流。螺旋板式换热器的优点是结构紧凑，传热效率高，不易堵塞，成本较低；缺点是操作压强和温度不高，流动阻力大，维修困难。

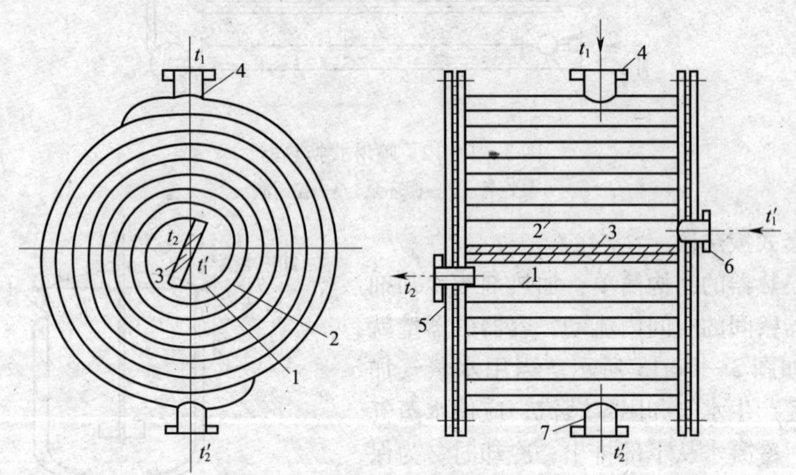

图 3—1—15　螺旋板式换热器

1，2—金属板　3—隔板　4，5，6，7—流体连接管

3. 板翅式换热器

板翅式换热器是由平隔板和各种形式的翅片构成板束组装而成的。如图 3—1—16 所示，在两块平行金属板间夹入一块波纹（或其他形状）翅片，两边用侧封条密封，用钎焊焊牢，即构成一个换热单元体。多个单元体以不同的方式叠积，适当地排列并用钎焊固定成一个组

装件，称为芯部或板束。然后将板束焊到带有进出口的集流箱上，就构成了逆流、错流等多种形式的换热器，如图 3—1—17 所示。板翅式换热器的优点是轻巧紧凑，热导率高，结构牢固，传热系数高，适应性强；缺点是制造工艺复杂，焊接要求高，流道小，阻力大，易堵塞，检修和清洗困难。

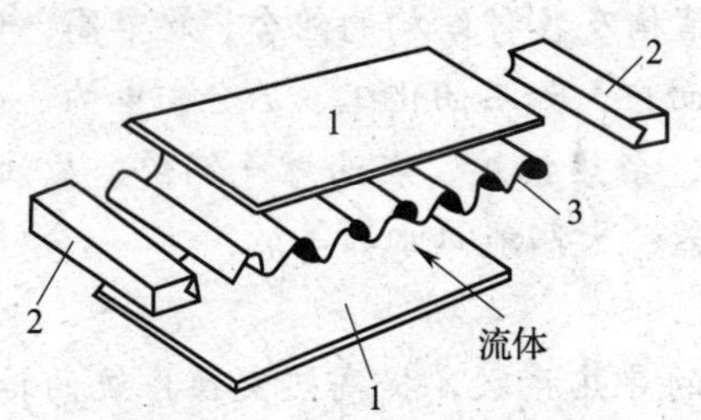

图 3—1—16　板翅式换热器单元体

1—平隔板　2—侧封条　3—翅片

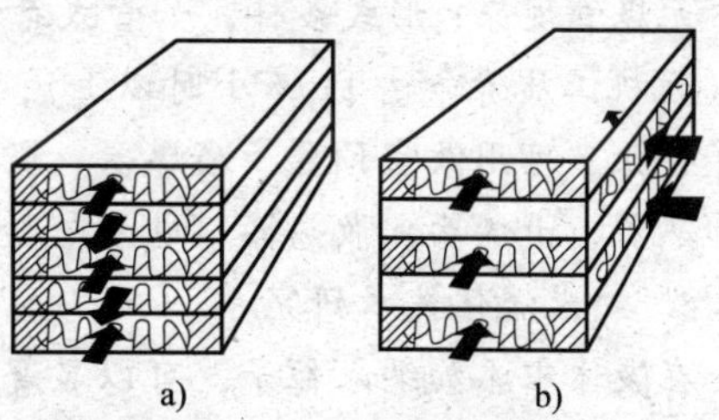

图 3—1—17　板翅式换热器板束

a）逆流　b）错流

六、热管换热器

热管是一种新型传热元件，如图 3—1—18 所示。它是一根装有毛细吸液芯网的金属管，其内充以一定量的某种工作液体，然后封闭并抽除不凝性气体。当热流体流过蒸发段时，工作液吸热汽化生成这种液体的蒸气后流至冷凝段遇冷成为液体。冷凝液沿具有微孔结构的吸液芯网在毛细管力的作用下回流至加热段再次汽化。

热管换热器特别适用于低温差传热（如利用工业余热）以及要求迅速散热的场合。

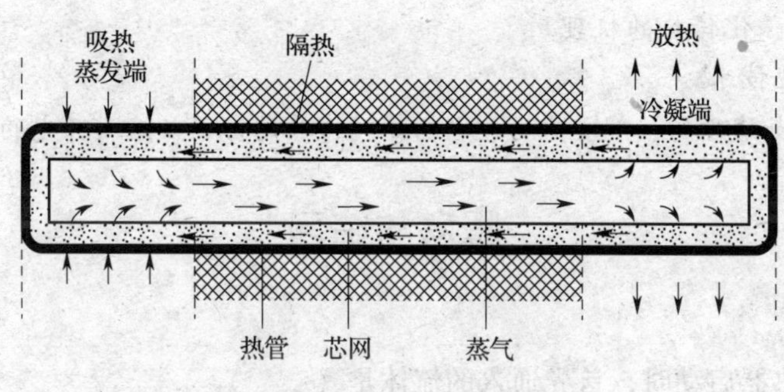

图 3—1—18　热管换热器

【注意事项】

教师可以组织学生到传热实训室和模型室现场观看换热器的构造和基本工作流程，也可以运用多媒体课件就换热器的类型、结构和使用进行更详细的讲解。

【知识拓展】

新型传热设备和传热技术

现代工业发展的迫切任务之一是开展节能工作，因此，在各种传热过程中需要设计新颖高效的传热设备和开发能改善传热性能的节能新技术，目前主要有以下几方面的研究。

1. 无机热传导技术研究

无机热传导元件是以无机元素为导热介质，介质受热后，通过分子间的振荡、摩擦，将热能快速激发，热量沿元件的内壁快速传递，在整个传递过程中，元件的表面呈现无热阻、快速、波状导热的特性。无机热传导元件的优越性是：启动迅速，导热速度快，热阻小（导热系数是白银的2.5万~3.2万倍），均热性好（温差每米<0.1℃），传热能力强；适用温度范围广，工质工作温度可达60~1 000℃；具有传热多向性，与材料相容性好，操作压力低，无爆管现象；形式多样，如管式结构、板式结构及各种结构的组合；效率高，使用寿命长（无机工质寿命达11万小时以上）；适用行业面广，如石油化工、冶金、电力、电子、建材等行业，可用做空预器、省煤器、煤气预热器、余热锅炉、燃油燃气锅炉、原油加热器、水加热器、干燥器、散热器、电子电器元件散热器、太阳能热水器等。

2. 纳米流体技术研究

在液体中添加纳米粒子，可以显著增加液体的导热系数，提高热交换系统的传热性能，显示了纳米流体在强化传热领域具有广阔的应用前景。

3. 微尺度换热器技术

它是一种在高新技术领域中具有广泛应用前景的前沿性新型超紧凑型换热器技术。

4. 模拟和可视化技术

换热过程与流体流动方式密切相关，在生产实践中，人们往往根据生产要求和实践经验确定流体在换热器中的流动方式。考虑到流体介质、热负荷及设备规模的差异，通常难以比较哪种方式更有利于换热；加上强化管技术中因流动状态及通道几何形状的改变，使强化传热更难以全面、系统地被阐述。但借助激光测速、全息摄影、红外摄像仪等“可视化技术”和CFD数值模拟软件等手段，就有可能对换热器的流场分布和温度分布的情况进行比较深入的了解，以弄清强化传热的机理。

5. 场协同效应技术

利用各种场，如速度场、超重力场、电场等对传热的协同效应而开发的传热新技术。

思考与练习

选择题

1. 列管式换热器启动时，首先通入的流体是（　　）。

A. 热流体　　B. 冷流体

C. 最接近环境温度的流体　　D. 任一流体

2. 流体流量突然减少，会导致传热温差（　　）。

A. 升高　　B. 下降

C. 始终不变　　D. 变化无规律

3. 多管程列管换热器比较适用于（　　）的场合。

A. 管内流体流量小，所需传热面积大　　B. 管内流体流量小，所需传热面积小

C. 管内流体流量大，所需传热面积大　　D. 管内流体流量大，所需传热面积小

4. 夹套式换热器的优点是（　　）。

A. 传热系数大　　B. 构造简单，价格低廉，不占器内有效容积

C. 传热面积大　　D. 传热量小

5. 蛇管式换热器的优点是（　　）。

A. 传热系数大　　　　　　　　　　B. 平均传热温度差大

C. 传热速率大　　　　　　　　　　D. 传热速率变化不大

6. 换热器管间用饱和水蒸气加热，管内为空气（空气在管内作湍流流动），使空气温度由20℃升至80℃，现需空气流量增加为原来的2倍，若要保持空气进、出口温度不变，则此时的传热温差约为原来的（　　）倍。

A. 1.149　　　　　　　　　　B. 1.74

C. 2　　　　　　　　　　D. 1

7. 套管换热器的换热方式为（　　）。

A. 混合式　　　　　　　　　　B. 间壁式

C. 蓄热式　　　　　　　　　　D. 其他方式

8. 有两台同样的列管式换热器用于冷却气体，在气、液流量及进口温度一定的情况下，为使气体温度降到最低，拟采用（　　）的方式。

A. 气体走管内，串联逆流操作　　　　　　　　　　B. 气体走管内，并联逆流操作

C. 气体走管外，串联逆流操作　　　　　　　　　　D. 气体走管外，并联逆流操作

9. 化工厂常见的间壁式换热器是（　　）。

A. 固定管板式换热器　　　　　　　　　　B. 板式换热器

C. 夹套式换热器　　　　　　　　　　D. 蛇管式换热器

课题二　换热器仿真技能训练

任务提出

认识换热器的工艺流程，能在仿真操作中掌握换热器开车、停车及换热器常见故障的原因和处理方法。

任务分析

本课题是列管式换热器的冷、热流体间的热交换仿真训练，其中冷流体走壳程，热流体走管程。练习换热器冷态开车、停车和常见故障的处理，熟练基本操作步骤，能独立进行操作。学生通过反复训练，掌握换热器仿真系统的相关操作，本部分的重点在训练。

任务实施

一、认识换热器的工艺流程

1. 流程简介

本单元设计采用列管式换热器。来自界外的92℃冷物流（沸点：198.25℃）由泵

P101A/B 送至换热器 E101 的壳程被流经管程的热物流加热至 145 ℃，并有 20% 被汽化。冷物流流量由流量控制器 FIC101 控制，正常流量为 12 000 kg/h。来自另一设备的 225℃热物流经泵 P102A/B 送至换热器 E101 与流经壳程的冷物流进行热交换，热物流出口温度由 TIC101 控制（177℃）。

为保证热物流的流量稳定，TIC101 采用分程控制，TV101A 和 TV101B 分别调节流经 E101 和副线的流量，TIC101 输出 0% ~100% 分别对应 TV101A 开度 0% ~100%，TV101B 开度 100% ~0%。

2. 复杂控制方案说明

TIC101 的分程控制线：

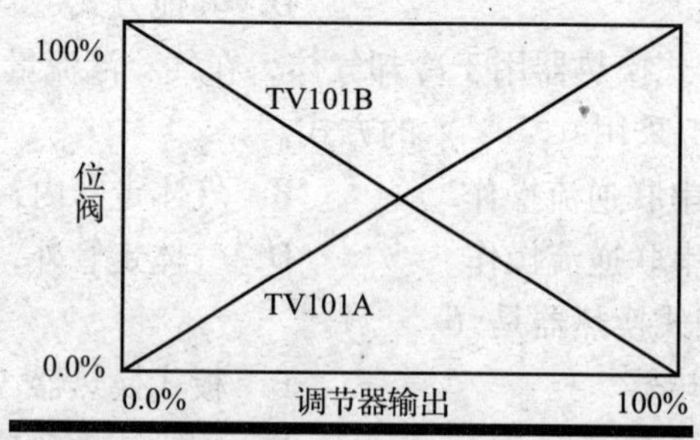

3. 设备代号

P101A/B：冷物流进料泵。

P102A/B：热物流进料泵。

E101：列管式换热器。

4. 仪表一览表

流程中所用到的仪表见表 3—2—1。

表 3—2—1　　换热工艺流程仪表一览表

位号	说明	类型	正常值	量程上限	量程下限
FIC101	冷流入口流量控制（kg/h）	PID	12 000	20 000	0
TIC101	热流入口温度控制（℃）	PID	177	300	0
PI101	冷流入口压力显示（atm）	AI	9.0	27	0
TI101	冷流入口温度显示（℃）	AI	92	200	0
PI102	热流入口压力显示（atm）	AI	10.0	50	0
TI102	冷流出口温度显示（℃）	AI	145.0	300	0
TI103	热流入口温度显示（℃）	AI	225	400	0
TI104	热流出口温度显示（℃）	AI	129	300	0
FI101	流经换热器的流量（kg/h）	AI	10 000	20 000	0
FI102	未流经换热器的流量（kg/h）	AI	10 000	20 000	0

5．列管式换热器仿真界面

列管式换热器仿真界面（DCS 图）如图 3—2—1 所示，列管式换热器现场界面如图 3—2—2 所示。

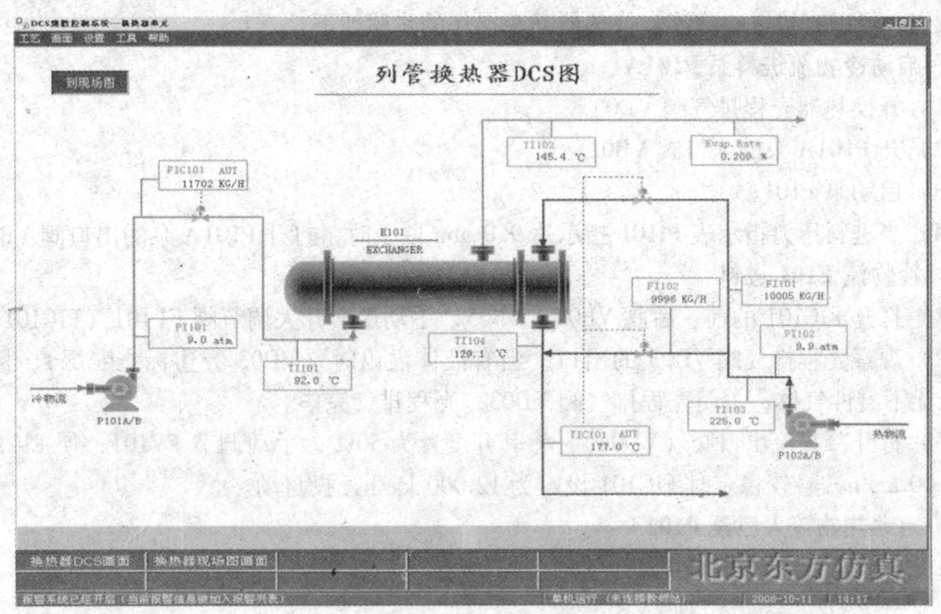

图 3—2—1　列管式换热器 DCS 界面

说明：DCS 界面可检视现场，同时可调节控制各参数。

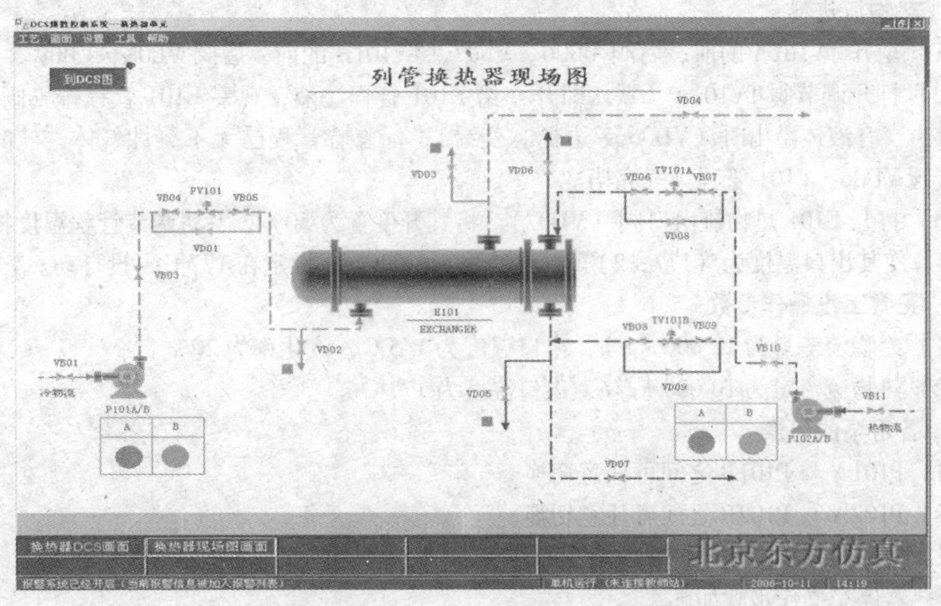

图 3—2—2　列管式换热器现场界面

说明：

1．本单元现场图中现场阀旁边的实心红色圆点为高点排气和低点排液的指示标志，当完成高点排气和低点排液时，实心红色圆点变为绿色。

2. 现场界面主要是手动操作控制各参数。

二、换热器开车操作

装置的开车状态为换热器处于常温常压下，各调节阀处于手动关闭状态，各手操阀处于关闭状态，可以直接进冷物流。换热器开车操作的步骤如下：

1. 启动冷物流进料泵 P101A

（1）开换热器壳程排气阀 VD03。

（2）开 P101A 泵的入口阀 VB01。

（3）启动泵 P101A。

（4）当进料压力指示表 PI101 指示达 9.0 atm 以上时，打开 P101A 泵的出口阀 VB03。

2. 冷物流 E101 进料

（1）打开 FIC101 的前、后阀 VB04、VB05，手动逐渐开大调节阀 FV101（FIC101）。

（2）观察壳程排气阀 VD03 的出口，当有液体溢出时（VD03 旁边标志变绿），标志着壳程已无不凝性气体，关闭壳程排气阀 VD03，壳程排气完毕。

（3）打开冷物流出口阀（VD04），将其开度置为 50%，手动调节 FV101，使 FIC101 达到 12 000 kg/h，且较稳定时 FIC101 设定为 12 000 kg/h，投自动。

3. 启动热物流入口泵 P102A

（1）开管程放空阀 VD06。

（2）开 P102A 泵的入口阀 VB11。

（3）启动 P102A 泵。

（4）当热物流进料压力表 PI102 指示大于 10 atm 时，全开 P102 泵的出口阀 VB10。

4. 热物流进料

（1）全开 TV101A 的前、后阀 VB06、VB07，TV101B 的前、后阀 VB08、VB09。

（2）打开调节阀 TV101A（默认即开）给 E101 管程注液，观察 E101 管程排气阀 VD06 的出口，当有液体溢出时（VD06 旁边标志变绿），标志着管程已无不凝性气体，此时关管程排气阀 VD06，E101 管程排气完毕。

（3）打开 E101 热物流出口阀（VD07），将其开度置为 50%，手动调节管程温度控制阀 TIC101，使其出口温度为 (177 ±2)℃，且较稳定，TIC101 设定在 177℃，投自动。

5. 正常工况操作参数

（1）冷物流流量为 12 000 kg/h，出口温度为 145℃，汽化率为 20%。

（2）热物流流量为 10 000 kg/h，出口温度为 177℃。

6. 备用泵的切换

（1）P101A 与 P101B 之间可任意切换。

（2）P102A 与 P102B 之间可任意切换。

三、换热器停车操作

换热器停车操作步骤如下：

1. 停热物流进料泵 P102A

（1）关闭 P102 泵的出口阀 VB10。

（2）停 P102A 泵。

（3）待 PI102 指示小于 0.1 atm 时，关闭 P102 泵入口阀 VB11。

2. 停热物流进料

(1) TIC101 置手动。

(2) 关闭 TV101A 的前、后阀 VB06、VB07。

(3) 关闭 TV101B 的前、后阀 VB08、VB09。

(4) 关闭 E101 热物流出口阀 VD07。

3. 停冷物流进料泵 P101A

(1) 关闭 P101 泵的出口阀 VB03。

(2) 停 P101A 泵。

(3) 待 PI101 指示小于 0.1 atm 时，关闭 P101 泵入口阀 VB01。

4. 停冷物流进料

(1) FIC101 置手动。

(2) 关闭 FIC101 的前、后阀 VB04、VB05。

(3) 关闭 E101 冷物流出口阀 VD04。

5. E101 管程泄液

打开管程泄液阀 VD05，观察管程泄液阀 VD05 的出口，当不再有液体泄出时，关闭泄液阀 VD05。

6. E101 壳程泄液

打开壳程泄液阀 VD02，观察壳程泄液阀 VD02 的出口，当不再有液体泄出时，关闭泄液阀 VD02。

四、换热器故障处理

换热器常见故障及处理方法见表 3—2—2。

表 3—2—2　换热器常见故障及处理方法

故障部位	故障现象	处理方法
FIC101 阀卡	①FIC101 流量减小 ②P101 泵出口压力升高 ③冷物流出口温度升高	关闭 FIC101 前、后阀，打开 FIC101 的旁路阀（VD01），调节流量使其达到正常值
P101A 泵坏	①P101 泵出口压力急剧下降 ②FIC101 流量急剧减小 ③冷物流出口温度升高，汽化率增大	关闭 P101A 泵，开启 P101B 泵
P102A 泵坏	①P102 泵出口压力急剧下降 ②冷物流出口温度下降，汽化率降低	关闭 P102A 泵，开启 P102B 泵
TV101A 阀卡	①热物流经换热器换热后的温度升高 ②冷物流出口温度降低	关闭 TV101A 前、后阀，打开 TV101A 的旁路阀（VD08），调节流量使其达到正常值。关闭 TV101B 前、后阀，调节旁路阀（VD09）
部分管路堵塞	①热物流流量减小 ②冷物流出口温度降低，汽化率降低 ③热物流 P102 泵出口压力略升高	停车、拆换热器、清洗
换热器结垢严重	热物流出口温度高	停车、拆换热器、清洗

【注意事项】

1. 在教师指导下熟悉换热器传热系统的工艺流程，熟练掌握各控制系统的控制内容、操作方法。

2. 严格按照操作规程和安全操作规程进行操作练习，按照从正常开停车、正常工况维持、事故判断及处理的顺序进行反复训练。

3. 在训练过程中，要求对照评分细则对每一操作步骤进行修正，直到工艺指标完全符合操作规程为止。

思考与练习

简答题

1. 冷态开车是先送冷物料，后送热物料，而停车时又要先关热物料，后关冷物料，为什么？
2. 开车时不排出不凝气会有什么后果？如何操作才能排净不凝气？
3. 为什么停车后管程和壳程都要高点排气、低点泄液？
4. 你认为本系统调节器 TIC101 的设置合理吗？如何改进？
5. 工业生产中常见的换热器有哪些类型？

课题三　管式加热炉仿真技能训练

任务提出

熟悉管式加热炉的工艺流程，掌握管式加热炉的开、停车操作及常见事故处理方法。

任务分析

管式加热炉是一种直接受热式加热设备，主要用于加热液体或气体类化工原料，所用燃料通常有燃料油和燃料气。管式加热炉是石油化工生产中最常用的加热设备，随着我国石油化工行业的不断壮大，将有大量的化工操作人员服务于石油化工企业，因此应掌握管式加热炉的基本操作技能。本操作是低温流体流经管式加热炉的对流段和辐射段，在两段升温后送入下一工序的操作。通过练习加热炉的开车、停车和常见故障的处理，学生应熟练掌握加热炉的基本操作步骤，能独立操作。

任务实施

一、工艺流程认识

1. 管式加热炉简介

管式加热炉的传热方式以辐射传热为主，通常由以下几部分构成：

（1）辐射室

辐射室是通过火焰或高温烟气进行辐射传热的部分。这部分直接受火焰冲刷，温度很高（600～1 600℃），是热交换的主要场所（约占热负荷的70%～80%）。

（2）对流室

对流室是靠辐射室出来的烟气进行以对流传热为主的换热部分。

（3）燃烧器

燃烧器是使燃料雾化并混合空气使之燃烧的产热设备，燃烧器可分为燃料油燃烧器、燃料气燃烧器和油－气联合燃烧器。

（4）通风系统

通风系统将燃烧用空气引入燃烧器，并将烟气引出炉子，可分为自然通风方式和强制通风方式。

2. 工艺物料系统

某烃类化工原料在流量调节器FIC101的控制下先进入管式加热炉F－101的对流段，经对流段的加热升温后，再进入F－101的辐射段，被加热至420℃后，送至下一工序，工艺物料炉出口温度由调节器TIC106通过调节燃料气流量或燃料油压力来控制。

采暖水在调节器FIC102的控制下，经与F－101的烟气换热，回收余热后，返回采暖水系统。

3. 燃料系统

燃料气管网的燃料气在调节器PIC101的控制下进入燃料气分液罐V－105，燃料气在V－105中脱油脱水后，分两路送入加热炉，一路在PCV01的控制下送入常明线；一路在TV106调节阀的控制下送入油－气联合燃烧器。

来自燃料油储罐V－108的燃料油经P101A/B升压后，在PIC109的控制下送至燃烧器火嘴前，用于维持火嘴前的油压，多余燃料油返回V－108。来自管网的雾化蒸汽在PDIC112的控制下与燃料油保持一定压差的情况下送入燃烧器。来自管网的吹热蒸汽直接进入炉膛底部。

4. 复杂控制方案说明

（1）炉出口温度控制

TIC106控制工艺物流炉出口温度，TIC106通过一个切换开关HS101实现两种控制方案：其一是直接控制燃料气流量，其二是与燃料压力调节器PIC109构成串级控制。采用第一种方案时，燃料油的流量固定，不调节，通过TIC106自动调节燃料气流量控制工艺物流炉出口温度；采用第二种方案时，燃料气流量固定，TIC106和燃料压力调节器PIC109构成串级控制回路，控制工艺物流炉出口温度。

（2）炉出口温度联锁

1）联锁源

①工艺物料进料量过低（FIC101 < 正常值的50%）。

②雾化蒸汽压力过低（低于7 atm）。

2）联锁动作

①关闭燃料气入炉电磁阀S01。

②关闭燃料油入炉电磁阀S02。

③打开燃料油返回电磁阀S03。

5. 设备一览

管式加热炉加热工艺流程的设备包括 V－105（燃料气分液罐）、V－108（燃料油储罐）、F－101（管式加热炉）、P101A（燃料油 A 泵）和 P101B（燃料油 B 泵）。

6. 仪表一览表

管式加热炉加热工艺流程中所用到的仪表见表 3—3—1。

表 3—3—1 管式加热炉加热工艺流程仪表一览表

位号	说明	类型	正常值	量程上限	量程下限
AR101	烟气氧含量（%）	AI	4.0	21.0	0.0
FIC101	工艺物料进料量（kg/h）	PID	3 072.5	6 000.0	0.0
FIC102	采暖水进料量（kg/h）	PID	9 584.0	20 000.0	0.0
LI101	V－105 液位（%）	AI	40.0～60.0	100	0.0
LI115	V－108 液位（%）	AI	40.0～60.0	100	0.0
PIC101	V－105 压力（atm）	PID	2.0	4.0	0.0
PI107	烟膛负压（mmH_2O）	AI	－2.0	10.0	－10.0
PIC109	燃料油压力（atm）	PID	6.0	10.0	0.0
PDIC112	雾化蒸汽压差（atm）	PID	4.0	10.0	0.0
TI104	炉膛温度（℃）	AI	640.0	1 000.0	0.0
TI105	烟气温度（℃）	AI	210.0	400.0	0.0
TIC106	工艺物料炉出口温度（℃）	PID	420.0	800.0	0.0
TI108	燃料油温度（℃）	AI		100.0	0.0
TI134	炉出口温度（℃）	AI		800.0	0.0
TI135	炉出口温度（℃）	AI		800.0	0.0
HS101	切换开关	SW			
MI101	风门开度（%）	AI		100	0.0
MI102	挡板开度（%）	AI		100	0.0
TI106	TIC106 的输入（℃）	AI	420.0	800.0	0.0
PI109	PIC109 的输入（atm）	AI	6.0	10.0	0.0
FI101	FIC101 的输入（kg/h）	AI	3 072.5	6 000.0	0.0
FI102	FIC102 的输入（kg/h）	AI	9 584.0	20 000.0	0.0
PI101	PIC101 的输入（atm）	AI	2.0	4.0	0.0
PI112	PDIC112 的输入（atm）	AI	4.0	10.0	0.0
FRIQ104	燃料气的流量（Nm^3/h）	AI	209.8	400.0	0.0
COMP. G	炉膛内可燃气体的含量（%）	AI	0.00	100.0	0.0

7. 管式加热炉仿真界面

管式加热炉现场界面如图 3—3—1 所示，管式加热炉 DCS 界面如图 3—3—2 所示。

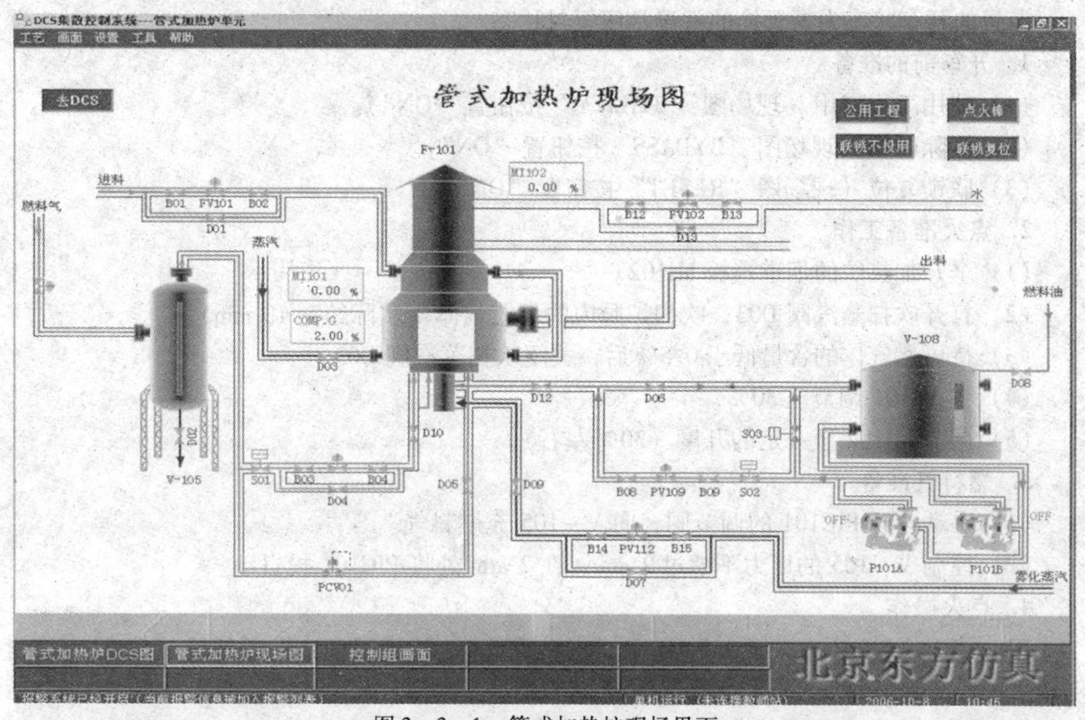

图 3—3—1 管式加热炉现场界面

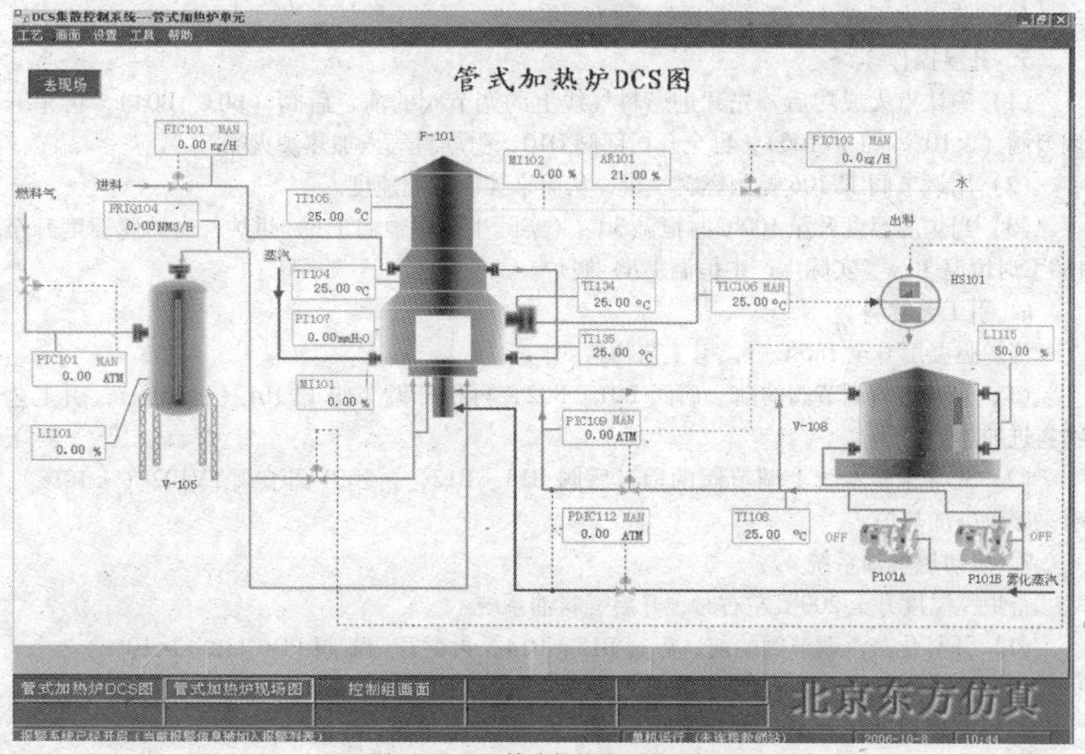

图 3—3—2 管式加热炉 DCS 界面

说明：管式加热炉的仿真界面图与换热器的仿真界面图的作用和操作图表是一样的。

二、管式加热炉开车操作训练

装置的开车状态为氨置换的常温常压氨封状态。

1. 开车前的准备

（1）公用工程启用（现场图“UTILITY”按钮置“ON”）。

（2）摘除联锁（现场图“BYPASS”按钮置“ON”）。

（3）联锁复位（现场图“RESET”按钮置“ON”）。

2. 点火准备工作

（1）全开加热炉的烟道挡板 MI102。

（2）打开吹扫蒸汽阀 D03，吹扫炉膛内的可燃气体（实际约需 10 min）。

（3）待可燃气体的含量低于 0.5% 后，关闭吹扫蒸汽阀 D03。

（4）将 MI101 调节至 30%。

（5）调节 MI102 至一定的开度（30% 左右）。

3. 燃料气准备

（1）手动打开 PIC101 的调节阀，向 V－105 充燃料气。

（2）控制 V－105 的压力不超过 2 atm，在 2 atm 处将 PIC101 投自动。

4. 点火操作

（1）当 V－105 压力大于 0.5 atm 后，启动点火棒（“IGNITION”按钮置“ON”），开常明线上的根部阀门 D05。

（2）确认点火成功（火焰显示）。

（3）若点火不成功，需重新进行吹扫和再点火。

5. 升温操作

（1）确认点火成功后，先开进燃料气线上的调节阀的前、后阀（B03、B04），再稍开调节阀（<10%）（TV106），再全开根部阀 D10，引燃料气入加热炉火嘴。

（2）用调节阀 TV106 控制燃料气量，从而来控制升温速度。

（3）当炉膛温度升至 100℃时恒温 30 s（实际生产中恒温 1 h）烘炉，当炉膛温度升至 180℃时恒温 30 s（实际生产中恒温 1 h）暖炉。

6. 引工艺物料

当炉膛温度升至 180℃后，引工艺物料：

（1）先开进料调节阀的前、后阀 B01、B02，再稍开调节阀 FV101（<10%），引工艺物料进加热炉。

（2）先开采暖水线上调节阀的前、后阀 B13、B12，再稍开调节阀 FV102（<10%），引采暖水进加热炉。

7. 启动燃料油系统

待炉膛温度升至 200℃左右时，开启燃料油系统：

（1）开雾化蒸汽调节阀的前、后阀 B15、B14，再微开调节阀 PDIC112（<10%）。

（2）全开雾化蒸汽的根部阀 D09。

（3）开燃料油压力调节阀 PV109 的前、后阀 B09、B08。

（4）开燃料油返回 V－108 的管线阀 D06。

（5）启动燃料油泵 P101A。

（6）微开燃料油调节阀 PV109（<10%），建立燃料油循环。

（7）全开燃料油根部阀 D12，引燃料油入火嘴。

（8）打开 V－108 进料阀 D08，保持储罐液位为 50%。

（9）按升温需要逐步开大燃料油调节阀，通过控制燃料油升压（最后到 6 atm 左右）来控制进入火嘴的燃料油量，同时控制 PDIC112 在 4 atm 左右。

8．调整至正常

（1）逐步升温使炉出口温度至正常（420℃）。

（2）在升温过程中，逐步开大工艺物料线的调节阀，将其流量调整至正常。

（3）在升温过程中，逐步将采暖水流量调至正常。

（4）在升温过程中，逐步调整风门使烟气氧含量正常。

（5）逐步调节挡板开度使炉膛负压正常。

（6）逐步调整其他参数至正常。

（7）投用联锁系统（“INTERLOCK”按钮置“ON”）。

9．正常工况下的主要工艺参数

（1）工艺物料炉出口温度 TIC106：420℃。

（2）炉膛温度 TI104：640℃。

（3）烟气温度 TI105：210℃。

（4）烟气氧含量 AR101：4%。

（5）炉膛负压 PI107：－2.0 mmH_2O。

（6）工艺物料进料量 FIC101：3 072.5 kg/h。

（7）采暖水进料量 FIC102：9 584 kg/h。

（8）V－105 压力 PIC101：2 atm。

（9）燃料油压力 PIC109：6 atm。

（10）雾化蒸汽压差 PDIC112：4 atm。

10．TIC106 控制方案切换

工艺物料的炉出口温度 TIC106 可以通过燃料气和燃料油两种方式进行控制。两种方式的切换由切换开关 HS101 来完成。当 HS101 切入燃料气控制时，TIC106 直接控制燃料气调节阀，燃料油由 PIC109 单回路自行控制；当 HS101 切入燃料油控制时，TIC106 与 PIC109 结成串级控制，通过燃料油压力控制燃料油燃烧量。

三、管式加热炉停车操作训练

1．停车准备

摘除联锁系统（在现场图上按下“联锁不投用”）。

2．降量

（1）通过 FIC101 逐步降低工艺物料进料量至正常的 70%。

（2）在 FIC101 降量过程中，逐步通过减少燃料油压力或燃料气流量，来维持工艺物料炉出口温度 TIC106 稳定在 420℃左右。

（3）在 FIC101 降量过程中，逐步降低采暖水的流量。

（4）在降量过程中，适当调节风门和挡板，维持烟气氧含量和炉膛负压。

3. 降温及停燃料油系统

（1）当 FIC101 降至正常量的 70% 后，逐步开大燃料油的 V－108 返回阀来降低燃料油压力，降温。

（2）待 V－108 返回阀全开后，可逐步关闭燃料油调节阀，再停燃料油泵（P101A/B）。

（3）在降低燃料油压力的同时，降低雾化蒸汽流量，最终关闭雾化蒸汽调节阀。

（4）在以上降温过程中，可适当降低工艺物料进料量，但不可使工艺物料炉出口温度高于 420℃。

4. 停燃料气及工艺物料

（1）待燃料油系统停完后，关闭 V－105 燃料气入口调节阀（PIC101 调节阀），停止向 V－105 供燃料气。

（2）待 V－105 压力降至 0.3 atm 时，关燃料气调节阀 TV106。

（3）待 V－105 压力降至 0.1 atm 时，关常明线根部阀 D05，灭火。

（4）待炉膛温度低于 150℃时，关 FIC101 调节阀，停工艺进料，关 FIC102 调节阀，停采暖水。

5. 炉膛吹扫

（1）灭火后，开吹扫蒸汽，吹扫炉膛 5 s（实际 10 min）。

（2）停吹扫蒸汽后，保持风门、挡板一定开度，使炉膛正常通风。

四、管式加热炉常见故障及处理

管式加热炉的常见故障及处理方法见表 3—3—2。

表 3—3—2　　**管式加热炉的常见故障及处理方法**

事故原因	故障现象	处理方法
燃料油火嘴堵	①燃料油泵出口压控阀压力忽大忽小 ②燃料气流量急剧增大	紧急停车
燃料气压力低	①炉膛温度下降 ②炉出口温度下降 ③燃料气分液罐压力降低	①改为烧燃料油控制 ②通知指导教师联系调度处理
炉管破裂	①炉膛温度急剧升高 ②炉出口温度升高 ③燃料气控制阀关闭	炉管破裂的紧急停车
燃料气调节阀卡	①调节器信号变化时燃料气流量不发生变化 ②炉出口温度下降	①改现场旁路手动控制 ②通知指导教师联系仪表人员进行修理
燃料气带液	①炉膛和炉出口温度先下降 ②燃料气流量增加 ③燃料气分液罐液位升高	①关燃料气控制阀 ②改由烧燃料油控制 ③通知教师联系调度处理
燃料油带水	燃料气流量增加	①关燃料油根部阀和雾化蒸汽 ②改由烧燃料气控制 ③通知指导教师联系调度处理
雾化蒸汽压力低	①产生联锁 ②PIC109 控制失灵 ③炉膛温度下降	①关燃料油根部阀和雾化蒸汽 ②直接用温度控制调节器控制炉温 ③通知指导教师联系调度处理
燃料油泵 A 停	①炉膛温度急剧下降 ②燃料气控制阀开度增加	①现场启动备用泵 ②调节燃料气控制阀的开度

【注意事项】

1. 在教师指导下熟悉管式加热炉系统的工艺流程，熟练掌握各控制系统的控制内容、操作方法。

2. 严格按照操作规程和安全操作规程进行操作练习，按照从正常开停车、正常工况维持、事故判断及处理的顺序进行反复训练。

3. 在训练过程中，要求对照评分细则对每一操作步骤进行修正，直到工艺指标完全符合操作规程为止。

思考与练习

简答题

1. 加热炉在点火前为什么要对炉膛进行蒸汽吹扫?

2. 加热炉点火时为什么要先点燃点火棒，再依次开常明线阀和燃料气阀?

3. 加热炉在点火失败后，应做些什么工作？为什么?

4. 加热炉在升温过程中为什么要烘炉？升温速度应如何控制?

5. 加热炉在升温过程中什么时候引入工艺物料？为什么?

6. 雾化蒸汽量过大或过小对燃烧有什么影响？应如何处理?

7. 烟气出口氧气含量为什么要保持在一定范围？过高或过低意味着什么?

8. 加热过程中风门和烟道挡板的开度大小对炉膛负压和烟气出口氧气含量有什么影响?

课题四　传热实训技能训练

任务一　传热实训装置认识

任务提出

能识读传热实训装置流程图，认识实训装置中的工艺管线、设备、测量装置、管件和阀门，并掌握其作用。

任务分析

传热实训装置应采用工厂实际应用的工艺流程，操作方式与工厂实际操作方式应完全一致，使学生能够身临其境，通过训练提高操作工人的操作技能。

学生在进行实训操作之前，应全面熟悉传热设备结构，认识该装置的工艺流程图及主要的控制过程，并通过安全教育使学生树立安全意识。

任务实施

一、流程简介

本实训以套管式换热器为主换热设备，以高压水蒸气为热流体，以水为冷流体。其中热流体走壳程，冷流体走管程，两种流体在换热器内作并流运动。

二、传热装置简介

本实训设备如图 3—4—1 所示，是由纯铜管为内管，不锈钢管为外管组成的套管换热器。内管的进、出口端各装有热电阻温度计一支，用于测量冷却水的进、出口温度。外管的进、出口端及中间截面外壁表面上，各焊有三对热电偶，型号为 WRNK－192。不锈钢管规格为ϕ21.25 mm（内径）×2.75 mm（壁厚），长 1.10 m；纯铜管规格为 ϕ16 mm（外径）×2 mm（壁厚），长 1.20 m；转子流量计型号为 LZB－25；数字显示表型号为 SWP－C40。

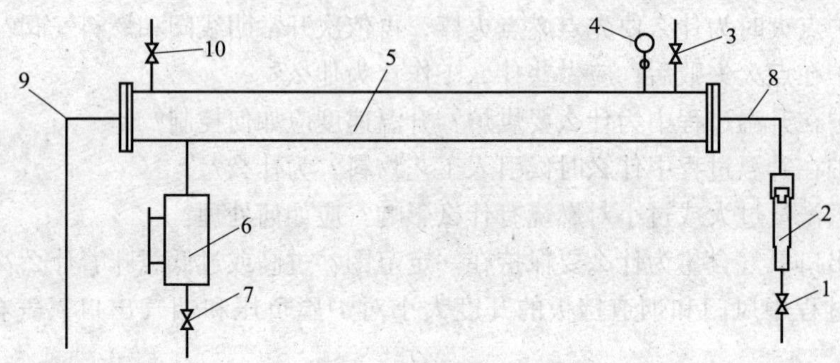

图 3—4—1 套管换热器实训装置

1—冷却水流量调节阀 2—转子流量计 3—蒸汽调节阀 4—蒸汽压力表 5—套管换热器 6—冷凝水排放筒 7—旋塞 8—水进口温度计 9—水出口温度计 10—不凝气排放口

三、安全注意事项

参与实训操作的教师和学生进入实训室后必须穿戴劳动防护用品：在指定区域正确戴上安全帽，穿上安全鞋，在任何作业过程中都要佩戴安全防护眼镜和合适的防护手套。

1. 用电安全

（1）进行实训之前必须了解室内总电源开关与分电源开关的位置，以便出现用电事故时及时切断电源。

（2）在启动仪表控制柜电源前，必须弄清楚每个开关的作用。

（3）在实训过程中如果发生停电现象，必须切断电闸，以防操作人员离开现场后因突然供电而导致电器设备在无人看管的情况下运行。

（4）不要打开仪表控制柜的后盖和强电桥架盖，发生电气故障时应请专业人员进行维修。

2. 节约环保

不得随意丢弃化学品，不得随意乱扔垃圾，避免水、能源和其他资源的浪费，保持实训基地的环境卫生。本实训装置无三废产生，在实训过程中要注意不能发生物料的跑、冒、滴、漏现象。

3. 行为规范

(1) 不准吸烟。

(2) 使用楼梯时应用手扶栏杆。

(3) 保持实训环境的整洁。

(4) 不准从高处乱扔杂物。

(5) 不准随意坐在灭火器箱、地板和教室外的凳子上。

(6) 非紧急情况下不得随意使用消防器材（训练除外）。

(7) 不得靠在实训装置上。

(8) 在实训过程中不得在教室里打闹。

(9) 使用后的清洁用具按规定放置整齐。

思考与练习

画图题

画出传热实训装置的带控制点的流程图。

任务二　传热装置的开停车及正常操作训练

任务提出

在传热实训装置上完成水－蒸汽传热综合训练，通过训练掌握传热实训装置的开车、正常操作和停车步骤。

任务分析

本任务是把0.02 MPa的水蒸气用冷却水冷凝的实训操作，以一套管式换热器为主要设备，通过本任务训练学生开车、正常操作和停车的技术。

任务实施

一、换热器的开车训练

熟悉套管式换热器的开车程序，掌握开车操作步骤。

1. 开车前先检查装置上的压力表、温度计、流量计等测量仪表，以及各阀门是否完好、齐全。

2. 由蒸发器加热制备高压水蒸气。

3. 打开冷凝水排放阀，排出换热器中的污水和污垢。

4. 打开放空阀嘴，排放换热器中积存的空气和不凝性气体。

5．打开上水阀，向高位槽内注水，至有溢流产生。

6．先开冷流体入口阀，当液面达到规定位置或换热器冷水出口有液体流出时，缓慢开启蒸汽阀门，做到先预热后加热。

7．根据工艺要求调节冷、热流体的流量，使之达到所需温度。

二、换热器的正常操作训练

1．经常保持各项指标符合工艺要求，换热器运行正常、稳定。

2．经常注意两种工作介质的进、出口温度变化，定期测定流体的出口温度。

3．经常注意两种介质的压力变化，尤其是蒸汽压力变化，发现异常时要查明原因，及时排除故障。

4．在操作过程中，要定时排除冷凝液和不凝性气体。

5．要保持主体设备外部整洁，保温层和油漆完好，要随时检查外部有无损伤，特别是覆盖在外部的防水层，检查外面涂料的劣化情况。

6．保持压力表、温度计、液位计等测量仪表齐全、灵敏、清晰、准确，按时填写操作记录表。

三、换热器的停车训练

1．首先关闭蒸发器的进水阀，然后停止加热，不再继续产生水蒸气。

2．关闭换热器上的蒸汽控制阀或其他热流体控制阀，停止进入热蒸汽。

3．待套管中蒸汽冷凝液排出温度与冷水进、出口温度相同时，关闭冷却水控制阀。

4．检查所有的阀门和仪表是否都处于停车状态。

5．关闭动力输送设备。

6．关闭电源。

7．最后排除换热器内的冷凝液，以防换热器锈蚀及冻裂。

【注意事项】

1．严格按照操作规程进行开停车、正常操作训练。

2．操作过程中严格作好记录，填写表 3—4—1。

表 3—4—1　传热装置的开停车及正常操作训练记录表

序号	冷却水流量/（kg/s）	蒸汽流量/（m^3/h）	冷却水进口温度/℃	冷却水出口温度/℃	传热速率/W	冷热流体平均温差/K	总传热系数 K/（W/m^2·K）

思考与练习

简答题

1. 在套管式换热器的实验中，要想提高 K 值应当增加哪一个管内的流体流量?
2. 传热实训中不锈钢管内壁的温度与哪一种流体的温度接近?

任务三　传热故障分析与处理操作训练

任务提出

对传热实训装置操作过程中出现的异常现象进行分析，并应用所学理论知识解决与处理，从而提高学生分析问题、解决问题的能力，提高学生的操作技能。

任务分析

在操作过程中教师要设置故障，让学生透过现象分析故障产生的原因，同时提出处理方法，最后在实训装置上具体实施；若用学生提出的处理方法无法解决故障，要求学生分析原因，再提出新的处理方法，重复上述步骤，直到找出正确的处理方法为止。

任务实施

套管式换热器、列管式换热器和板式换热器常见故障与处理方法列于表 3—4—2，产生原因和处理方法是一一对应关系。

表 3—4—2　　套管式换热器常见故障与处理方法

事故现象	产生原因	处理方法
传热效率下降	①列管结垢、堵塞 ②壳体内不凝性气体或冷凝液增多 ③管路、阀门堵塞	①清洗管子 ②排放不凝性气体或冷凝液 ③检查清理
发生振动	①壳程介质流速过快 ②管路振动 ③管束与折流板的结构不合理 ④机座刚度不够	①调节流量 ②加固管路 ③改进设计 ④加固机座

续表

事故现象	产生原因	处理方法
管板与壳体连接处有裂缝	①焊接质量不好 ②外壳歪斜，连接管线拉力或推力过大 ③腐蚀严重	①清除、补焊 ②重新调整找正 ③鉴定后修补
管束和管口渗漏	①管子被折流板磨破 ②壳体和管束温差过大，产生裂纹 ③管口腐蚀或胀（焊）接质量差	①堵管或换管 ②补胀或焊接 ③换新管或补胀（焊）

【注意事项】

1. 了解运行过程中常见的异常现象及处理方法。

2. 针对运行过程中出现的不正常现象，提出解决的方法，并通过实际操作排除这些现象。

【知识拓展】

换热器的使用注意事项

1. 使用前的检查试压

制造和检修完工的换热器，应按规定进行压力试验，一般试压介质是水，即进行水试压，试压压力是设计压力的1.25～1.5倍，如换热器BES700－2.5－185－6/25－4，它的设计压力为2.5 MPa，水试压压力为2.5×（1.25～1.5）MPa，即3.125～3.75 MPa，若是使用时间较短的换热器，试压时可考虑降低试验压力，试压时应检查小浮头、胀接处、焊口、管箱垫片、连接阀处有无泄漏，如有泄漏应进行处理。

2. 换热器的投用

试压完毕后的换热器，应放尽换热器内的存水，以免大量水存在时在蒸汽及热油进入时引起水击和汽化而损坏内件。在开始工作时，换热设备的主体与附件用法兰螺栓连接和垫片密封，由于它们材质不同，升温过程中，特别是超过200℃（热油区）时，各部分膨胀不均，会造成法兰面松弛，引起介质泄漏，因此在装置工作过程中，要进行蒸汽吹扫试压和热油升至250℃左右时进行热紧。在投用过程中，换热器应先开冷源再开热源，先开出口再开进口，这是因为如果先进热油会造成各部件热胀，后进冷介质又会使各部件急剧收缩，这种剧烈的一胀一缩，极易造成密封处泄漏。另外，因为冷介质一般是较轻的介质，沸点较低，在热介质先进入的情况下，整个换热器处于一种高温状态，后进入的少量冷介质突然大量汽化，会使换热器超压，造成密封面泄漏。因此在投用换热设备时应先冷后热，先开出口，再开入口，以使介质有畅通的后路，防止超压，使密封不致泄漏。

3. 日常检查和维护

日常检查是及时发现和处理突发性故障的重要手段，换热器在运行过程中应及时进行检查，确保设备安全运行。

4. 操作条件对换热器的影响

（1）温度

温度是换热器运行中的主要控制指标，测定及检查换热器中各流体进、出口的温度及其变化，可以判断分析介质流量的大小及换热情况的好坏。换热效率的高低，主要取决于传热系数，传热效率下降最可能是换热器结垢引起传热系数下降，因此应对换热器进行清洗处理。

操作中应防止介质流量、温度、压力的急剧变化，超温、超压都将引起换热器泄漏。因此操作中应尽量做到平稳操作，减小流量、温度的变化。经常检查调节冷却水出口温度，控制在50℃以下，因为超过50℃，微生物的繁殖加速，腐蚀生成物的分解也加快，容易引起管子腐蚀、穿孔，同时结垢严重。

（2）压力

经常检查换热器的压力变化，特别是进、出口压差，可判断换热器的结垢情况、堵塞情况和泄漏情况。高压流体向低压流体泄漏，会使低压流体压力上升，高压介质压降增大，会产生污染和其他后果。操作中若发现压力骤变，除检查换热器本身的问题外，还应考虑其他因素，如介质的后路是否畅通等。

（3）泄漏

换热器的外漏很容易看见和发现，外漏有密封面的泄漏和设备由于砂眼和裂纹引起的泄漏。对于密封面泄漏，应检查是螺栓松动还是垫片损坏引起的。

换热器的内漏是不易发现的，但可以从介质温度、压力、流量、异声、振动的分析中判断。如：一台换热器是原油和常二线柴油进行换热，管程走常二线柴油，壳程走原油，由于原油压力高，如发生泄漏，就有原油窜入常二线柴油中，这时可能出现管程压力上升，壳程压降增大，常二线柴油质量不合格和颜色变黑等现象，据这些现象可判断为换热器内漏。

对于冷却器，可在冷却水出口阀前管道上接取样管，定期取样检查有无混入被冷却的介质，以判断冷却器的内漏。

（4）振动

换热器内的流体一般有较高的流速，由于流体的脉冲和横向流动会引起基础支架的振动，如发现基础振动加剧，除检查操作是否异常外，还应检查换热器的基础有无损坏和地脚螺栓有无松动。

（5）保温

保温（保冷）层的损坏将直接影响换热器的热效率。另外，由于保温（保冷）层破坏，在壳体外部将积附水分，使壳体发生局部腐蚀，因此应经常检查，发现保温层破坏应尽快进行修补。

5. 停用方法及停用后的处理

一台需进行检查检修的换热器应停用及进行处理。换热器的停用方法和投用方法相反，应先关热源后关冷源、先关进口再关出口，为了不影响其他操作，在停用之前打开副线阀。停用后，对换热器进行蒸汽吹扫，吹扫干净后交付检修。在对冷却器油品介质进行吹扫时，应关闭水进、出口阀，打开放空阀，以防由于水汽化，换热器超压损坏密封面和内件。

冬季停用的换热器，要放尽换热器内的存水及其他介质，并用风进行吹扫，充入氮气进行保护，防止设备腐蚀；如需解体，应对暴露于大气中的部分进行防腐处理，如涂上一层防腐层。

思考与练习

选择题

1．在管壳式换热器中，饱和蒸汽宜走管间，以便于（　　），且蒸汽较洁净，它对清洗无要求。

A．及时排除冷凝液　　B．流速不太快

C．流通面积不太小　　D．传热不过多

2．用饱和水蒸气加热空气，总传热系数 K 接近于（　　）侧的对流传热系数。

A．空气　　B．饱和水蒸气

C．冷凝水　　D．无法确定

3．有两台同样的管壳式换热器拟做气体冷却器用。在气、液流量及进口温度一定时，为使气体温度降到最低，应采用的流程为（　　）。

A．气体走管外，气体并联逆流操作　　B．气体走管内，气体并联逆流操作

C．气体走管内，气体串联逆流操作　　D．气体走管外，气体串联逆流操作

4．在卧式列管换热器中，用常压饱和蒸汽对空气进行加热（冷凝液在饱和温度下排出），饱和蒸汽应走（　　），蒸汽流动方向（　）。

A．管程　从上到下　　B．壳程　从下到上

C．管程　从下到上　　D．壳程　从上到下

5．下列过程的对流对传热系数影响最大的是（　　）。

A．蒸汽的滴状冷凝　　B．空气作强制对流

C．蒸汽的膜状冷凝　　D．水的强制对流

6．当换热器中冷、热流体的进、出口温度一定时，下列说法中错误的是（　　）。

A．逆流时，ΔT_m一定大于并流、错流或折流时的 ΔT_m

B．采用逆流操作可以节约热流体（或冷流体）的用量

C．采用逆流操作可以减少所需的传热面积

D．采用并流操作可以减少所需的传热面积

模 块 小 结

传热是由于存在温差而发生热传递的一种单元操作。加热、保温、冷却都属于传热。它是自然界和工程技术领域中极为普遍的一种热量传递过程。本模块主要以传热的实践操作为重点内容，以仿真操作和实训操作两种形式，全面地对传热的开停车步骤和常见事故处理做了扎实的演练，为学员以后走上工作岗位奠定了良好的基础。同时在实践训练的过程中，使学员加深了对基本概念的了解和对传热在化工生产过程中的重要性的认识。

模块四　吸收－解吸操作

教学要求

应知：

1. 熟悉并掌握吸收－解吸的基本概念。
2. 了解吸收－解吸的机理。
3. 了解吸收－解吸的常用设备。
4. 掌握吸收－解吸的实际生产流程。
5. 熟悉并掌握填料塔的影响因素。

应会：

1. 掌握正确的吸收－解吸实训装置开、停车步骤，了解每一步的操作原理及操作要求。
2. 能够正常操作控制吸收－解吸实训装置，会进行常见事故的处理。
3. 掌握吸收－解吸操作过程中的数据记录。

课题一　吸收的基本知识

任务提出

在合成氨生产过程中，合成氨原料气经脱硫、变换之后，原料气中仍含有大量的二氧化碳，其存在对合成催化剂有毒害作用，因而必须除去。本课题的任务就是要除去原料气中含有的二氧化碳。

任务分析

合成氨原料气是一种复杂的混合气体，经脱硫、变换之后，主要含有氢气、氮气、二氧化碳等，除去二氧化碳，实质上，就是将二氧化碳从混合气体中分离出来。

要完成上述任务的方法很多，其中用吸收操作进行分离是较常用的一种，即利用合适的液体吸收剂来处理气体混合物，使气体混合物中的一种或多种组分由气相转移到液相。

相关知识

一、吸收的基本概念

吸收是利用气体混合物各组分在液体中溶解度的差异，用液体吸收剂分离气体混合物的单元操作，也称为气体吸收。

吸收所用的液体称为吸收液或溶剂，气体混合物中被吸收的组分称为吸收质或溶质，不被吸收的组分称为惰性气体，吸收后得到的液体称为吸收液或溶液。

气体混合物与液体吸收剂接触时，溶解度大的一种或几种组分溶解于液相中，溶解度小的组分则仍留在气相，从而实现了气体混合物的分离。例如：用水洗含二氧化碳的合成氨的原料气，此时，原料气中主要成分为氮气、氢气、二氧化碳，而二氧化碳在水中的溶解度比氮气、氢气在水中的溶解度大得多。气液相接触后，大部分二氧化碳将从气相转入到液相，而氮气、氢气在气相中的组成基本保持不变。在这个吸收过程中，水为吸收剂，二氧化碳为吸收质，氮气、氢气为惰性气体，吸收后含二氧化碳的液体为吸收液。

二、吸收的基本原理

1. 相组成的表示方法

吸收是溶质由气相转移到液相的传质过程。随着吸收过程的进行，组分在气相和液相中的浓度均发生变化，为了研究吸收过程的基本原理，首先应掌握物质在气相或液相中浓度的表示方法。用 x（X）表示液相组成，用 y（Y）表示气相组成。相组成的表示方法常用的有以下几种形式（以液相为例）：

（1）质量分数（也称质量分率）

混合物中某组分 i 的质量 m_i 与混合物的总质量 m 的比值，称为该组分的质量分数，用符号 x_{wi} 表示。即

$$x_{wi} = \frac{m_i}{m} \tag{4—1—1}$$

（2）摩尔分数（也称摩尔分率）

混合物中某组分 i 的物质的量 n_i 与混合物的总物质的量 n 的比值，称为该组分的摩尔分数，用符号 x_i 表示。即

$$x_i = \frac{n_i}{n} \tag{4—1—2}$$

（3）比质量分数和比摩尔分数（也称比质量分率和比摩尔分率）

在吸收过程中，气体总量和溶液总量都随吸收的进行而改变，但惰性气体和吸收剂的量始终保持不变，因此，常采用比质量分数或比摩尔分数表示相的组成，这样，可以简化吸收过程的计算。

1）比质量分数。混合物中某组分 i 的质量 m_i 与其他组分的质量（$m - m_i$）的比值，称为该组分的比质量分数，用符号 X_{wi} 表示。即

$$X_{wi} = \frac{m_i}{m - m_i} \tag{4—1—3}$$

比质量分数与质量分数的换算关系为

$$X_{wi} = \frac{x_{wi}}{1 - x_{wi}} \tag{4—1—4}$$

2）比摩尔分数。混合物中某组分 i 的物质的量 n_i 与其他组分的物质的量（$n - n_i$）的比值，称为该组分的比摩尔分数，用符号 X_i 表示。即

$$X_i = \frac{n_i}{n - n_i} \tag{4—1—5}$$

比摩尔分数与摩尔分数的换算关系为

$$X_i = \frac{x_i}{1 - x_i} \tag{4—1—6}$$

【例 4—1】 合成氨原料气中，二氧化碳的体积分数为 12%，总压为 100 kPa。试求二氧化碳的摩尔分数、分压和比摩尔分数。

解：二氧化碳在混合气体中的摩尔分数，在数值上等于其体积分数，即 $y_A = 0.12$。

二氧化碳的分压可用道尔顿分压定律确定，即 $p_A = p \cdot y_A = 100 \times 0.12 = 12$ kPa。

二氧化碳的比摩尔分数为 $Y_A = \frac{y_A}{1 - y_A} = \frac{0.12}{1 - 0.12} = 0.14$。

2. 气－液相平衡

（1）平衡溶解度

在一定的温度和压力下，气体和液体两相接触时，气体中的溶质组分便溶解在液相中，随着吸收过程的进行，溶质气体在液相中的浓度逐渐增加；同时，溶解在液相中的气体也不断地返回到气相中去，这种已经被吸收的气体组分返回气相的过程，称为解吸。在操作初期，过程以吸收为主，但经过一定时间，溶质从气相进入液相和从液相返回气相的速率便达到相等，气液两相的组成也不再变化，气相和液相达到动态平衡，此时，液相中溶质的浓度达到最大值。

气液平衡时，溶质在液相中的含量称为气体在液相的平衡溶解度，简称溶解度。气液平衡时，溶液上方溶质的分压称为平衡分压。

（2）亨利定律

当气、液相处于平衡状态时，溶质气体在两相中的浓度存在着一定的分布关系，这种关系可以用亨利定律来表明。

在一定温度和总压不超过 506.5 kPa 的情况下，多数气体溶解后形成的溶液为稀溶液，气液平衡时，溶质在液相中的溶解度与其在气相中的平衡分压成正比，这一规律称为亨利定律，其数学表达式为

$$p^* = Ex \tag{4—1—7}$$

式中 p^*——平衡时溶质在气相中的平衡分压，Pa；

x——溶质在液相中的摩尔分数；

E——亨利系数，Pa。

对于给定物系，亨利系数 E 随温度升高而增大。在同一溶剂中，易溶气体的 E 值很小，而难溶气体的 E 值很大。常见物系的亨利系数可从手册中查到。

若将气相组成以摩尔分数表示，则亨利定律的表达形式为

$$y^* = mx \tag{4—1—8}$$

式中 y^*——平衡时溶质在气相中的摩尔分数；

m——相平衡常数（$m = \frac{E}{p}$），无因次。

若气液两相组成用比摩尔分数表示，则亨利定律的表达形式为

$$Y^* = \frac{mX}{1 + (1 - m) X} \tag{4—1—9}$$

式中　Y^*——平衡时溶质在气相中的比摩尔分数。

对于极稀溶液，式（4—1—9）可以简化为

$$Y^* = mX \tag{4—1—10}$$

（3）平衡曲线

将式（4—1—9）的关系绘于 $Y—X$ 直角坐标系中，得到的图线为一条通过原点的曲线，如图 4—1—1a 所示，此线即为吸收平衡曲线。吸收平衡曲线反映了吸收过程达到平衡时气相组成和液相组成的关系曲线。显然，式（4—1—10）所表示的吸收平衡曲线，为一条过原点的直线，斜率为 m，如图 4—1—1b 所示。

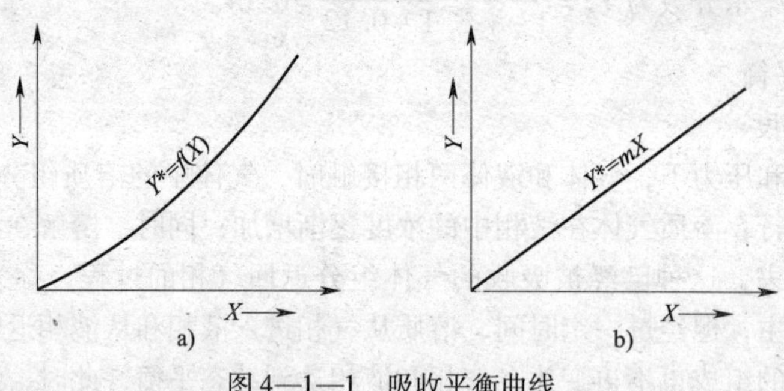

图 4—1—1　吸收平衡曲线

（4）气－液平衡对吸收操作的指导意义

1）确定操作条件。气体在液相中的溶解度与气体、液体的种类、温度、压强有关。在相同的温度和压力下，不同气体的溶解度是不同的。对于同一种气体，不同温度、不同压力下的溶解度也不同。一般情况下，温度升高，溶解度减小；压力升高，溶解度增大。由此可知，低温、高压有利于吸收操作。

2）判断过程进行的方向和极限。当溶质在气相中的实际组成大于溶质的平衡组成时，即 $Y > Y^*$ 或 $p > p^*$ 时，为吸收过程，则 $Y - Y^*$ 称为以比摩尔分数表示的吸收推动力，$p - p^*$ 称为以分压表示的吸收推动力，状态点位于平衡曲线上方。随着吸收过程的进行，气相中被吸收组分的含量不断降低，溶液浓度不断上升，其平衡组成也随着上升，当气相中溶质的实际组成等于溶质的平衡组成时，即 $Y = Y^*$ 或 $p = p^*$ 时，吸收达到平衡，状态点落在平衡曲线上。当溶质在气相中的实际组成小于溶质的平衡组成时，即 $Y < Y^*$ 或 $p < p^*$ 时，为解吸过程，则 $Y^* - Y$ 称为以比摩尔分数表示的解吸推动力，$p^* - p$ 称为以分压表示的解吸推动力，状态点位于平衡曲线下方。

由分析可知，吸收操作状态点距平衡线越远，气液接触的实际状态偏离平衡状态的程度越大，吸收的推动力就越大，在其他条件相同的情况下，吸收越容易进行；反之，吸收越难进行。

三、吸收机理——双膜理论

吸收过程的机理很复杂，经过长期深入的研究，先后提出了多种理论。目前比较公认的、简明易懂的是双膜理论。双膜理论的模型如图 4—1—2 所示。

1. 双膜理论的基本要点

（1）吸收过程中，气液两流体相共有一个相界面（简称界面）。在相界面的两侧分别为气膜和液膜，膜内流体做层流流动。双膜以外的区域为气相和液相主体。在两相主体中，流体做湍流流动。

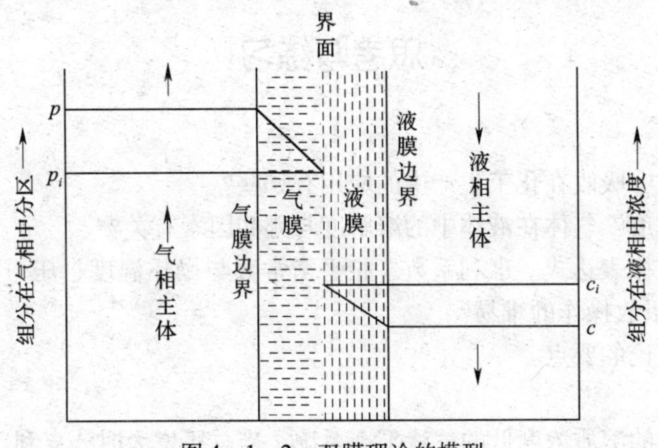

图 4—1—2 双膜理论的模型

（2）相界面上，气液两相中溶质的浓度处于平衡状态。界面上不存在传质阻力。

（3）气、液两相主体内部流体处于充分的湍流状态，无传质阻力，不存在浓度差。过程传质阻力全部集中在两膜（气膜和液膜）内。

2．吸收过程的机理

根据双膜理论，吸收过程的机理如下：

（1）吸收质从气相主体以对流扩散的方式到达气膜边界。

（2）到达气膜边界的吸收质以分子扩散的方式穿过气膜到达相界面，在界面上溶质溶解在液相中。

（3）溶解在液相中的溶质又以分子扩散的方式穿过液膜到达液膜边界上。

（4）到达液膜边界上的溶质以对流扩散方式转移到液相主体。

在以上的传质过程中，溶质在界面上及气液主体中的传质阻力很小，其阻力主要集中在气膜和液膜中。因此要想强化吸收，就要设法减小传质阻力，即两膜的厚度。流速越大，气膜和液膜的厚度越薄，故增大流速，可以减少传质阻力，提高吸收速率。

【注意事项】

在合成氨原料气中，二氧化碳在碳酸丙烯酯中的溶解度比较大，而氢气、氮气、一氧化碳等在碳酸丙烯酯中的溶解度相对较小，因此，可用碳酸丙烯酯脱除合成氨原料气中的二氧化碳。

【知识拓展】

吸收在工业生产上的应用

在化工生产中，吸收操作广泛应用于混合气体的分离，具体应用如下：

1．回收混合气体中有价值的组分，如用液态烃处理裂解气以回收其中的乙烯、丙烯等。

2．除去有害组分以净化气体，如用丙酮脱除裂解气中的乙炔。

3．制备某种气体的溶液，如用水吸收二氧化氮以制造硝酸，用水吸收甲醛以制取福尔马林，用水吸收氯化氢以制取盐酸等。

4．工业废气的治理，如在磷肥生产中，产生的含氟废气具有强烈的腐蚀性，可采用水及其他盐类吸收，制成有用的氟硅酸钠、冰晶石等。

思考与练习

一、简答题

1. 什么是吸收？吸收在化工生产中的应用有哪些？

2. 什么是溶解度？气体在液体中的溶解度与哪些因素有关？

3. 写出亨利定律表达式。亨利系数、相平衡常数与操作温度、压力有何关系？如何根据它们的大小判断吸收操作的难易？

4. 简述双膜理论的要点。

二、选择题

1. 对接近常压的溶质浓度低的气液平衡系统，当总压增大时，亨利系数 E（　　），相平衡常数 m（　　），溶解度系数（　　）。

A. 增大　　B. 减小　　C. 不变　　D. 无法判断

2. 利用气体混合物各组分在液体中溶解度的差异而使气体分离的操作称为（　　）。

A. 蒸馏　　B. 萃取　　C. 吸收　　D. 解吸

3. 在吸收过程中不能被溶解的气体组分是（　　）。

A. 富气　　B. 贫气　　C. 惰性气体　　D. 载体

4. 吸收－解吸与蒸馏操作一样是属于气－液两相操作，目的是（　　）。

A. 分离气相混合物　　B. 分离均相混合物

C. 分离液相混合物　　D. 分离非均相混合物

5. 水的摩尔分数为 20%，则它的比摩尔分数应是（　　）。

A. 15%　　B. 20%　　C. 25%　　D. 30%

6. 对于吸收来说，下列说法正确的是（　　）。

A. 当其他条件一定时，溶液出口浓度越低，吸收剂用量越小，吸收推动力将减小

B. 当其他条件一定时，溶液出口浓度越低，吸收剂用量越小，吸收推动力将增加

C. 当其他条件一定时，溶液出口浓度越低，吸收剂用量越大，吸收推动力将减小

D. 当其他条件一定时，溶液出口浓度越低，吸收剂用量越大，吸收推动力将增加

7. 根据双膜理论，用水吸收空气中的氨的吸收过程是（　　）。

A. 气膜控制　　B. 液膜控制　　C. 双膜控制　　D. 不能确定

8. 根据双膜理论，在气液接触界面处（　　）。

A. 气相组成大于液相组成　　B. 气相组成小于液相组成

C. 气相组成等于液相组成　　D. 气相组成与液相组成平衡

9. 以下操作有利于溶质吸收的是（　　）。

A. 提高压力、提高温度　　B. 降低压力、降低温度

C. 降低压力、提高温度　　D. 提高压力、降低温度

10. 在填料塔中，低浓度难溶气体逆流吸收时，若其他条件不变，仅入口气量增加，则出口气体吸收质组成将（　　）。

A. 增加　　B. 减少　　C. 不变　　D. 不能确定

11. 在吸收操作过程中，当吸收剂用量增加时，出塔溶液浓度（　　），尾气中溶质浓

度（　　）。

A. 下降　下降　B. 增高　增高　C. 下降　增高　D. 增高　下降

12. 在吸收操作中，操作温度升高，其他条件不变，相平衡常数 m（　　）。

A. 增加　B. 不变　C. 减小　D. 不能确定

13. 在吸收操作中，其他条件不变，只增加操作温度，则吸收率将（　　）。

A. 增加　B. 不变　C. 减小　D. 不能确定

课题二　吸收的操作装置

任务提出

用碳酸丙烯酯处理脱硫、变换后的合成氨原料气，使原料气中的二氧化碳溶于碳酸丙烯酯中从而除去，化工生产中如何实现上述过程？如何进行连续化、规模化生产？

任务分析

由吸收的基本理论和吸收的机理可知，要使吸收操作顺利进行，必须使气液两相充分接触，形成稳定的气膜和液膜，因此吸收操作必须在满足上述条件的吸收设备中进行。要进行规模化生产必须具备以下条件：

1. 合适的气液传质设备。
2. 合适的吸收剂。
3. 吸收剂能够再生循环使用。

相关知识

一、吸收操作的主要设备——吸收塔

工业生产中，吸收过程是在吸收设备即吸收塔内完成的。吸收塔的类型很多，常用的有填料塔、板式塔、旋流板塔、喷射塔、文丘里吸收器、喷洒塔等，其中填料塔应用最广，因此本课题主要介绍填料塔的主要构造与性能特点。

吸收设备应满足的条件有：气液相接触良好，吸收速率大，设备阻力大，操作范围稳定，结构简单，维修方便。

1. 填料塔的结构

填料塔由塔体、填料和塔内件等部件组成。

塔体一般是用钢板制成的圆筒形，在特殊情况下也可用陶瓷或者塑料制成。塔内填充有一定高度的填料层，填料的下面为支撑板，填料的上面有填料压板及液体分布器，必要时需将填料层分段，段与段之间设置液体再分布器，构造如图 4—2—1 所示。填料塔的结构简单、造价低、宜用耐腐蚀材料制作、生产能力大、分离效率高、阻力小、操作弹性大。但当塔径较大时，气、液两相接触不均匀，效率低。

2. 填料塔的工作原理

填料塔的工作原理如图4—2—2所示，操作时，吸收剂由塔顶部的液体分布器分散后，沿填料表面向下流动，润湿填料表面；气体自塔底向上穿过填料层，与吸收剂逆向流动，吸收过程通过填料表面上的液相与气相间的界面进行。因此，填料塔单位容积内吸收面积的大小，主要与填料的结构及液体分布的均匀程度有关。

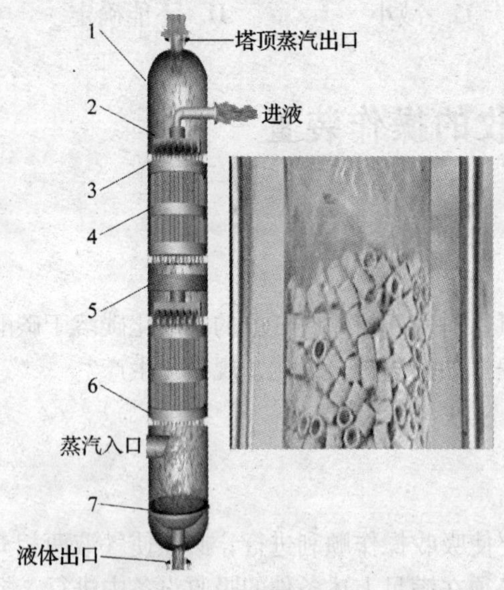

图4—2—1 填料塔的总体结构

1—塔体 2—液体分布器 3—填料压板 4—填料
5—液体再分布器 6—填料支撑板 7—液体收集器

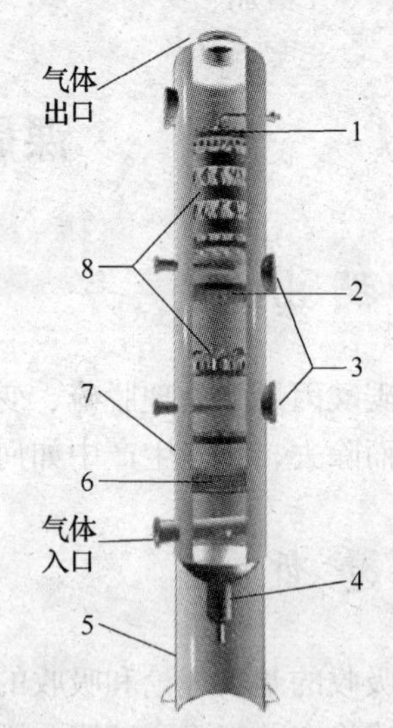

图4—2—2 填料塔的工作原理

1—喷淋装置 2—再分配器 3—人孔
4—出料装置 5—裙座 6—栅板
7—塔体 8—填料

3. 填料塔的辅助设备

（1）支撑板

在填料塔中，支撑板的作用是为了支撑填料和填料上的持液量，因此支撑板首先要有足够的强度和刚度，另外还要具有大于填料层空隙率的开孔率，保证气体和液体能自由通过，以免在此首先发生液泛（指液体受阻的溢出）。

常用的支撑板有栅板、生气管式等，如图4—2—3所示。生产中究竟应选择哪种支撑装置，主要根据塔径、使用的填料种类及型号、塔体及填料的材质、气液流量等而定。

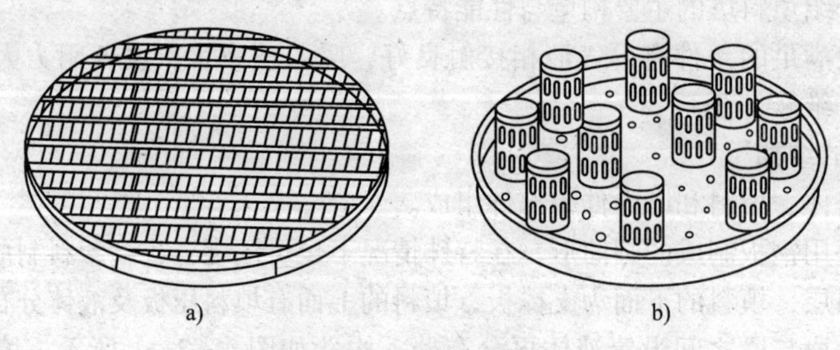

图4—2—3 填料支撑装置

a）栅板 b）生气管式

(2) 液体分布器

液体分布器的作用是把液体均匀地分布在填料表面。如果液体分布不均，会减小填料的有效传质面积，促使液体发生沟流，从而降低吸收效果。常用液体分布器有莲蓬式、筛孔式、溢流管式、槽式、排管式、环管式等多种形式，其结构如图 4—2—4 所示。

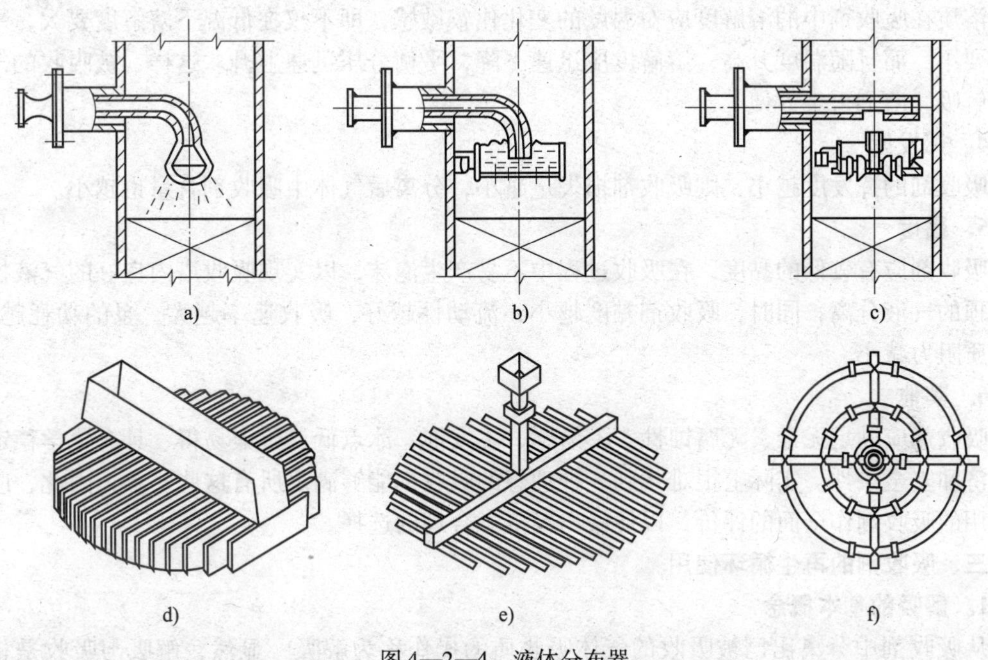

图 4—2—4　液体分布器

a）莲蓬式　b）筛孔式　c）溢流管式　d）槽式　e）排管式　f）环管式

(3) 液体再分布器

液体再分布器是用来改善液体在填料层中向塔壁流动的效应的，一般设置在填料的段与段之间。

(4) 气、液体进口及出口

液体的出口装置既要便于塔内排液，又要防止夹带气体，可采用水封装置。气体的进口装置应能防止塔内向下流动的液体进入管内，又能使气体在塔截面上分布均匀。

(5) 除沫装置

除沫装置的作用是用来除去由填料层顶部逸出的气体中的液滴。常用的除沫装置有：折板除沫器、丝网除沫器和旋流板除沫器等。

二、吸收剂的选择

由吸收原理可知，吸收操作是气液两相之间的接触传质过程，吸收操作的成功与否在很大程度上取决于溶剂即吸收剂的性质，特别是吸收剂与气体混合物之间的相平衡关系。根据气液平衡关系可知，选择吸收剂的主要依据包括以下几点：

1. 溶解度

吸收剂应对混合气体中被分离的溶质组分有较大的溶解度，从平衡角度而言，处理一定量的混合气体所需要的吸收剂的量较少，处理后的气体中溶质残余浓度也较低，即溶质在吸收剂中的溶解度越大，则吸收速率越大，吸收剂用量越少。

2. 选择性

吸收剂要对溶质组分有良好的吸收能力，对其他组分的溶解度较小，即基本上不吸收，或吸收甚微，即吸收剂应具有较高的选择性。否则不能实现混合气体的有效分离。

3. 容易再生

溶质在吸收剂中的溶解度应对温度的变化比较敏感，即不仅在低温下溶解度要大，平衡分压要小，而且随温度升高，溶解度应迅速下降，平衡分压迅速上升。这样，被吸收的气体容易解吸，溶剂再生方便。

4. 挥发度

吸收剂的挥发度越小，则吸收剂损失量越小，分离后气体中吸收剂含量也越小。

5. 黏度

吸收剂应有较低的黏度，在吸收过程中不易产生泡沫，以实现吸收塔内良好的气液接触和塔顶的气液分离，同时，吸收剂黏度越小，流动性越好，吸收速率越大，泵的功耗越小，且传质阻力减小。

6. 其他

吸收剂应满足无毒、无腐蚀性、不易燃、不发泡、冰点低、价廉易得、具有化学稳定性等经济和安全条件。实际上很难找到一种理想的吸收剂能够满足所有这些要求，因此，应对可选用的吸收剂作全面的评价，以便做出经济、合理的选择。

三、吸收剂的再生循环使用

1. 解吸的基本概念

从吸收剂中分离出已被吸收的气体吸收质的操作称为解吸，显然，解吸与吸收是相反的过程。生产中解吸的作用有两个：一个是把吸收剂中吸收的气体重新释放出来，获得高纯度的吸收质气体；另一个是使吸收剂释放被吸收的气体，使吸收剂重新具有吸收作用，再返回吸收塔循环使用，节约操作费用。例如，用水吸收合成氨原料气中的二氧化碳后，经解吸可得到纯的二氧化碳，同时水又可循环使用。因此，解吸过程又称为吸收剂的再生。

升高温度，降低压强，有利于被吸收的气体从吸收剂中解吸出来，所以解吸过程大部分在减压、加热下进行，也有些在减压、等温下进行。吸收剂解吸了大部分被吸收的气体后，为了使气体进一步解吸完全，有时会向解吸塔中通入水蒸气、空气等气体，降低吸收剂液面上溶质气体的分压，使吸收剂中溶质气体更完全地解吸出来，这一过程称为气提，所用的水蒸气、空气等气体称为气提气。

2. 解吸方法

解吸方法有气提解吸、减压解吸、加热解吸、加热减压解吸。工程上很少采用单一的解吸方法，往往是先升温再减压至常压，最后采用气提法解吸。

（1）气提解吸（也称为载气解吸法）

气提解吸采用的载气是不含溶质的惰性气体或溶剂蒸气，提供与吸收液相成平衡的气相，将溶质从吸收液中吹出。常以空气、氮气、二氧化碳、水蒸气、吸收剂蒸气作为载气。

（2）减压解吸

若吸收采用加压吸收，则解吸可采用减压释放，使溶质气体从吸收剂中解吸出来。溶质气体被解吸的程度取决于最终解吸压力和温度。

（3）加热解吸

当溶质气体在吸收剂中的溶解度随温度的升高而降低较大时，可采用加热解吸。

（4）加热－减压解吸

将吸收剂加热升温解吸之后再进行减压解吸，加热解吸和减压解吸的结合，能显著提高溶质气体被解吸的程度。

四、吸收流程

工业生产中用填料塔进行吸收操作的目的、要求及各种条件是多种多样的，根据气、液进出吸收塔的安排及各种辅助设备的布置等不同，可构成多种吸收操作流程。

1. 部分吸收剂再循环的吸收流程

采用部分吸收剂再循环的吸收流程，如图4—2—5所示。操作时，用泵2从吸收塔1抽出吸收剂，一部分吸收剂经过冷却器3再打回此塔中。从塔底取出其中一部分作为产品，同时加入新鲜吸收剂，其流量等于引出产品中的溶剂量，与循环量无关。在这种流程中，由于部分吸收剂循环使用，因此，吸收剂入塔组分浓度较高，致使吸收平均推动力减小，吸收率降低，同时，部分吸收剂的循环还需要额外的动力消耗。但是，它可以在不增加吸收剂用量的情况下增大喷淋密度，并且可由循环的吸收剂将塔内的热量带入冷却器中除去，以减小塔内升温。因此，可保证在吸收剂耗用量较小情况下的吸收操作正常进行。

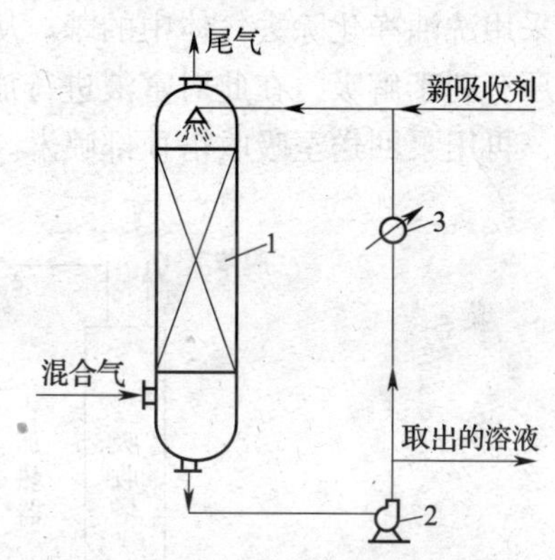

图4—2—5　部分吸收剂再循环的吸收流程

1—吸收塔　2—泵　3—冷却器

当吸收剂价格昂贵，吸收剂喷淋密度很小［$1\sim1.5\ m^3/(m^2\cdot h)$］，不能保证填料的完全湿润；或者吸收过程放热，塔中需要排除的热量很大时，工业上就采用部分吸收剂再循环的吸收流程。

2. 多塔串联吸收流程

如图4—2—6所示为一串联的逆流吸收流程。操作时，用泵将液体从一个吸收塔抽送至另一个吸收塔，并不循环使用，气体和液体则互成逆流流动。

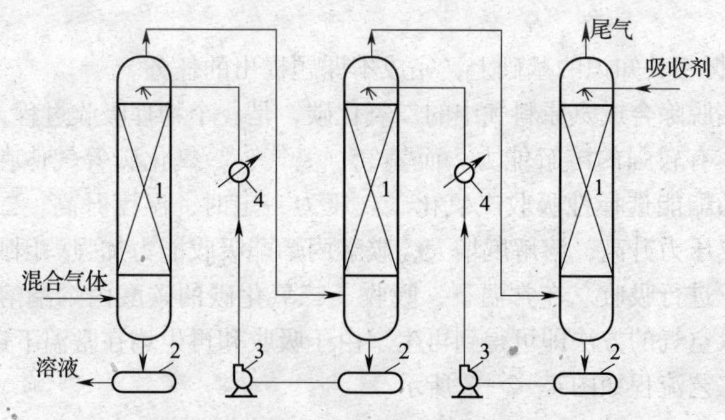

图4—2—6　多塔串联吸收流程

1—吸收塔　2—储槽　3—泵　4—冷却器

在多塔串联吸收流程中，可根据操作的需要，在塔间的液体（有时也在气体）管路上设置冷却器，或使吸收塔系的全部或一部分采取带吸收剂部分循环的操作。

当所需塔的尺寸过高，或从塔底流出的溶液温度太高，不能保证塔在适宜的温度下操作时，可将一个大塔分成几个小塔串联起来。在生产上，如果处理的气量较多，或所需塔径过大，也可考虑由几个较小的塔并联操作，有时将气体通路作串联，液体通路作并联，或者将气体通路作并联，液体通路作串联，以满足生产要求。

3. 吸收－解吸联合操作流程

在工业生产中，吸收与解吸常常联合进行，这样，可得到较纯净的吸收质气体，同时可回收吸收剂。如图4—2—7所示为吸收剂重复使用的一种最简单的吸收－解吸联合流程。此流程采用洗油净化除去气体中的苯。从吸收塔底部引出的洗油富液用泵送入解吸塔，由于高温低压有利于解吸，在此对富液进行加热，用过热水蒸气进行解吸，经解吸后的溶液进行冷却后，再用泵回送至吸收塔顶部喷淋。

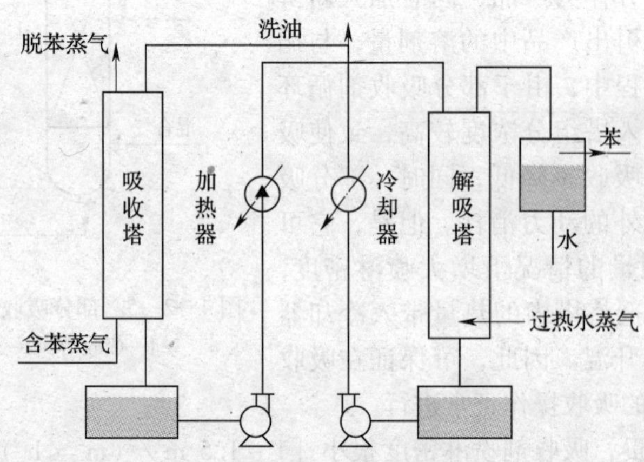

图4—2—7　吸收剂重复使用的吸收－解吸联合流程

任务实施

1. 结合吸收－解吸的设备、流程、各类模型熟悉吸收－解吸的设备结构，理解相关流程及其作用。

2. 在学习掌握相关知识的基础上，完成本课题提出的任务。

用碳酸丙烯酯脱除合成氨原料气中的二氧化碳，是一个物理吸收过程，碳酸丙烯酯对二氧化碳等酸性气体有较强的溶解能力，而氢气、氮气、一氧化碳等气体在其中的溶解度很小，因此碳酸丙烯酯能选择性吸收二氧化碳。压力一定时，温度升高，二氧化碳溶解度降低；温度一定时，压力升高，溶解度增大，碳酸丙烯酯吸收能力加强。因此碳酸丙烯酯法可在常温加压条件下进行吸收。在常温下，吸收了二氧化碳的碳酸丙烯酯溶液（富液）经减压解吸或者用鼓入空气的方法即可得到再生。由于吸收和再生均在常温下进行，脱碳过程不需消耗热量。其工艺流程如图4—2—8所示。

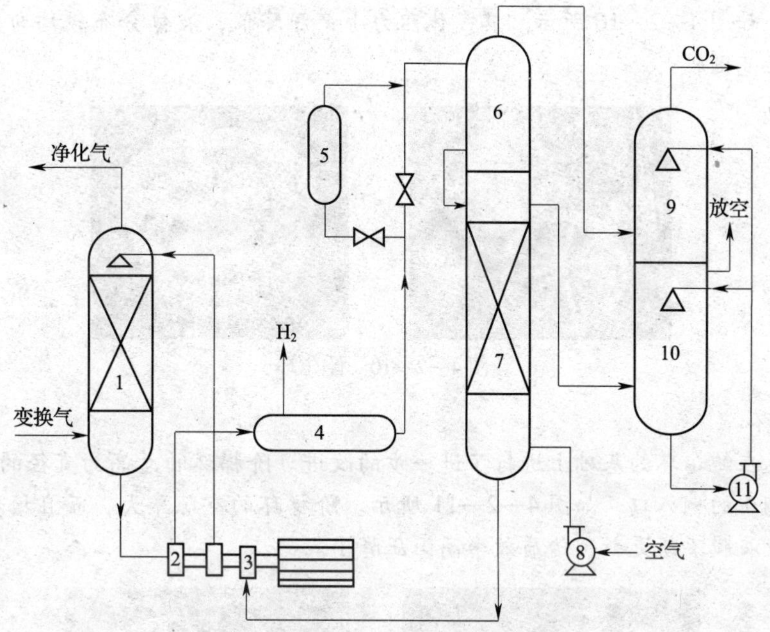

图 4—2—8　碳酸丙烯酯脱碳工艺流程

1—吸收塔　2—水力透平（涡轮机）　3—溶液泵　4—氢气回收罐　5—过滤器　6—常压解吸塔　7—气提塔　8—鼓风机　9—CO_2溶液回收塔　10—气提气溶液回收塔　11—稀溶液泵

【知识拓展】

填料的类型和特性

一、填料的作用

填料的作用是为气、液两相提供充分的接触面积，加快吸收速率。

二、填料的类型和特性

填料的种类很多，大致可以分为实体填料和网体填料。实体填料包括环形填料（如拉西环、鲍尔环、阶梯环等）、鞍形填料（如弧鞍形、矩鞍形）以及栅板填料和波纹填料等。实体填料一般用陶瓷、不锈钢、碳钢、塑料、木材等制成。网体填料主要是由金属丝网制成的各种填料，如鞍形网、θ 网、波纹网等。

1. 拉西环

拉西环是工业上最老的应用最广泛的一种填料。它的构造如图 4—2—9 所示，是外径和高度相等的空心圆柱。在强度容许的情况下，其壁厚应尽量减薄，以提高空隙率并减小堆积体密度。拉西环结构简单，价格低廉，但液体的沟流及壁流现象较严重，操作弹性范围较窄，气体阻力较大。

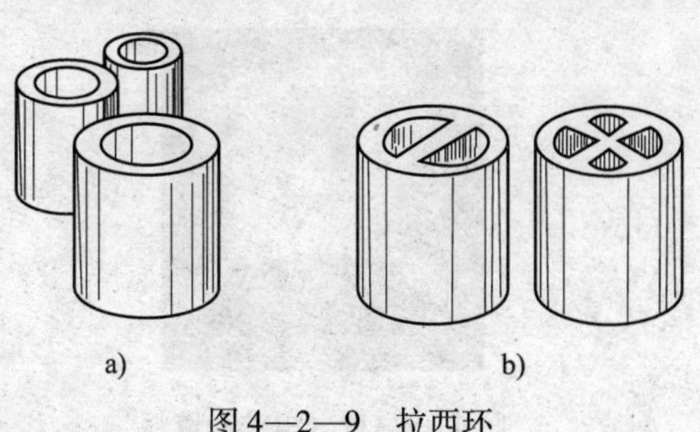

图 4—2—9　拉西环

2. 鲍尔环

鲍尔环是在普通的拉西环壁上开设上下两层长方形窗孔，窗孔部分的环壁形成叶片向环中心弯入，在环中心相搭，上下两层小窗位置交叉，如图 4—2—10 所示。其气体阻力小，压降低，液体分布较均匀，填料效率较高，操作弹性范围较大。

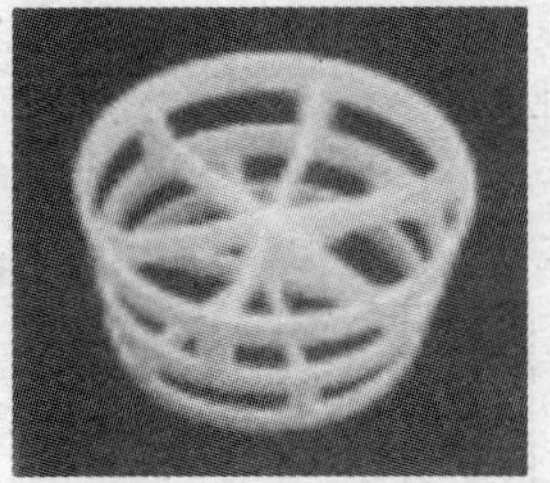

图 4—2—10　鲍尔环

3. 阶梯环

阶梯环是在鲍尔环的基础上进行了进一步的改进。阶梯环的总高为直径的 5/8，圆筒的一端有向外翻卷的喇叭口，如图 4—2—11 所示。阶梯环的空隙率大，而且填料个体之间呈点接触，可使液膜不断更新，传质效率高，压降小。

图 4—2—11　阶梯环

4. 矩鞍形填料

矩鞍形填料（见图 4—2—12）是一种敞开形填料，填装于塔内则互相处于套接状态。因而稳定性较好，表面利用率较高。因液体流道通畅，故不易被固体悬浮物堵塞；而且能用价格便宜又耐腐蚀的陶瓷和塑料制造。它比鲍尔环阻力小、通量大、效率高、填料强度和刚度较高，是目前应用最广的一种散堆填料。

5. 波纹填料

波纹填料由多层波纹薄板制成，各板高度相同但长短不等，搭配排列而成圆饼状，波纹与水平方向成 45°倾角，相邻两板反向叠靠，使其波纹倾斜方向互相垂直。圆饼的直径略小于塔壳内径，各饼竖直叠放于塔内。相邻的上下两饼之间，波纹板片排列方向互成 90°角，如图 4—2—13 所示。其优点是结构紧凑，比表面积大，流体阻力小，流体分布均匀，传质效果好；但造价较高，易堵塞。

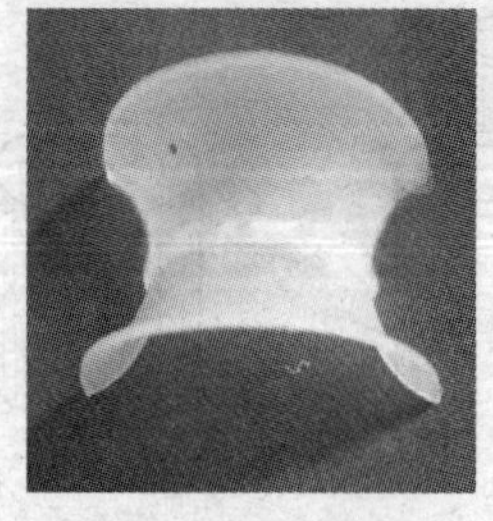

图 4—2—12　矩鞍形填料

图 4—2—13　波纹填料

6. 丝网波纹填料

丝网波纹填料是用丝网制成一定形状的填料，是一种高效率的填料，其形状有多种，如θ网、鞍形网等。丝网波纹填料的优点是丝网细而薄，做成填料体积较小，比表面积和空隙率都比较大，因而传质效率高；但造价昂贵，易堵塞，清理不方便。

7. 其他类型的填料

其他类型的填料包括雪花环、多面空心球、海尔环和扁环等，如图4—2—14所示。

a)

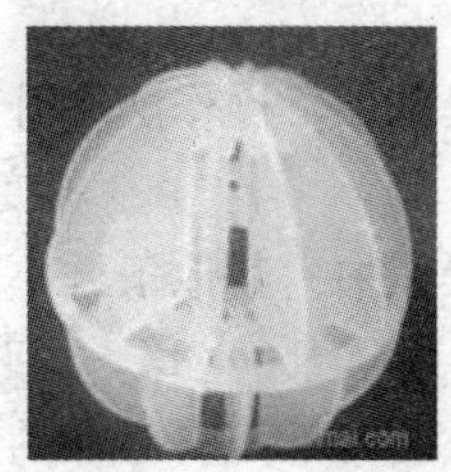

b)

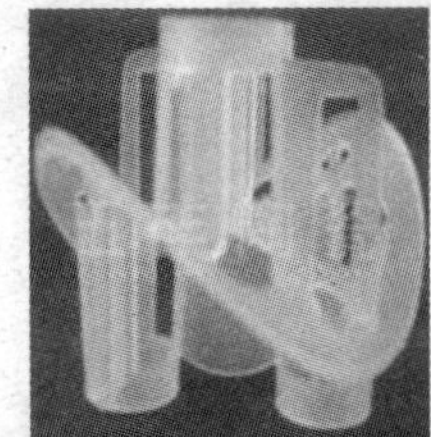

c)

d)

图4—2—14 其他类型的填料

a）雪花环 b）多面空心球 c）海尔环 d）扁环

三、选择填料的原则

填料选择的正确与否，对填料塔的操作有很大的影响。为了使填料塔高效率地操作，所用填料一般应具备下列条件：

1. 单位体积填料的表面积，即比表面积必须大，比表面积以 a_t（m^2/m^3）表示。

2. 单位体积填料层具有的空隙体积，即空隙率必须大，空隙率以 ε（m^3/m^3）表示。

3. 在填料表面有较好的液体均匀分布性能，以避免液体的沟流及壁流现象。

4. 气流在填料层中均匀分布，以使压降均衡，无死角。对于填料层阻力较小的大塔更应特别注意。

5. 制造容易，造价低廉。

6. 具有足够的机械强度。

7. 对于液体及气体均须具有化学稳定性。

思考与练习

选择题

1. 以下操作有利于溶质吸收的是（ ）。

A. 提高压力、提高温度　　B. 降低压力、降低温度

C. 降低压力、提高温度　　　　　　D. 提高压力、降低温度

2. 在填料塔中，低浓度难溶气体逆流吸收时，若其他条件不变，但入口气量增加，则出口气体吸收质组成将（　　）。

A. 增加　　B. 减少　　C. 不变　　D. 不能确定

3. 在吸收操作过程中，当吸收剂用量增加时，出塔溶液浓度和尾气中溶质浓度分别（　　）。

A 下降，下降　　B 增高，增高　　C 下降，增高　　D 增高，下降

4. 在吸收操作中，操作温度升高，其他条件不变，相平衡常数 m（　　）。

A. 增加　　B. 不变　　C. 减小　　D. 不能确定

5. 在吸收操作中，其他条件不变，只增加操作温度，则吸收率将（　　）。

A. 增加　　B. 不变　　C. 减小　　D. 不能确定

6. 选择吸收剂时不需要考虑的是（　　）。

A. 对溶质的溶解度　　　　　　B. 对溶质的选择性

C. 操作条件下的挥发度　　　　D. 操作温度下的密度

7. 选择吸收剂时应重点考虑的是（　　）。

A. 挥发度 + 再生性　　　　　　B. 选择性 + 再生性

C. 挥发度 + 选择性　　　　　　D. 溶解度 + 选择性

课题三　吸收的操作分析

任务提出

在化工生产上，如果加快碳酸丙烯酯吸收合成氨原料气中二氧化碳的速度，单位时间内处理的原料气量就大，设备的生产能力就大。如何才能加快碳酸丙烯酯吸收速度呢？对于给定的吸收设备、吸收任务，如何选择吸收剂用量才能使操作顺利进行，同时操作费用最优？

任务分析

要加快碳酸丙烯酯的吸收速度，必须从影响吸收速率的因素入手，减小操作阻力，增大推动力，从而加快吸收速度。在满足操作顺利进行的前提下，选择最少的吸收剂用量使操作费用最优，因此，我们应从吸收剂用量入手进行分析。

相关知识

一、吸收速率方程式

1. 吸收速率

吸收速率是指单位时间内，单位传质面积上吸收的溶质量。吸收过程的速率关系式可以表示为：过程速率 = 系数 × 推动力。也可写成：过程速率 = 推动力/阻力。

吸收总速率的推动力为气、液两相主体浓度之差。吸收过程的总阻力等于各分过程阻力的叠加，与传热过程相似。

2. 影响吸收速率的因素

由吸收过程的速率关系式可看出影响吸收速率的主要因素有吸收系数、吸收推动力、气－液接触面积。

（1）提高吸收系数

吸收阻力包括气膜阻力和液膜阻力。膜内阻力与膜的厚度成正比，因此加大气、液两流体的相对运动，使流体内产生强烈的搅动，可减小膜的厚度，降低吸收阻力，增大吸收系数。

当吸收质在液相中的溶解度较大时，吸收过程的总阻力主要由气膜吸收阻力所组成，因此控制气膜吸收系数的大小，对吸收总过程的速率具有决定性的影响，故称为气膜控制。要提高气膜控制过程的吸收速率关键在于降低气膜阻力，增加气体总压，加大气体流速，减小气膜厚度。

当吸收质在液相中的溶解度较小时，吸收过程的总阻力主要由液膜吸收阻力所组成，因此控制液膜吸收系数的大小，对吸收总过程的速率具有决定性的影响，故称为液膜控制。要提高液膜控制的吸收速率关键在于加大液体流速和湍流程度，减小液膜厚度。

当吸收质在液相中的溶解度适中时，气、液两相阻力都较显著，不容忽略，吸收过程的总阻力由气膜吸收阻力和液膜吸收阻力共同组成，此时的吸收过程称为双膜控制过程。要想提高吸收速率，就要同时提高气相和液相的湍流程度，即气相和液相的流速。

在化工生产中，若能判断出吸收过程属于气膜控制还是液膜控制，则可给计算和强化吸收操作带来很大方便。表 4—3—1 中列举了部分吸收过程的控制类型。

表 4—3—1　　部分吸收过程的控制类型

气膜控制	液膜控制	气膜和液膜同时控制
用氨水或水吸收氨气	用水或弱碱吸收二氧化碳	用水吸收二氧化硫
用水或稀盐酸吸收氯化氢	用水吸收氧气或氢气	用水吸收丙酮
用碱液吸收硫化氢	用水吸收氯气	用浓硫酸吸收二氧化氮

（2）增大吸收推动力

增大吸收推动力，可通过两种途径来实现：一是提高吸收质在气相中的分压，二是降低与液相平衡的气相中吸收质的分压。而提高吸收质在气相中的分压与吸收的目的相矛盾，因此，只能采用降低与液相平衡的气相中吸收质的分压的措施来实现。降低与液相平衡的气相中吸收质的分压的办法有：选择溶解度较大的吸收剂，降低吸收温度，提高系统压力等。

（3）增大气－液接触面积

增大气－液接触面积的方法有：增大气体或液体的分散度、选用比表面积大的高效填料等。填料塔的辅助部件液体分布器及液体再分布器的主要作用就是把液体均匀地分布在填料表面，改善液体在填料层中向塔壁流动的效应，从而增大气体或液体的分散度。填料塔内填料的作用是为气、液两相提供充分的接触面积，加快吸收速率。

二、全塔的物料衡算——操作线方程式

吸收操作时，吸收塔内气、液两相的操作关系需要通过物料衡算来分析，同时确定出塔富液浓度和吸收剂用量及塔截面传质推动力的变化情况。

1. 全塔的物料衡算

在气体吸收过程中，工业上一般都采用逆流连续操作，其吸收塔两相含量的变化如图4—3—1 所示。

图中 V 表示单位时间内通过吸收塔的惰性气体量（kmol/h），L 表示单位时间内通过吸收塔的吸收剂量（kmol/h），Y、Y_1、Y_2 分别为任一截面、塔底、塔顶的气相组成[(kmol)溶质/(kmol)惰性气体]，X、X_1、X_2 分别为任一截面、塔底和塔顶的液相组成[(kmol)溶质/(kmol)吸收剂]。

在稳态操作下，对全塔作物料衡算，依据进塔的溶质质量等于出塔的溶质质量得

$$VY_1 + LX_2 = VY_2 + LX_1 \quad (4—3—1)$$

或依据混合气体中溶质的减少量等于液相中溶质的增加量，可得

$$N_A = V(Y_1 - Y_2) = L(X_1 - X_2) \quad (4—3—2)$$

上式中，N_A 称为吸收塔的吸收负荷，用于表示单位时间内吸收塔吸收溶质的能力。

2. 吸收操作线方程

在吸收塔任一截面 m—n 与塔底间进行物料衡算，得出吸收操作线方程

$$Y = \frac{L}{V}X + \left(Y_1 - \frac{L}{V}X_1\right) \quad (4—3—3)$$

它表明了塔内任一截面上的气相组成与液相组成之间的关系。其反映到 Y—X 图上是一条直线，斜率为 L/V，且通过 B（X_1，Y_1）和 A（X_2，Y_2）两点，如图 4—3—2 所示，直线 AB 即为吸收的操作线。操作线上的任意一点，代表吸收塔内某一截面上的气、液相组成 Y 及 X。端点 B、A 分别代表塔底和塔顶情况。

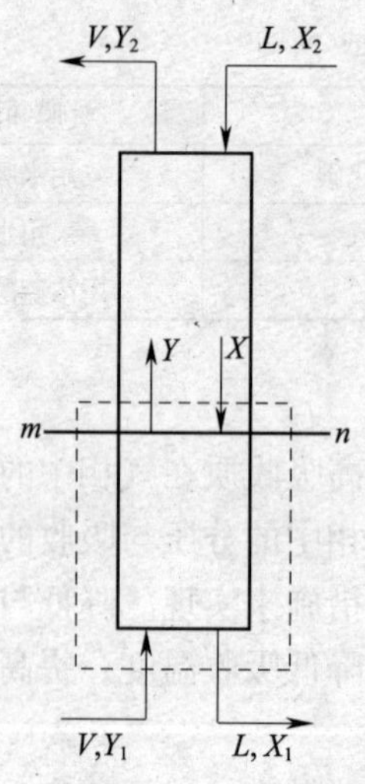

图 4—3—1 逆流吸收塔两相含量的变化

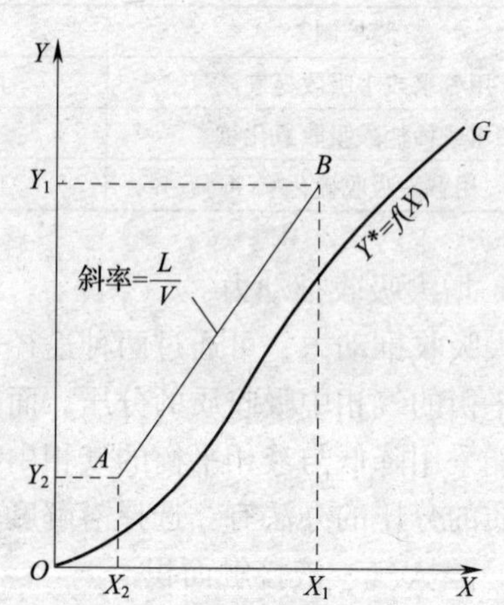

图 4—3—2 操作线与平衡线

三、实际吸收剂用量的确定

在吸收操作中，所处理的气体量、气相的初始浓度、最终浓度以及吸收剂的初始浓度是由吸收任务决定的，为已知量。如果出塔溶液的浓度已知，则可直接计算出吸收剂的用量。而出塔液体的浓度与吸收剂的用量有着密切的关系，必须综合考虑二者之间的相互影响，合理选择吸收剂用量。

1．液气比$\left(\dfrac{L}{V}\right)$

液气比是指吸收剂与惰性气体的摩尔流量之比，表示处理单位惰性气体所需要的吸收剂量。

2．最小液气比

由于X_2、Y_2是给定的，所以操作线的端点A已固定，另一端点B则可在$Y=Y_1$的水平线上移动。B点的横坐标将随吸收剂用量的不同而变化。

当V值一定时，L减小，斜率L/V变小，点B便沿水平线$Y=Y_1$向右移动，操作线靠近平衡线，出塔液相组分X_1增大，吸收的推动力减小，吸收速率减小。当吸收剂用量继续减小，操作线与平衡线相交于点F时，塔底气液相组分平衡，如图4—3—3所示，此时吸收过程的推动力为零。为了达到最高组分，两相接触面积就必须无限大，塔高无限高，设备费用增大，在实际操作中是办不到的，它是一种极限状况。这时的液气比称为最小液气比，以$(L/V)_{\min}$表示，相应的吸收剂耗用量$L_{\min}$称为最小吸收剂耗用量，这时的液相出口浓度最大，以X_1^*表示。

最小液气比可用图解法求得，具体方法为：当操作线与平衡曲线相交时，根据交点的横坐标，代入操作线方程可求得最小液气比。即

$$\left(\frac{L}{V}\right)_{\min}=\frac{Y_1-Y_2}{X_1^*-X_2}$$

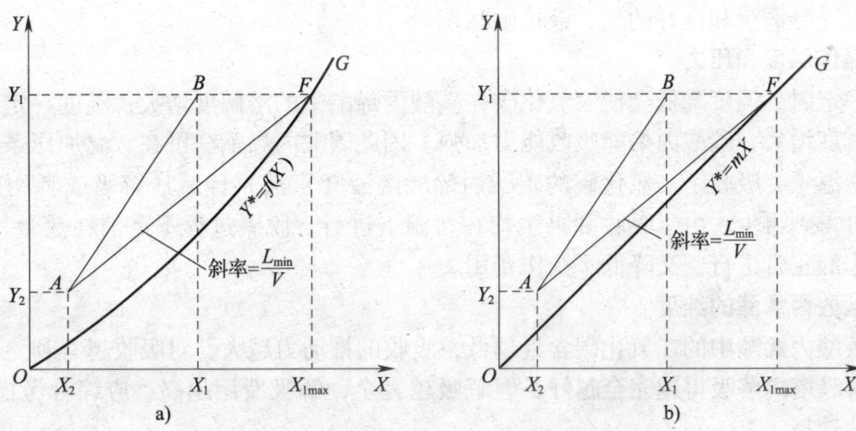

图4—3—3 操作线与平衡线相交时的最小液气比

a）平衡线为曲线 b）平衡线为直线

3．实际吸收剂用量的确定

实际吸收剂用量的选择要从设备投资费用和操作费用等方面来考虑。在处理的气体量一定的情况下，吸收剂用量减小，液气比减小，操作线靠近平衡线，吸收过程的推动力减小，吸收速率下降，为完成吸收任务，吸收塔必须增高，设备费用就很大。反之，吸收剂用量增大，液气比增大，操作线远离平衡线，吸收过程的推动力增大，吸收速率增大，为完成同样的吸收任务，吸收塔尺寸可以减小，设备费用降低；但是，由于吸收剂用量的增大，操作费用增加，而且造成塔底吸收液浓度降低，将增加解吸难度。因此，必须将操作费用和设备费用在经济上优化，选择适宜的液气比，以使二者费用之和最小。在实际操作中，一般选择适宜的液气比为最小液气比的1.2～2.0倍，即

$$\frac{L}{V} = (1.2 \sim 2)\left(\frac{L}{V}\right)_{min}$$

任务实施

在正常的化工生产中，吸收塔的结构形式、尺寸，合成氨原料气中的二氧化碳的含量、净化后二氧化碳含量等都已确定，因此，影响碳酸丙烯酯吸收合成氨原料气中二氧化碳速度的因素主要有以下几个方面。

一、原料气的气流速度

气流速度的大小直接影响吸收过程。气流速度小，气体湍流不充分，吸收系数小，不利于吸收。气流速度大，有利于吸收，可加快吸收速度，同时提高了吸收塔的生产能力；但气流速度过大，又会造成雾沫夹带甚至液泛，使气、液接触不充分，不利于吸收。因此，要选择一个适宜的气流速度。

二、碳酸丙烯酯的喷淋密度

单位时间内、单位塔截面积上液体的喷淋量称为喷淋密度，其大小直接影响吸收效果。在填料塔内，若喷淋密度过小，则不能使填料表面完全湿润，会使吸收面积下降，吸收速度大大减小；喷淋密度过大，则流体阻力增大，甚至引起液泛。因此，要选择适宜的喷淋密度以保证填料充分润湿和良好的气、液接触状态。

三、操作温度和压力

压力一定时，温度降低会使二氧化碳在碳酸丙烯酯中的溶解度增大；温度一定时，压力升高则溶解度增大，碳酸丙烯酯吸收能力加强。因此碳酸丙烯酯法可在常温加压条件下进行吸收，在常温下，吸收了二氧化碳的碳酸丙烯酯溶液（富液）经减压解吸或者用鼓入空气的方法即可得到再生。由于吸收和再生均在常温下进行，脱碳过程不需消耗热量 。这样既保证了操作的正常进行，又降低了操作费用。

四、碳酸丙烯酯的纯度

入塔碳酸丙烯酯中的二氧化碳含量越低，吸收的推动力越大，对吸收越有利。因此碳酸丙烯酯在解吸塔内解吸得越完全越好，但解吸越完全，解吸费用越高，应综合考虑经济性，做出合理的选择。

通过以上分析可知，在常温加压下，选择适宜的气流速度和碳酸丙烯酯纯度，在保证填料充分润湿和良好的气、液接触状态下选择较小的碳酸丙烯酯用量，操作费用为最优。

思考与练习

一、填空题

1. 低浓度的气膜控制系统，在逆流吸收操作中，若其他条件不变，但入口液体组成增高，则气相出口组成将________。

2. 低浓度逆流吸收塔设计中，若气体流量、进出口组成及液体进口组成一定，减小吸收剂用量，传质推动力将________。

二、选择题

1. 以下说法正确的是（　　）。

A. 最小液气比在生产中可以达到　B. 最小液气比是操作线斜率

C. 最小液气比均可用公式进行计算　D. 最小液气比可作为选择适宜液气比的依据

2. 填料塔的排液装置为了使液体从塔内排出时，一方面要使液体能顺利排出，另一方面应保证塔内气体不会从排液管排出，一般采用（　　）装置。

A. 液封　B. 管端为45°向下的斜口或向下缺口

C. 设置液体再分布器　D. 设置除雾器

3. 完成指定的生产任务，采取的措施能使填料层高度降低的是（　　）。

A. 减少吸收剂中溶质的含量　B. 用并流代替逆流操作

C. 减少吸收剂用量　D. 吸收剂循环使用

4. 可以改善液体的壁流现象的装置是（　　）。

A. 填料支撑　B. 液体分布器　C. 液体再分布器　D. 除沫器

5. 温度（　　），将有利于解吸的进行。

A. 降低　B. 升高　C. 变化　D. 不变

6. 吸收操作大多采用填料塔，下列部件中，（　　）不属于填料塔构件。

A. 液相分布器　B. 疏水器　C. 填料　D. 液相再分布器

7. 在填料吸收塔中，为了保证吸收剂液体的均匀分布，塔顶需设置（　　）。

A. 液体喷淋装置　B. 再分布器　C. 冷凝器　D. 塔釜

课题四　吸收－解吸单元仿真操作

任务提出

能在仿真系统中熟练进行吸收－解吸系统的开停车操作、正常工况维持，能根据工艺指标的变化判断事故原因及处理方法。

任务分析

本仿真采用东方仿真软件技术有限公司产品化工单元仿真培训系统，它贴近生产实际，整个操作过程应严格按照生产操作规程和安全操作规程进行，学生通过反复训练，从而掌握吸收－解吸系统的相关操作。本课题的重点是突出训练。

相关知识

一、吸收－解吸系统流程

该单元以C6油为吸收剂，分离气体混合物（其中C4占25.13%，一氧化碳和二氧化碳占6.26%，N_2占64.58%，H_2占3.5%，O_2占0.53%）中的C4组分（吸收质），吸收系统和解吸系统的现场图分别如图4—4—1、图4—4—2所示。

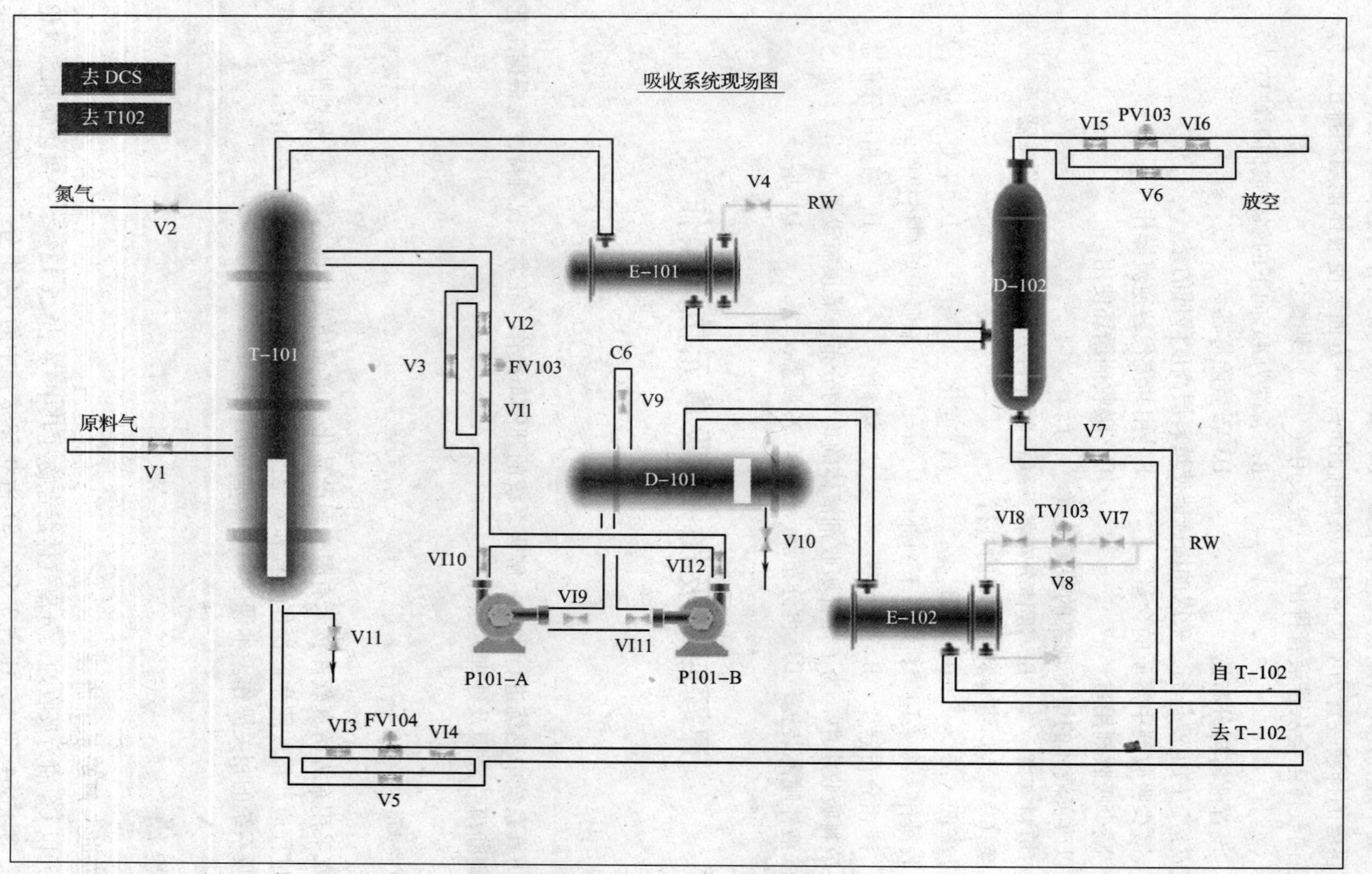

图 4—4—1 吸收系统现场图

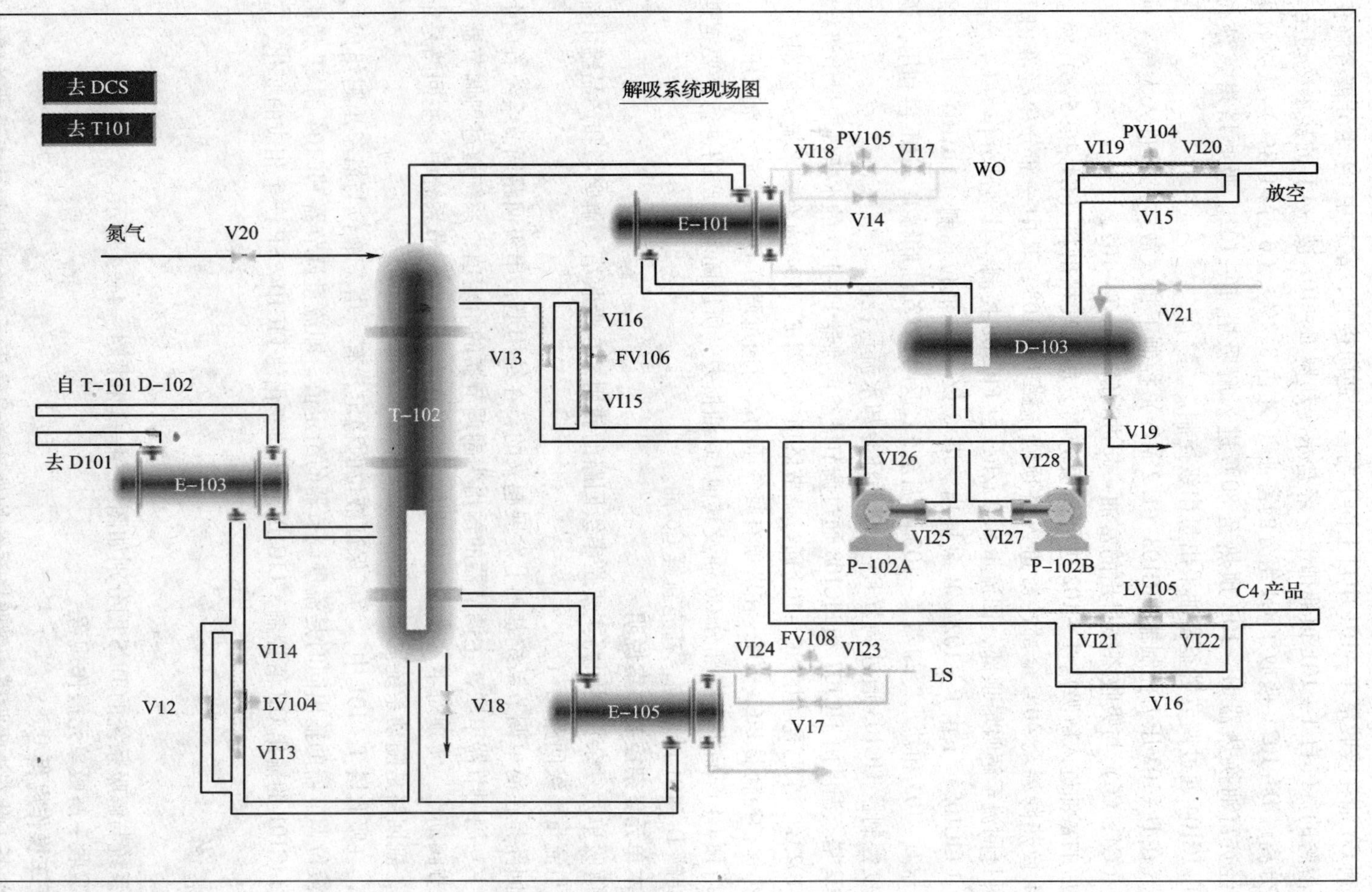

图4—4—2　解吸系统现场图

从界区外来的富气从底部进入吸收塔 T－101。界区外来的纯 C6 油吸收剂储存于 C6 油储罐 D－101 中，由 C6 油泵 P－101A/B 送入吸收塔 T－101 的顶部，C6 流量由 FRC103 控制。吸收剂 C6 油在吸收塔 T－101 中自上而下与富气逆向接触，富气中 C4 组分被溶解在 C6 油中。不溶解的贫气自 T－101 顶部排出，经盐水冷却器 E－101 被 －4℃的盐水冷却至 2℃进入尾气分离罐 D－102。吸收了 C4 组分的富油（C4 占 8.2%，C6 占 91.8%）从吸收塔底部排出，经贫富油换热器 E－103 预热至 80℃进入解吸塔 T－102。吸收塔塔釜液位由 LIC101 和 FIC104 通过调节塔釜富油采出量串级控制。

不凝气在 D－102 压力控制器 PIC103（1.2 MPa）控制下排入放空总管进入大气。回收的冷凝液（C4，C6）与吸收塔釜排出的富油一起进入解吸塔 T－102。

预热后的富油进入解吸塔 T－102 进行解吸分离。塔顶气相出料（C4 占 95%）经全冷器 E－104 换热降温至 40℃全部冷凝进入塔顶回流罐 D－103，其中一部分冷凝液由 P－102A/B 泵打回流至解吸塔顶部，回流量 8.0 t/h，由 FIC106 控制，其他部分作为 C4 产品在液位控制（LIC105）下由 P－102A/B 泵抽出。塔釜 C6 油在液位控制（LIC104）下，经贫富油换热器 E－103 和盐水冷却器 E－102 降温至 5℃返回至 C6 油储罐 D－101 再利用，返回温度由温度控制器 TIC103 通过调节 E－102 循环冷却水流量控制。

T－102 塔釜温度由 TIC107 和 FIC108 通过调节塔釜再沸器 E－105 的水蒸气流量串级控制，控制温度 102℃。塔顶压力由 PIC－105 通过调节塔顶冷凝器 E－104 的冷却水流量控制，另有一塔顶压力保护控制器 PIC－104，在塔顶有凝气压力高时通过调节 D－103 放空量降压。

因为塔顶 C4 产品中含有部分 C6 油及其他 C6 油损失，所以随着生产的进行，要定期观察 C6 油储罐 D－101 的液位，补充新鲜 C6 油。

二、本单元复杂控制方案说明

吸收解吸单元复杂控制回路主要是串级回路的使用，在吸收塔、解吸塔和产品罐中都使用了液位与流量串级回路。

串级回路是在简单调节系统基础上发展起来的，在结构上，串级回路调节系统有两个闭合回路。主、副调节器串联，主调节器的输出为副调节器的给定值，系统通过副调节器的输出操纵调节阀动作，实现对主参数的定值调节。所以在串级回路调节系统中，主回路是定值调节系统，副回路是随动系统。

例如，在吸收塔 T－101 中，为了保证液位的稳定，有一塔釜液位与塔釜出料组成的串级回路。液位调节器的输出同时是流量调节器的给定值，即流量调节器 FIC104 的 SP 值由液位调节器 LIC101 的输出 OP 值控制，LIC101. OP 的变化使 FIC104. SP 产生相应的变化。

实践操作

吸收系统与解吸系统的 DCS 图分别如图 4—4—3 和图 4—4—4 所示。

一、吸收－解吸单元操作规程

1. 开车操作规程

装置的开工状态为吸收塔、解吸塔系统均处于常温常压下，各调节阀处于手动关闭状态，各手操阀处于关闭状态，氮气置换已完毕，公用工程已具备条件，可以直接进行氮气充压。

（1）氮气充压

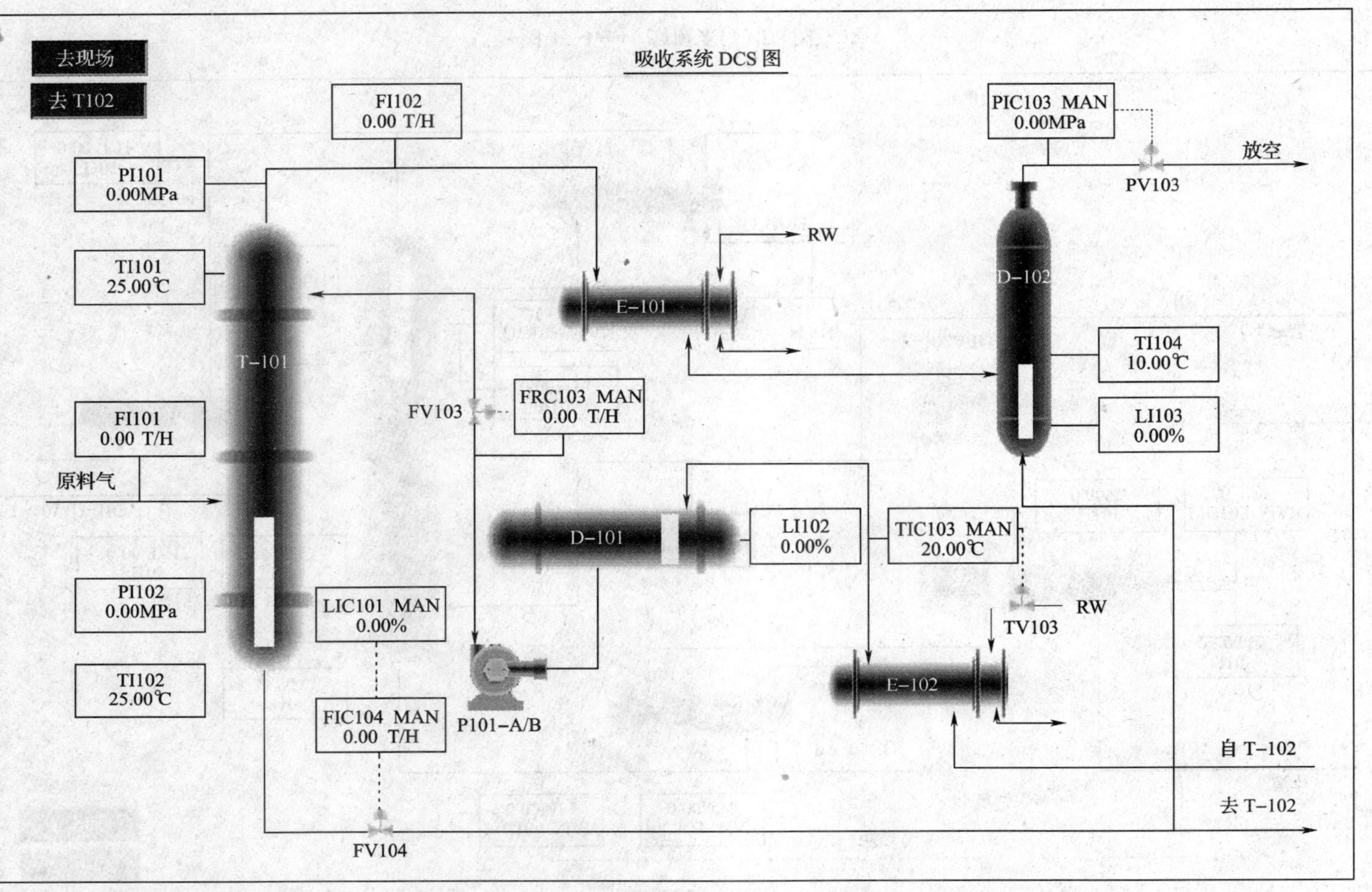

图 4—4—3　吸收系统 DCS 图

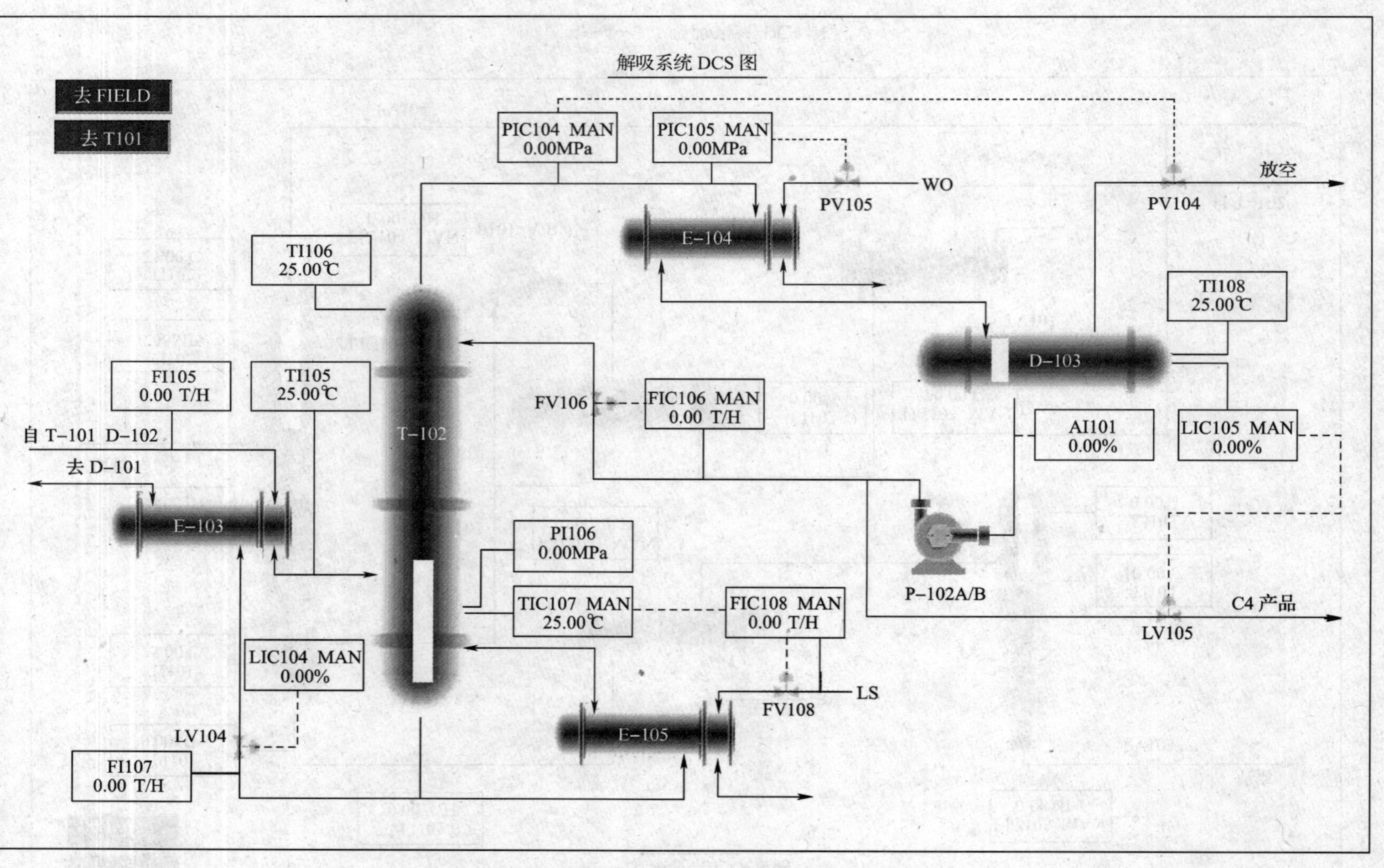

图 4—4—4　解吸系统 CDS 图

1）确认所有手操阀处于关闭状态。

2）氮气充压：吸收塔系统充压至1.0 MPa左右时，解吸塔系统充压至0.5 MPa左右。

（2）进吸收油

1）确认所有手操阀处于关闭状态。

2）吸收塔系统进吸收油。

3）解吸塔系统进吸收油。

（3）C6油冷循环

1）确认储罐、吸收塔、解吸塔液位在50%左右，同时保持吸收系统与解吸系统具有合适的压差。

2）建立冷循环。

（4）T－102回流罐D－103灌C4。

（5）C6油热循环

1）确认冷循环过程已经正常、D－103液位已建立。

2）T－102再沸器投用。

3）建立T－102回流、热循环10 min。

（6）进富气

1）确认C6油热循环已经建立。

2）进富气并将所有操作指标逐渐调整到正常状态。

2. 正常操作规程

（1）正常工况操作参数

正常工况操作参数主要包含14个工艺参数，分以下四类，具体指标从略。

1）液位。吸收塔、解吸塔液位，贫液、富液储槽液位。

2）压力。吸收塔、解吸塔塔顶压力，回流罐塔顶压力。

3）温度。解吸塔塔顶、塔底、换热器进出口温度。

4）流量。吸收剂流量、原料气流量、回流量等。

（2）补充新油

因为塔顶C4产品中含有部分C6油及其他C6油损失，所以随着生产的进行，要定期观察C6油储罐D－101的液位，使其保持在60%左右。否则打开阀V9补充新鲜的C6油。

（3）D－102排液

生产过程中贫气中的少量C4和C6组分积累于尾气分离罐D－102中，定期观察D－102的液位，当液位高于70%时，打开阀V7将凝液排放至解吸塔T－102中。

（4）T－102塔压控制

正常情况下，T－102的压力由PIC－105通过调节E－104的冷却水流量控制。生产过程中会有少量不凝气积累于回流罐D－103中使解吸塔系统压力升高，这时T－102顶部压力超高保护控制器PIC－104会自动控制排放不凝气，维持压力不会超高。必要时可手动打开PV104至开度1%～3%来调节压力。

3. 停车操作规程

（1）停富气进料

1）关闭富气进料阀，停止富气进料。

2）富气进料中断后，吸收塔塔压会降低，手动调节调节阀 PIC103，维持吸收塔压力大于 1.0 MPa（表）。

3）关闭调节阀 LV105。

4）手动调节 PIC104 维持 T－102 塔压力在 0.20 MPa（表）左右。

5）维持 T－101→T－102→D－101 的 C6 油循环。

（2）停吸收塔系统

1）停 C6 油进料。

2）吸收塔系统泄油。

（3）停解吸塔系统

1）T－102 塔降温。

2）停 T－102 回流。

3）T－102 泄油。

4）T－102 泄压。

（4）吸收油储罐 D－101 排油

1）停止 T－101 吸收油进料后，D－101 液位必然上升，此时打开 D－101 排油阀 V10 排污油。

2）直至 T－102 中油倒空，D－101 液位下降至 0%，关 V10。

4. 仪表及报警一览表

吸收－解吸单元操作仪表及报警一览表见表 4—4—1。

表 4—4—1　　吸收－解吸单元操作仪表及报警一览表

位号	说明	类型	正常值	量程上限	量程下限	单位	高报值	低报值
AI101	回流罐 C4 组分	AI	>95.0	100.0	0	%		
FI101	T－101 进料	AI	5.0	10.0	0	t/h		
FI102	T－101 塔顶气量	AI	3.8	6.0	0	t/h		
FRC103	吸收油流量控制	PID	13.50	20.0	0	t/h	16.0	4.0
FIC104	富油流量控制	PID	14.70	20.0	0	t/h	16.0	4.0
FI105	T－102 进料	AI	14.70	20.0	0	t/h		
FIC106	回流量控制	PID	8.0	14.0	0	t/h	11.2	2.8
FI107	T－101 塔底贫油采出量	AI	13.41	20.0	0	t/h		
FIC108	加热水蒸气量控制	PID	2.963	6.0	0	t/h		
LIC101	吸收塔液位控制	PID	50	100	0	%	85	15
LI102	D－101 液位	AI	60.0	100	0	%	85	15
LI103	D－102 液位	AI	50.0	100	0	%	65	5
LIC104	解吸塔釜液位控制	PID	50	100	0	%	85	15
LIC105	回流罐液位控制	PID	50	100	0	%	85	15
PI101	吸收塔顶压力显示	AI	1.22	20	0	MPa	1.7	0.3
PI102	吸收塔底压力	AI	1.25	20	0	MPa		
PIC103	吸收塔顶压力控制	PID	1.2	20	0	MPa	1.7	0.3
PIC104	解吸塔顶压力	PID	0.55	1.0	0	MPa		
PIC105	解吸塔顶压力控制	PID	0.50	1.0	0	MPa		
PI106	解吸塔底压力显示	AI	0.53	1.0	0	MPa		
TI101	吸收塔顶温度	AI	6	40	0	℃		
TI102	吸收塔塔底温度	AI	40	100	0	℃		

续表

位号	说明	类型	正常值	量程上限	量程下限	单位	高报值	低报值
TIC103	循环油温度控制	PID	5.0	50	0	℃	10.0	2.5
TI104	C4 回收罐温度显示	AI	2.0	40	0	℃		
TI105	预热后温度显示	AI	80.0	150.0	0	℃		
TI106	吸收塔顶温度显示	AI	6.0	50	0	℃		
TIC107	解吸塔釜温度控制	PID	102.0	150.0	0	℃		
TI108	回流罐温度显示	AI	40.0	100	0	℃		

二、常见异常现象及处理方法

吸收－解吸单元操作常见异常现象及处理方法见表4—4—2。

表4—4—2　　吸收－解吸单元操作常见异常现象及处理方法

序号	异常现象	发生原因	处理方法
1	入口各路阀常开状态，冷却水流量为0	冷却水中断	①停止进料 ②保压 ③停出产品 ④停吸收塔、解吸塔回流 ⑤保持吸收塔塔底液位
2	加热水蒸气管路各阀开度正常，加热水蒸气入口流量为0，塔釜温度急剧下降	加热水蒸气中断	①停止进料 ②停解吸塔回流 ③停产品出料 ④保持塔压、保持塔底液位
3	各调节阀全开或全关	控制仪表的压缩空气中断	打开各调节阀旁路阀
4	①泵P－101A/B停 ②泵P－102A/B停	停电	①打开泄液阀，保持贫液储罐、富液储罐液位在50% ②关小加热油流量，防止塔温上升过高 ③关进料阀，停止进料
5	①FRC103流量降为0 ②塔顶C4上升，温度上升，塔顶压上升 ③釜液位下降	P101－A泵坏	①停P101－A。注：先关泵后阀，再关泵前阀 ②开启P101－B。注：先开泵前阀，再开泵后阀 ③由FRC 103调至正常值，并投自动
6	①FI107降至0 ②塔釜液位上升，并可能报警	LIC104调节阀卡	①关LIC104前后阀 ②开LIC104旁路阀至60%左右 ③调整旁路阀开度，使液位保持50%
7	①调节阀FIC108开度增大 ②加热水蒸气入口流量增大 ③塔釜温度下降，塔顶温度也下降，塔釜C4组分上升	换热器E－105结垢严重	①关闭富气进料阀 ②手动关闭产品出料阀 ③手动关闭再沸器后，清洗换热器E－105

【注意事项】

1. 在教师指导下熟悉吸收－解吸系统的工艺流程、熟练掌握各控制系统的控制内容、操作方法。

2. 熟练掌握吸收－解吸系统的正常运行操作方案。

3. 严格按照生产操作规程和安全操作规程进行操作练习，按照从正常开停车、正常工况维持、事故判断及处理的顺序进行反复训练。

4. 在训练过程中，要求对照评分细则对每一个操作步骤进行修正，直到工艺指标完全符合操作规程为止。

5. 通过严格训练和教师的指导总结，使学生熟练掌握吸收－解吸系统正常开停车的操作步骤、正常工况维持的各工艺参数、事故判断及处理的方法，为吸收－解吸系统实训操作打下基础。

思考与练习

一、简答题

1. 画出吸收－解吸系统带控制点的工艺流程图。

2. 吸收岗位的操作是在高压、低温的条件下进行的，为什么说这样的操作条件对吸收过程的进行有利？

3. 结合本单元的知识，说明串级控制的工作原理。

4. 操作时若发现富油无法进入解吸塔，会是由哪些原因导致的？应如何调整？

5. 假如本单元的操作已经平稳，这时吸收塔的进料富气温度突然升高，会导致什么现象？如果造成系统不稳定，吸收塔的塔顶压力上升（塔顶 C4 增加），有几种手段可将系统调节正常？

6. 分析本流程的串级控制，如果请你来设计，还有哪些变量可以通过串级调节控制？这样做的优点是什么？

7. C6 油储罐进料阀为一手操阀，是否有必要在此设置一个调节阀，使进料操作自动化？

二、选择题

1. 本装置中采用的吸收剂是（　　）。

A. C4 组分　　B. 富气　　C. C6 油　　D. 盐水

2. 在 T－101 顶部排出的是（　　）。

A. 富气　　B. 贫气　　C. C6 油　　D. CO

3. T－102 塔顶气相是（　　）。

A. C6 蒸气　　B. C4 蒸气　　C. C4 液体　　D. C6 油

4. 向 D－103 充入的是（　　）。

A. C6 油　　B. C4 蒸气　　C. C4 液体　　D. C6 蒸气

5. 冷态开车首先要进行的过程是（　　）。

A. 充压　　B. 吸收塔进吸收油

C. 解吸塔进吸收油　　　　　　　　　D. 向解吸塔塔顶回流罐进 C4 物料

6. 富油从塔釜排出，经贫富油换热器 E－103 预热至（　　）℃进入解吸塔。

A. 50　　　　B. 65　　　　C. 80　　　　D. 105

7. 塔顶出 C4 产品经冷凝器 E－104 全部冷凝至（　　）℃后凝液送入集液罐 D－103。

A. 0　　　　B. －10　　　　C. 20　　　　D. 40

8. 正常运行时要定期观察 C6 油储罐 D－101 的液位，当液位低于（　　）时要打开阀 V9 补充 C6 油。

A. 50%　　　　B. 40%　　　　C. 30%　　　　D. 20%

9. 生产过程中，当 D－102 的液位高于（　　）时打开 V7 阀向解吸塔排液。

A. 60%　　　　B. 70%　　　　C. 80%　　　　D. 90%

10. 通入 T－101 的吸收剂流量应该（　　）。

A. 大于 13.3 t/h，小于 13.7 t/h　　B. 大于 13.5 t/h，小于 13.7 t/h

C. 大于 13.3 t/h，小于 13.5 t/h　　D. 大于 13.5 t/h，小于 13.8 t/h

课题五　吸收－解吸装置的实训操作

任务一　吸收－解吸实训装置认识

任务提出

能识读带控制点的吸收－解吸实训装置流程图，认识实训装置中的工艺管线、设备、测量装置、管件和阀门，并掌握其作用。

任务分析

吸收－解吸实训装置应采用化工技术、自动化控制技术和网络技术的最新成果，使吸收－解吸实训装置达到工厂情景化、故障模拟化、操作实际化和控制网络化。

吸收－解吸实训装置应尽量采用工厂里实际应用的工艺流程，操作方式与工厂里应完全一致，使学生能够身临其境，通过训练达到工厂对操作工人的要求。

因此，学生在进行实训操作之前，应全面熟悉该吸收－解吸设备结构，认识该装置的工艺流程图及主要的控制过程。

相关知识

一、吸收－解吸实训装置带控制点的工艺及设备流程图

吸收－解吸实训装置带控制点的工艺及设备流程图如图 4—5—1 所示。

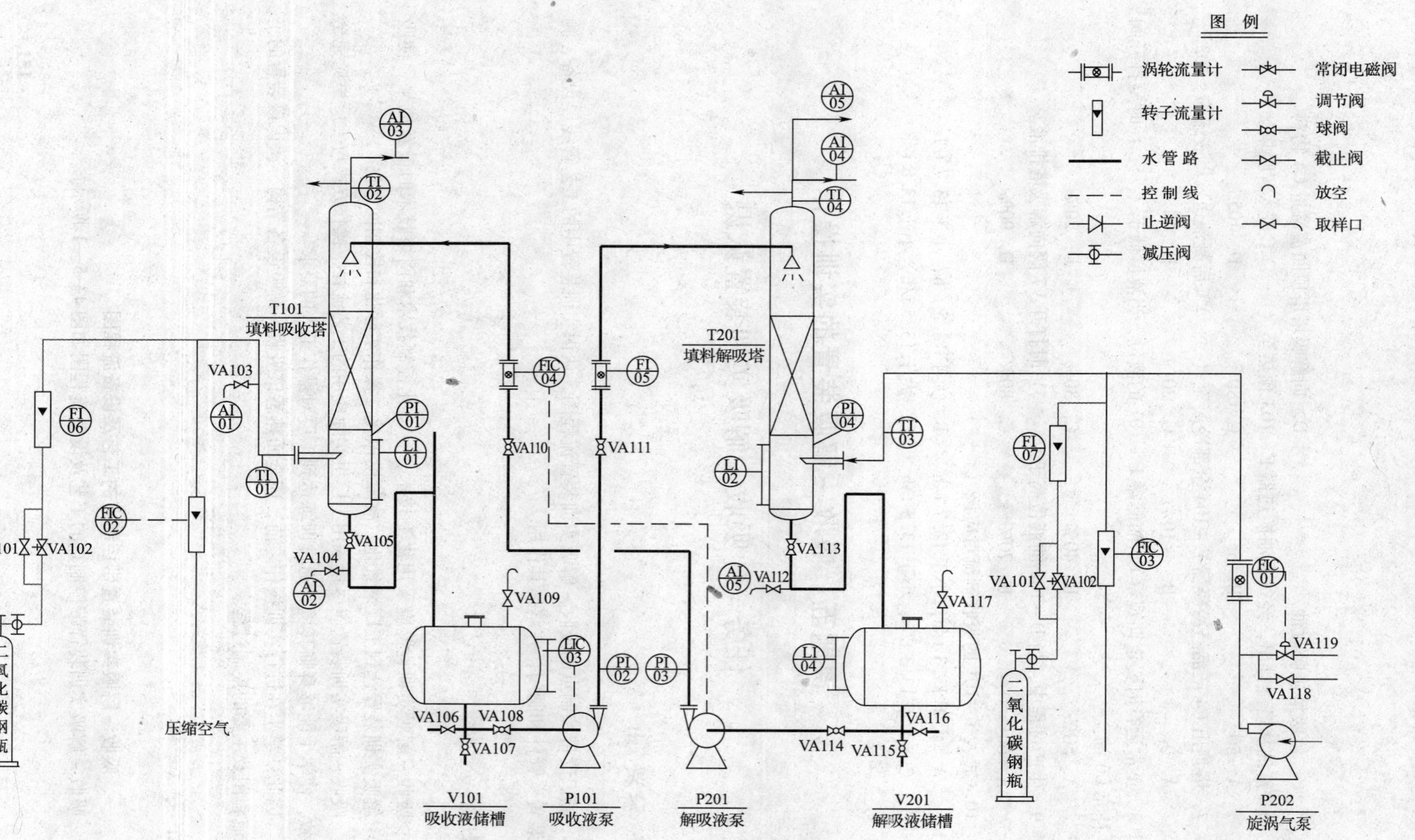

图4—5—1　二氧化碳吸收-解吸实训装置带控制点的工艺及设备流程图

二、主要物料的平衡及流向

空气（载体）由空气压缩机提供，二氧化碳（溶质）由钢瓶提供，二者混合后从吸收塔的底部进入吸收塔向上流动通过吸收塔，与下降的吸收剂逆流接触吸收，吸收尾气一部分进入二氧化碳气体分析仪，大部分排空；吸收剂（解吸液）存储于解吸液储槽，经解吸液泵输送至吸收塔的顶端向下流动经过吸收塔，与上升的气体逆流接触吸收其中的溶质（二氧化碳），吸收液从吸收塔底部进入吸收液储槽。

空气（解吸惰性气体）由旋涡气泵提供，从解吸塔的底部进入解吸塔向上流动通过解吸塔，与下降的吸收液逆流接触进行解吸，解吸尾气一部分进入二氧化碳气体分析仪，大部分排空；吸收液存储于吸收液储槽，经吸收液泵输送至解吸塔的顶端向下流动经过解吸塔，与上升的气体逆流接触解吸其中的溶质（二氧化碳），解吸液从解吸塔底部进入解吸液储槽。

三、主要控制

1. 各项工艺操作指标

（1）操作压力

二氧化碳钢瓶压力≥0.5 MPa，压缩空气压力≤0.3 MPa，吸收塔压差为0～1.0 kPa，解吸塔压差为0～1.0 kPa。

（2）流量控制

吸收剂流量为200～400 L/h，解吸剂流量为200～400 L/h，解吸气泵流量为4.0～10.0 m^3/h，二氧化碳气体流量为4.0～10.0 L/min，压缩空气流量为15～40 L/min。

（3）温度控制

吸收塔和解吸塔的进、出口温度均为室温，各电动机温升≤65℃。

（4）孔板流量计孔径

孔板流量计孔径为5.0 mm，孔流系数 $C_0=0.60$。

（5）储槽液位

吸收液储槽液位为200～300 mm，解吸液储槽液位为1/3～3/4。

2. 主要控制点的控制方法和仪表控制

（1）吸收剂（解吸液）流量控制如图4—5—2所示。

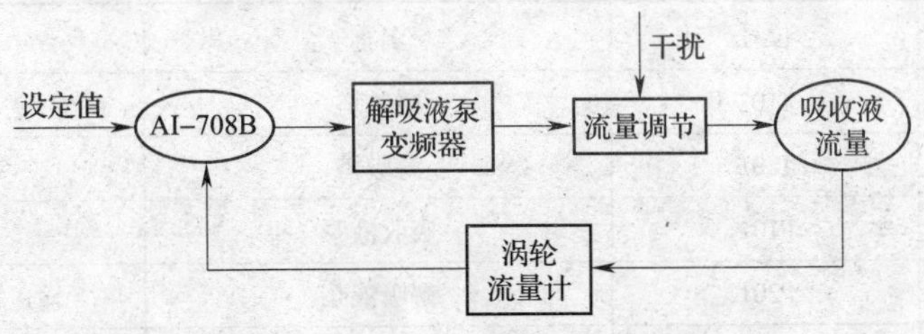

图4—5—2　吸收剂流量控制方框图

（2）吸收液储槽液位控制如图4—5—3所示。

（3）吸收惰性气体流量控制如图4—5—4所示。

四、物耗能耗指标

本实训装置的物质消耗为二氧化碳和吸收剂（水），能量消耗为吸收泵、解析泵和旋涡气泵的电力消耗。本实训装置的物耗、能耗见表4—5—1。

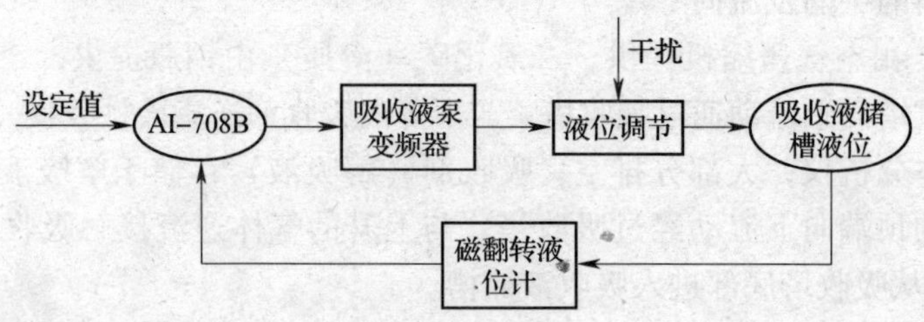

图 4—5—3　吸收液储槽液位控制方框图

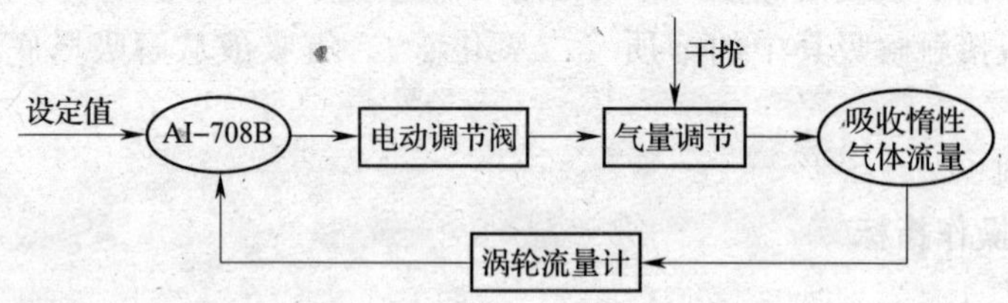

图 4—5—4　吸收惰性气体流量控制方框图

表 4—5—1　　　　物耗能耗一览表

名称	耗量	名称	耗量	名称	额定功率
水	循环使用	二氧化碳	可调节	吸收液泵	550 W
				解吸液泵	550 W
				旋涡气泵	370 W
总计	80 L	总计	600 L/min	总计	1.5 kW

五、主要设备

吸收 - 解吸实训装置的主要设备见表 4—5—2。

表 4—5—2　　　　吸收 - 解吸实训装置的主要设备

序号	位号	名称	用途
1	T101	吸收塔	完成吸收任务
2	T201	解吸塔	完成解吸任务
3	P101	吸收液泵	输送吸收液
4	P201	解吸液泵	输送解吸液（吸收剂）
5	V101	吸收液储槽	储存吸收液
6	V201	解吸液储槽	储存解吸液（吸收剂）
7	P202	解吸气旋涡气泵	输送解吸用空气

六、仪表计量及主要仪表规格型号

吸收 - 解吸实训装置仪表及测量传感器的名称与位置见表 4—5—3。

表 4—5—3　　　　吸收－解吸实训装置仪表及测量传感器的名称与位置

序号	位号	仪表用途	仪表位置	传感器	执行器
1	FIC01	解吸空气流量	集中	涡轮流量计	电动调节阀
2	FIC02	进料空气流量	集中	转子流量计	转子流量计
3	FI05	吸收液流量	集中	涡轮流量计	变频器
4	FIC04	解吸液流量	集中	涡轮流量计	变频器
5	FI06	二氧化碳流量	集中	转子流量计	转子流量计
6	TI01	混合气进塔温度	集中	热电偶	
7	TI02	吸收塔尾气温度	集中		
8	TI03	气提气进塔温度	集中		
9	TI04	解吸气出塔温度	集中		
10	LI01	吸收塔塔釜液位	就地		
11	LI02	解吸塔塔釜液位	就地		
12	LIC03	吸收液储槽液位	就地/集中	荧光柱式磁翻转液位计	变频器
13	LI04	解吸液储槽液位	就地		
14	PI01	吸收塔压差	集中	压差传感器	
15	PI02	吸收液泵出口压力	就地	指针压力表	
16	PI03	解吸液泵出口压力	就地	指针压力表	
17	PI04	解吸塔压差	集中	压差传感器	
18	AI03	吸收塔尾气浓度	集中	浓度传感器	
19	AI05	解吸塔尾气浓度	集中	浓度传感器	

任务实施

1．按照由主到次的顺序分步骤识读吸收－解吸装置流程图。

2．和流程图对照，在装置上把有关的设备、测量装置、管件和阀门等一一找出来，并通过实物、剖面模型等认识设备、管件和阀门等结构。

3．根据对装置的认识，在表 4—5—4 中填写相关内容。

表 4—5—4　　　　对装置的认识

位号	名称	用途	类型
	吸收塔		
	解吸塔		
	吸收液泵		
	解吸液泵		
	吸收塔气泵		

续表

位号	名称	用途	类型
	解吸塔气泵		
	吸收液储槽		
	解吸液储槽		
	填料		

4. 根据对流程的认识，在表 4—5—5 填写相关内容。

表 4—5—5　　对流程的认识

仪表		吸收塔		解吸塔	
		液体	气体	液体	气体
介质					
流量	位号				
	单位				
压降	位号				
	单位				
进口温度	位号				
	单位				
出口温度	位号				
	单位				

思考与练习

1. 画出吸收－解吸实训装置的带控制点的流程图。
2. 指出吸收－解吸实训装置的主要控制有哪些。
3. 简述主要设备的结构和工作原理。

任务二　吸收－解吸装置的开停车及正常操作训练

任务提出

在吸收－解吸实训装置上完成空气中二氧化碳的吸收训练，通过训练掌握吸收－解吸实训装置的开车、正常操作和停车步骤。

任务分析

用水吸收空气中的二氧化碳组分（一般二氧化碳在水中的溶解度很小，所以预先将一定量的二氧化碳气体通入空气中混合以提高空气中的二氧化碳浓度），然后在解吸塔内对吸收后的富液进行解吸，再将解吸后的水循环使用。通过上述任务的训练使学生掌握基本的开车、正常操作和停车步骤。

相关知识

一、填料吸收塔安全注意事项

参与实训操作的老师和学生进入吸收－解吸实训室后必须穿戴劳动防护用品，即在指定区域正确戴上安全帽，穿上安全鞋，无关人员不得进入吸收－解吸实训室。

1. 用电安全知识

（1）进行实训之前必须了解室内总电源开关与分电源开关的位置，以便出现用电事故时及时切断电源。

（2）在启动仪表柜电源前，必须弄清楚每个开关、按钮的作用及对应的设备、仪表等。

（3）启动电动机，通电前先进行盘车，通电时，通过点动查看电动机能否转动，转向是否正确；若不转动，应立即断电，否则电动机很容易烧毁。

（4）在实训过程中，如果发生停电，必须切断电闸，以防操作人员离开现场后，因突然供电而导致电气设备在无人看管下运行。

（5）不要打开仪表控制柜的后盖和强电桥架盖，电气发生故障时应请专业人员进行维修。

2. 高压钢瓶的安全知识

本实训装置要使用高压二氧化碳钢瓶，使用高压钢瓶要注意以下几点：

（1）使用高压钢瓶的主要危险是钢瓶可能爆炸和漏气。若钢瓶受日光直晒或靠近热源，瓶内气体受热膨胀，以致压力超过钢瓶的耐压强度时，容易引起钢瓶爆炸。

（2）搬运钢瓶时，钢瓶上要有钢瓶帽和橡胶安全圈，并严防钢瓶摔倒或受到撞击，以免发生意外爆炸事故。使用钢瓶时，必须牢靠地固定在架子上、墙上或实训台旁。

（3）绝不可把油或其他易燃性有机物黏附在钢瓶上（特别是出口和气压表处）；也不可用麻、棉等物堵漏，以防燃烧引起事故。

（4）使用钢瓶时，一定要用气压表，而且各种气压表不能混用。一般，可燃性气体的钢瓶气门连接螺纹是反扣的（如 H_2、C_2H_2），不燃性或助燃性气体的钢瓶气门连接螺纹是正扣的（如 N_2、CO_2、O_2）。

（5）使用钢瓶时必须连接减压阀或高压调节阀，不经这些部件让系统直接与钢瓶连接是十分危险的。

（6）开启钢瓶阀门及调压时，人不要站在气体出口的前方，头不要在瓶口之上，而应在瓶的侧面，以防钢瓶的总阀门或气压表被冲出而伤人。

（7）当钢瓶使用到瓶内压力为 0.5 MPa 时，应停止使用。压力过低会给充气带来不安全因素，当钢瓶内压力与外界压力相同时，会造成空气的进入。

3. 行为规范

（1）不准吸烟。

（2）使用楼梯时应用手扶栏杆。

（3）保持实训环境的整洁。

（4）不准从高处乱扔杂物。

（5）不准随意坐在灭火器箱、地板和教室外的凳子上。

（6）非紧急情况下不得随意使用消防器材（训练除外）。

（7）不得靠在实训装置上。

（8）实训过程中严禁打闹。

（9）使用后的清洁用具按规定放置整齐。

二、填料吸收塔操作规程

1. 开车前准备

（1）了解吸收和解吸传质过程的基本原理。

（2）了解填料塔的基本构造，熟悉工艺流程和主要设备。

（3）熟悉各取样点及温度和压力测量与控制点的位置。

（4）熟悉用转子流量计、孔板流量计和涡轮流量计测量流量的方法。

（5）检查公用工程（水、电）是否处于正常供应状态。

（6）设备上电，检查流程中各设备、仪表是否处于正常开车状态后启动设备试车。

（7）了解本实训所用物系。

（8）检查吸收液储槽，是否有足够空间储存实训过程中的吸收液。

（9）检查解吸液储槽，是否有足够解吸液供实训使用。

（10）检查二氧化碳钢瓶储量，是否有足够二氧化碳供实训使用。

（11）检查流程中各阀门是否处于正常开车状态：阀门 VA101、VA103、VA104、VA105、VA106、VA107、VA108、VA110、VA111、VA112、VA113、VA114、VA115、VA116 关闭；阀门 VA109、VA117、VA118 全开。

（12）按照要求制订操作方案，发现异常情况，必须及时报告指导教师进行处理。

2. 正常开车

（1）确认阀门 VA110 处于关闭状态，启动解吸液泵 P201，逐渐打开阀门 VA110，吸收剂（解吸液）通过涡轮流量计 FIC04 从顶部进入吸收塔。

（2）将吸收剂流量设定为规定值（200 ~ 400 L/h），观测涡轮流量计 FIC04 显示和解吸液泵出口压力 PI03 显示。

（3）当吸收塔底的液位 LI01 达到规定值时，启动空气压缩机，将空气流量设定为规定值（1.4 ~ 1.8 m^3/h），通过流量积算仪使空气流量达到此值。

（4）观测吸收液储槽的液位 LIC03，待其大于规定液位高度（200 ~ 300 mm）后，启动旋涡气泵 P202，将空气流量设定为规定值（4.0 ~ 18 m^3/h），调节空气流量 FIC01 到此规定值（若长时间无法达到规定值，可适当减小阀门 VA118 的开度）。

注：新装置首次开车时，解吸塔要先通入液体润湿填料，再通入惰性气体。

（5）确认阀门 VA111 处于关闭状态，启动吸收液泵 P101，观测泵出口压力 PI02（如 PI02 没有示值，关泵，必须及时报告指导教师进行处理）。打开阀门 VA111，解吸液通过涡轮流量计 FI05 从顶部进入解吸塔，通过解吸液泵变频器调节解吸液流量，直至 LIC03 保持稳定，观测涡轮流量计 FI05 显示。

（6）观测空气由底部进入解吸塔和解吸塔内气液接触情况，空气入口温度由 TI03 显示。

（7）将阀门 VA118 逐渐关小至半开，观察空气流量 FIC01 的示值。气液两相被引入吸收塔后，开始正常操作。

3. 正常操作

（1）打开二氧化碳钢瓶阀门，调节二氧化碳流量到规定值，打开二氧化碳减压阀保温电源（二氧化碳减压要吸热）。

（2）二氧化碳和空气混合后制成实训用混合气从塔底进入吸收塔。

（3）注意观察二氧化碳流量变化情况，及时调整到规定值。

（4）操作稳定 20 min 后，分析吸收塔顶放空气体（AI03）、解吸塔顶放空气体（AI05）。

（5）气体在线分析：二氧化碳传感器检测吸收塔顶放空气体（AI03）、解吸塔顶放空气体（AI05）中的二氧化碳体积浓度，传感器将采集到的信号传输到显示仪表中，在显示仪表 AI03 和 AI05 上读取数据。

操作过程中，可以改变一个操作条件，也可以同时改变几个操作条件。需要注意的是，每次改变操作条件，必须及时记录实训数据，操作稳定后及时取样分析和记录。操作过程中发现异常情况，必须及时报告指导教师进行处理。

本实训可以通过改变下列工艺条件进行反复训练：

1）吸收塔混合气流量和组成；

2）解吸液流量和组成；

3）解吸塔空气流量；

4）吸收液流量和组成。

4. 正常停车

（1）关闭二氧化碳钢瓶总阀门，关闭二氧化碳减压阀保温电源。

（2）10 min 后，关闭解吸液泵 P201 电源，关闭空气压缩机电源。

（3）吸收液流量变为零后，关闭吸收液泵 P101 电源。

（4）5 min 后，关闭旋涡气泵 P202 电源。

（5）关闭总电源。

5. 吸收－解吸装置日常维护

（1）设备检查

设备检查主要是查泄漏，查腐蚀，查松动。

（2）日常保养

日常保养由操作人员负责，每天进行，一是巡回检查设备运行状态及完好状态，二是保持设备清洁、稳固。

6. 吸收－解吸装置的检修

操作人员要配合做好下列工作：

（1）全面检查塔体的腐蚀程度。

（2）检查液体分布器的损坏。

（3）检查填料的损坏。

（4）清洗填料。

（5）更新部分螺栓、螺母、法兰垫片及密封圈。

（6）检查修理吸收－解吸装置附件。

任务实施

1. 按照企业要求做好三级安全教育工作，树立安全第一的思想，严格按照企业《安全规程》做好安全工作，要求学生穿戴齐全劳动防护用品。

2. 严格按照操作规程进行开停车、正常操作训练。

3. 操作过程中严格按照表4—5—6和表4—5—7作好记录。

表4—5—6　　　吸收－解吸装置正常操作记录（一）

Ⅰ）日期：　　年　　月　　日（星期　　）　　时　　分至　　时　　分

Ⅱ）操作人员名单：

Ⅲ）实训项目：吸收－解吸装置正常运行操作

Ⅳ）设备代号：（　　　　）吸收－解吸装置；　　设备编号：第（　　）套

时间	吸收塔								
	二氧化碳	压缩空气		进液口			塔压（kPa）PI01	塔顶气体组成 AI03	吸收液储槽液位（mm）LIC03
	流量（m^3/h）	流量（m^3/h）FIC02	温度（℃）TI01	流量（m^3/h）FIC04	温度（℃）TI02	泵出口压力（kPa）PI03			

表 4—5—7　　吸收－解吸装置正常操作记录（二）

Ⅰ）日期：　　年　月　日（星期　）　时　分至　时　分

Ⅱ）操作人员名单：

Ⅲ）实训项目：吸收－解吸装置正常运行操作

Ⅳ）设备代号：（　　）吸收－解吸装置；　设备编号：第（　）套

时间	解吸塔							
	空气		进液口			塔压（kPa）PI04	塔顶气体组成 AI04	解吸液储槽液位 LI04
	流量（m^3/h）FIC01	温度（℃）TI03	流量（m^3/h）FI05	温度（℃）TI04	压力（kPa）PI02			

【知识拓展】

1. 变频器的使用

(1) 如图 4—5—5 所示，首先按下 DSP FUN 键，若面板 LED 上显示 F_×××（×代表 0～9 中任意一位数字），则进入步骤 2；如果仍然只显示数字，则继续按 DSP FUN 键，直到面板 LED 上显示 F_×××时才进入下一步骤。

(2) 按动 ▲ 或 ▼ 键来选择所要修改的参数号，由于 N2 系列变频器面板 LED 能显示四位数字或字母，可以使用 < RESET 键来横向选择所要修改的数字的位数，以加快修改速度，将 F_×××设置为 F_011 后，按下 READ ENTER 键进入下一步骤。

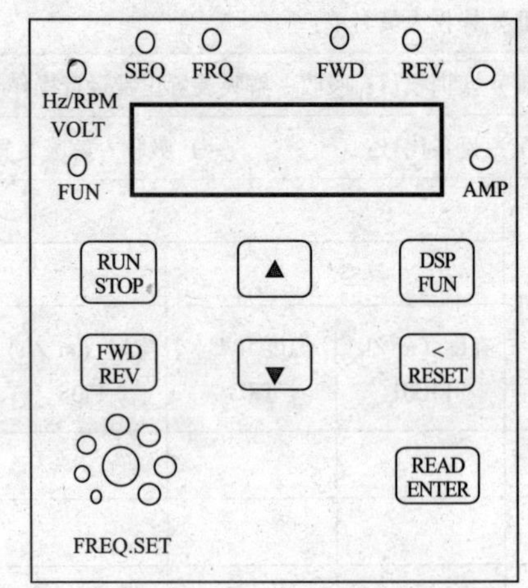

图 4—5—5　变频器面板图

(3) 按动 ▲、▼ 键及 < RESET 键设定或修改具体参数，将参数设置为 0000（或 0002）。

(4) 改完参数后，按下 READ ENTER 键确认，然后按动 DSP FUN 键，将面板 LED 显示切换到频率显示的模式。

(5) 按动 ▲、▼ 键及 < RESET 键设定需要的频率值，按下 READ ENTER 键确认。

(6) 按下 RUN STOP 键运行或停止。

2. 仪表的使用

(1) 面板说明

如图 4—5—6 所示，①为上显示窗，②为下显示窗，③为设置键，④为数据移位，⑤为数据减少键，⑥为数据增加键，⑦为 10 个 LED 指示灯，其中 MAN 灯灭表示自动控制状态，亮表示手动输出状态；PRG 表示仪表处于程序控制状态；MIO、OP1、OP2、AL1、AL2、AU1、AU2 等分别对应模块输入输出动作；COM 灯亮表示正与上位机进行通信。

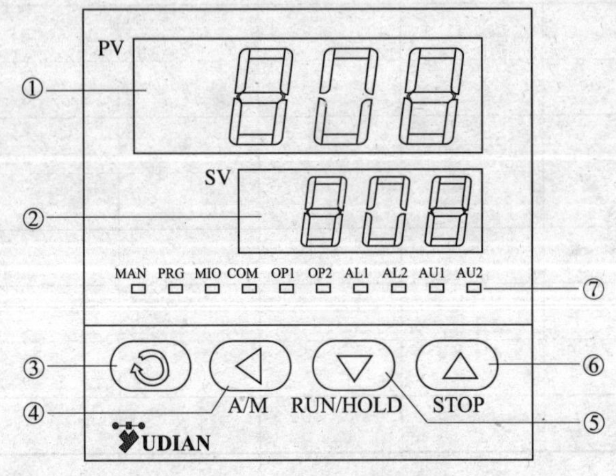

图 4—5—6　仪表面板图

（2）基本使用操作

1）显示切换。按⟲键可以切换不同的显示状态。

2）修改数据。需要设置给定值时，可将仪表切换到左侧显示状态，即可通过按◁、▽或△键来修改给定值，如图4—5—7所示。AI仪表同时具备数据快速增减法和小数点移位法。按▽键减小数据，按△键增加数据，可修改数值位的小数点同时闪动（如同光标）。按键并保持不放，可以快速地增大/减小数值，并且速度会随小数点右移自动加快（3级速度）。而按◁键则可直接移动修改数据的位置（光标），操作快捷。

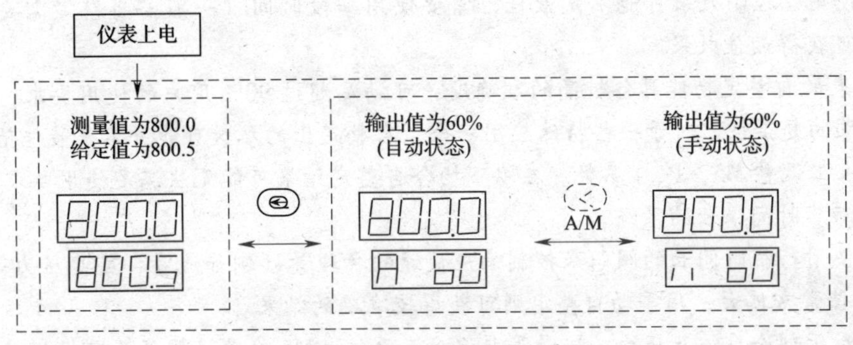

图4—5—7　仪表显示状态

3）设置参数。在基本状态下按⟲键并保持约2 s，即进入参数设置状态，如图4—5—8所示。在参数设置状态下按⟲键，仪表将依次显示各参数，例如上下限报警值HIAL、LOAL等。用◁、▽、△等键可修改参数值。按◁键并保持不放，可返回显示上一参数。先按◁键不放接着再按⟲键可退出设置参数状态。如果没有按键操作，约30 s后会自动退出设置参数状态。

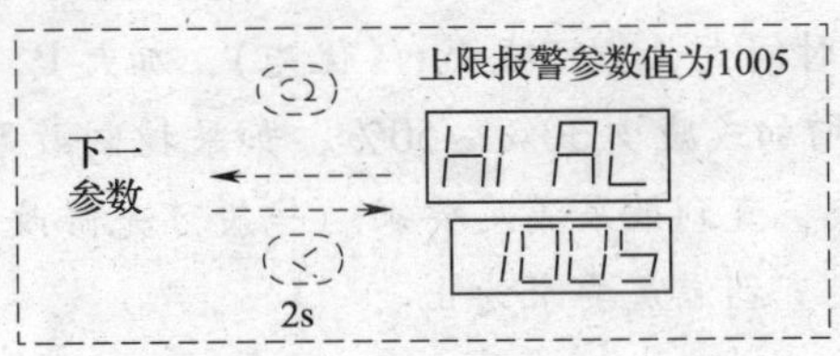

图4—5—8　仪表参数设定状态

3. AI人工智能调节及自整定（AT）操作

AI人工智能调节算法是采用模糊规则进行PID调节的一种新型算法，在误差大时，运用模糊算法进行调节，以消除PID饱和积分现象，当误差趋小时，采用改进后的PID算法进行调节，并能在调节中自动学习和记忆被控对象的部分特征以使效果最优化。仪表具有无超调、高精度、参数确定简单、对复杂对象也能获得较好的控制效果等特点。AI系列调节仪表还具备参数自整定功能，AI人工智能调节方式初次使用时，可启动自整定功能来协助确定M5、P、t等控制参数。将参数Ctrl设置为2的启动仪表自整定功能，此时仪表下显示器将闪动显示“At”字样，表明仪表已进入自整定状态。自整定时，仪表执行位式调节，经2～3次振荡后，仪表内部微处理器根据位式控制产生的振荡，分析其周期、幅度及波形来自动计算出M 5 、P、t等控制参数。如果在自整定过程中要提前放弃自整定，可再按◁键并保持约2 s，使仪表下显示器停止闪动“At”字样即可。视不同系统，自整定需要的时间可从数秒至数小时不等。仪表在自整定成功结束后，会将参数 Ctrl 设置为 3（出厂时为 1）或 4，这样今后无法从面板再按◁键启动自整定，可以避免人为的误操作再次启动自整定。

系统在不同给定值下整定得出的参数值不完全相同，执行自整定功能前，应先将给定值设置在最常用值或是中间值上。参数 Ctl（控制周期）及 dF（回差）的设置，对自整定过程也有影响，一般来说，这两个参数的设定值越小，理论上自整定参数准确度越高。但 dF 值如果过小，则仪表可能因输入波动而在给定值附近引起位式调节的误动作，这样反而可能整定出彻底错误的参数。推荐 Ctl = 0 ~ 2，dF = 2.0 。此外，基于需要学习的原因，自整定结束后初次使用，控制效果可能不是最佳，需要使用一段时间（一般与自整定需要的时间相同）后方可获得最佳效果。

AI 仪表的自整定功能具备较高的准确度，可满足超过 90% 用户的使用要求，但由于自动控制对象的复杂性，对于一些特殊应用场合，自整定出的参数可能并不是最佳值，所以也可能需要人工调整 M5、P、t 参数。在以下场合自整定结果可能无法满足使用要求：

（1）滞后时间很长的系统。

（2）使用行程时间长的阀门来控制响应快速的物理量（例如流量、某些压力等），自整定的 P、t 值常常偏大，用手动自整定则可获得较准确的结果。

（3）对于制冷系统及压力、流量等非温度类系统，M5 准确性较低，可根据其定义（即 M5 等于手动输出值改变 5% 时测量值对应发生的变化）来确定 M5。

（4）其他特殊的系统，如非线性或时变型系统。

如果正确地操作自整定而无法获得满意的控制，可人为修改 M5、P、t 参数。人工调整时，注意观察系统响应曲线，如果是短周期振荡（与自整定或位式调节时振荡周期相当或略长），可减小 P（优先），加大 M5 及 t；如果是长周期振荡（数倍于位式调节时振荡周期），可加大 M5（优先），加大 P，t；如果无振荡而是静差太大可减小 M5（优先），加大 P；如果最后能稳定控制但时间太长，可减小 t（优先），加大 P，减小 M5。调试时还可用逐试法，即将 MPT 参数之一增加或减少 30% ~50%，如果控制效果变好，则继续增加或减少该参数，否则往反方向调整，直到效果满足要求。一般可先修改 M5，如果无法满足要求再依次修改 P、t 和 Ctl 参数，直到满足要求为止。

思考与练习

一、简答题

1. 为什么不允许一次即调节到旋涡气泵的额定负荷？
2. 旋涡气泵的流量调节方法有哪些？
3. 旋涡气泵开车时为什么要先开其旁通阀？
4. 填料塔内所装填料采用不规则排列时，为什么要先向填料塔内灌满水后再装填料？
5. 常用的填料有哪几种？
6. 如何调节吸收塔的液位？哪些因素会引起吸收塔液位的波动？
7. 影响吸收塔的主要因素有哪些？
8. 填料吸收塔在正常操作中应控制好哪些工艺条件？如何控制？

二、选择题

1. 吸收过程中一般多采用逆流流程，主要是因为（　　）。

A. 流体阻力最小　　B. 传质推动力最大　　C. 流程最简单　　D. 操作最方便

2. 吸收塔开车操作时，（　　）。

A. 应先通入气体后进入喷淋液体　　B. 增大喷淋量总是有利于吸收操作的

C. 应先进入喷淋液体后通入气体　　D. 先进气体或液体都可以

3. 下列方法中，不是工业常用解吸方法的是（　　）。

A. 加压解吸　　B. 加热解吸

C. 在惰性气体中解吸　　D. 精馏

4. 从解吸塔出来的半贫液一般进入吸收塔的（　　），以便循环使用。

A. 中部　　B. 上部　　C. 底部　　D. 上述均可

5. 低浓度的气膜控制系统，在逆流吸收操作中，若其他条件不变，但入口液体组成增高，则气相出口将（　　）。

A. 增加　　B. 减少　　C. 不变　　D. 不定

6. 处理易溶气体的吸收时，为较显著地提高吸收速率，应增大（　　）的流速。

A. 气相　　B. 液相　　C. 气液两相　　D. 不确定

7. 对难溶气体，如欲提高其吸收速率，较有效的手段是（　　）。

A. 增大液相流速　　B. 增大气相流速　　C. 减小液相流速　　D. 减小气相流速

8. 对气体吸收有利的操作条件应是（　　）。

A. 低温 + 高压　　B. 高温 + 高压　　C. 低温 + 低压　　D. 高温 + 低压

9. 对于吸收来说，当其他条件一定时，溶液出口浓度越低，则下列说法正确的是（　　）。

A. 吸收剂用量越小，吸收推动力将越小　　B. 吸收剂用量越小，吸收推动力将越大

C. 吸收剂用量越大，吸收推动力将越小　　D. 吸收剂用量越大，吸收推动力将越大

10. 能显著增大吸收速率的是（　　）。

A. 增大气体总压　　B. 增大吸收质的分压

C. 增大易溶气体的流速　　D. 增大难溶气体的流速

任务三　吸收 – 解吸故障分析与处理操作训练

任务提出

对吸收 – 解吸实训装置操作过程中出现的异常现象进行分析，并应用所学理论进行解决与处理，从而提高学生的分析问题、解决问题的能力，提高学生的操作技能。

任务分析

在吸收－解吸实训装置操作过程中常见的故障有：出塔气中溶质含量高，出塔气带液，塔压过大，塔液位波动，吸收剂用量突降，吸收塔液泛，原料中断，突然断水、断电、气提气及仪表空气突然中断等。在操作过程中教师要设置出上述故障，让学生根据现象，分析出故障产生的原因，同时提出处理方法，最后在实训装置上具体实施。若用学生的处理方法无法解决故障，要求学生分析原因，再提出新的处理方法，重复上述步骤，直到找出正确的处理方法为止。同时还可设置二氧化碳浓度干扰系统，通过引入干扰模拟实际操作中的异常情况，训练学生识别和处理操作故障的能力。

相关知识

一、常见事故及处理方法

1. 吸收塔出口气体二氧化碳含量升高

造成吸收塔出口气体二氧化碳含量升高的原因主要有入口混合气中二氧化碳含量增加、混合气流量增大、吸收剂流量减小、吸收贫液中二氧化碳含量增加和塔性能的变化（填料堵塞、气液分布不均等）。处理的措施依次有：

（1）检查二氧化碳的流量，如发生变化，调回原值。

（2）检查入吸收塔的空气流量 FIC02，如发生变化，调回原值。

（3）检查入吸收塔的吸收剂流量 FIC04，如发生变化，调回原值。

（4）打开阀门 VA112，取样分析吸收贫液中二氧化碳的含量，如二氧化碳含量升高，增加解吸塔空气流量 FIC01。

（5）如上述过程未发现异常，在不发生液泛的前提下，加大吸收剂流量 FIC04，增加解吸塔空气流量 FIC01，使吸收塔出口气体中二氧化碳含量回到原值，同时向指导教师报告，观测吸收塔内的气液流动情况，查找塔性能恶化的原因。

待操作稳定后，记录实验数据，继续进行其他实验。

2. 解吸塔出口吸收贫液中二氧化碳含量升高

造成吸收贫液中二氧化碳含量升高的原因主要有解吸空气流量不够、塔性能的变化（填料堵塞、气液分布不均等）。处理的措施有：

（1）检查入解吸塔的空气流量 FIC01，如发生变化，调回原值。

（2）检查解吸塔塔底的液封，如液封被破坏要恢复，或增加液封高度，防止解吸空气泄漏。

（3）如上述过程未发现异常，在不发生液泛的前提下，加大解吸空气流量 FIC01，使吸收贫液中二氧化碳含量回到原值，同时向指导教师报告，观察塔内气液两相的流动状况，查找塔性能恶化的原因。

待操作稳定后，记录实验数据，继续进行其他实验。

二、其他常见事故及处理方法

吸收－解吸实训过程中其他常见事故及处理方法见表 4—5—8。

表 4—5—8 其他常见事故及处理方法

常见事故	发生原因	处理方法
出塔气带液	①吸收剂量过大 ②吸收塔液面太高 ③原料气量过大 ④吸收剂脏，黏度大 ⑤填料堵塞	①减少吸收剂量 ②将液面控制在合适的范围 ③减少入塔原料气量 ④更换新鲜吸收剂，并进行过滤 ⑤停车清洗
塔内压差过大	①进塔原料气量大 ②进塔吸收剂量大 ③填料堵塞	①降低原料气量 ②降低吸收剂量 ③清洗或更换填料
吸收塔液位波动	①吸收剂用量变化 ②原料气压力波动 ③液位调节器发生故障	①稳定吸收剂用量 ②稳定原料气压力 ③及时检查和修理
吸收剂用量突然降低	①自来水压力不够或断水 ②溶液槽液位低，泵抽空 ③溶液泵损坏	①启用备用水源或停车 ②补充溶液 ③启动备用泵或停车检修

任务实施

1. 了解运行过程中常见的异常现象及处理方法。

2. 针对运行过程中出现的不正常现象，如出口气体二氧化碳流量的升高等，进行讨论，提出解决的方法，并通过实际操作排除这些故障。

3. 设备运行正常后教师给出扰动，由学生根据故障现象，提出解决办法。主要扰动点见表 4—5—9。

表 4—5—9 设备运行正常后给扰动后的故障现象及解决办法

扰动点	故障现象	解决办法
增大吸收塔二氧化碳流量		
增大吸收塔空气流量		
增大解吸塔空气流量		
增大吸收塔吸收剂流量		
说明	解决办法不能局限于针对扰动的方法进行反向消除，应考虑多种有效的解决办法，并简要分析各种方法的优劣	

思考与练习

选择题

1. 正常操作的吸收塔，若因某种原因使吸收剂量减少至小于正常操作值时，可能发生的现象是（　　）。

A. 出塔液体浓度增加，回收率增加

B. 出塔液体浓度减小，出塔气体浓度增加

C. 出塔液体浓度增加，出塔气体浓度增加

D. 塔将发生液泛现象

2. 在吸收操作中，保持液位不变，随着气体速度的增加，塔压的变化趋势为（　　）。

A. 变大　　B. 变小　　C. 不变　　D. 不确定

3. 在吸收操作中，塔内液面波动，产生的原因可能是（　　）。

A. 原料气压力波动　　B. 吸收剂用量波动

C. 液面调节器出故障　　D. 以上三种原因

4. 在吸收操作中，吸收剂（如水）用量突然下降，产生的原因可能是（　　）。

A. 溶液槽液位低、泵抽空　　B. 水压低或停水

C. 水泵坏　　D. 以上三种原因

5. 在吸收塔操作过程中，当吸收剂用量增加时，出塔溶液浓度（　　），尾气中溶质浓度（　　）。

A. 下降　下降　　B. 增高　增高

C. 下降　增高　　D. 增高　下降

6. 在填料塔中，低浓度难溶气体逆流吸收时，若其他条件不变，但入口气量增加，则出口气体组成将（　　）。

A. 增加　　B. 减少　　C. 不变　　D. 不定

7. 吸收塔尾气超标，可能的原因是（　　）。

A. 塔压增大　　B. 吸收剂降温

C. 吸收剂用量增大　　D. 吸收剂纯度下降

8. 吸收操作过程中，在塔的负荷范围内，当混合气处理量增大时，为保持回收率不变，可采取的措施有（　　）。

A. 减小吸收剂用量　　B. 增大吸收剂用量

C. 升高操作温度　　D. 减小操作压力

9. 吸收操作中，当吸收剂用量趋于最小用量时，为完成一定的任务，则（　　）。

A. 回收率趋向最高　　B. 吸收推动力趋向最大

C. 总费用最低　　D. 填料层高度趋向无穷大

10. 吸收操作中，减少吸收剂用量，将引起尾气浓度（　　）。

A. 升高　　B. 下降　　C. 不变　　D. 无法判断

模块小结

气体吸收用于分离气体混合物，它是化工生产中常用的单元操作，在其他行业中也得到了广泛应用。本章主要介绍了吸收操作的基本概念、分类及应用，吸收的基本原理，相组成的表示方法，溶解度及影响溶解度的因素，气液相平衡关系和相平衡曲线，吸收机理（双膜理论），吸收速率方程（穿过气膜的、液膜的和总的吸收速率），气体溶解度对吸收系数的影响，吸收的过程控制（气膜控制、液膜控制和双膜控制过程），吸收过程实际吸收剂用量的确定，几种常见的吸收流程，填料的类型及填料塔的结构。

模块五　精 馏 操 作

教学要求

应知：

1. 了解化工生产安全规范及应注意的问题。
2. 了解精馏塔结构的有关知识。
3. 掌握精馏原理。
4. 学会分析影响精馏塔正常操作的因素。
5. 掌握精馏装置流程，了解精馏装置各设备的作用。

应会：

1. 掌握正确的开车操作步骤，了解相应的操作原理。
2. 了解塔压的稳定方法，以及塔温、塔釜液位、回流比等参数相互间的制约关系，掌握这些参数的调节方法，并且能够控制精馏过程平稳运行。
3. 掌握正确的停车步骤，了解每一步的操作原理及操作要求。
4. 掌握精馏操作过程中的数据记录。
5. 能按照实习报告的书写格式进行实习报告的书写。

课题一　精馏的理论知识

在化工生产过程中，常常需要将原料、中间产物或粗产品中的组成部分进行分离，如将原油分成汽油、煤油、柴油及重油等馏分作为产品；又如聚氯乙烯在聚合前要求单体氯乙烯纯度不低于99.99%（也即将杂质分离掉），这些物质大都是均相混合物。对于均相物系的分离，必须造成一个两相物系，利用组分间某种物性的差异使其中某个或某些组分从一相迁移到另外一相，实现传质与分离操作。常见的传质与分离过程有蒸馏、吸收、萃取与干燥等。其中蒸馏是分离均相液态溶液最常用的方法。

任务一　精馏的基本概念及原理

任务提出

在乙醇的生产过程中，把浓度为30%的乙醇溶液提纯到浓度为92%的乙醇产品，就需要用到精馏操作，本任务将对精馏的基本概念和原理做简单介绍。

任务分析

乙醇溶液主要是乙醇与水的混合物，乙醇与水是可以互溶的，要把浓度为 30% 的乙醇溶液提纯到浓度为 92% 的乙醇，其实质就是把水和乙醇分开，即将两种物质进行分离，可采用液体混合物最常采用的分离方法——精馏。

相关知识

一、精馏的基本概念

1. 蒸馏操作的定义

蒸馏操作就是利用液体混合物中各组分挥发性（沸点）的差别，将互溶的液体混合物分离提纯的单元操作。

2. 简单蒸馏

简单蒸馏是使混合液在蒸馏釜中逐渐部分汽化，并不断将生成的蒸气移出，在冷凝器内冷凝，这种使混合液中组分部分分离的方法，称为简单蒸馏。简单蒸馏又称为微分蒸馏，是间歇非稳定操作，在蒸馏过程中系统的温度和气、液组成均随时间改变。

简单蒸馏流程如图 5—1—1 所示。加入蒸馏釜的原料液被加热蒸气加热沸腾汽化，原料液产生的蒸气由釜顶连续移出引入冷凝器得到馏出液产品。由于易挥发组分在移出的蒸气中的含量始终大于剩余在釜内的液相中的含量，其结果是釜内易挥发组分含量由原料的初始组成不断下降直至终止蒸馏时组成，釜内溶液的沸点温度不断升高，气相组成也随之沿露点线不断降低。因此，通常设置若干个受槽分段收集馏出液产品。

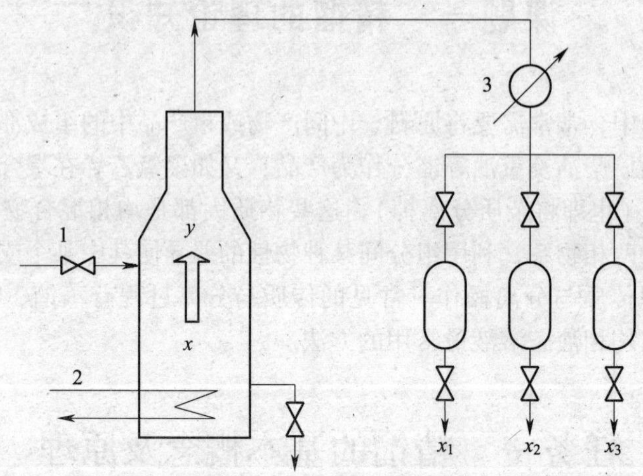

图 5—1—1　简单蒸馏流程

1—原料液　2—蒸气　3—冷凝器

简单蒸馏的分离效果很有限，工业生产中一般用于混合液的初步分离或除去混合液中不挥发的杂质。

3. 精馏操作的定义

把液体混合物进行多次部分汽化，同时又把产生的蒸气多次部分冷凝，使混合物分离为所要求组分的操作过程称为精馏。

二、精馏原理

1. 精馏的原理

精馏操作就是把液体混合物分离的过程。简单地说，就是先将原料液通过泵（图 5—1—2 中未画出）送入精馏塔，然后在加料板上使原料液和精馏段下降的回流液汇合，逐板溢流下降，最后流入再沸器中。精馏塔内有两相，一个是从塔顶回流下降的液相，另一个是原料液被再沸器加热后上升的气相，如图 5—1—2 所示。

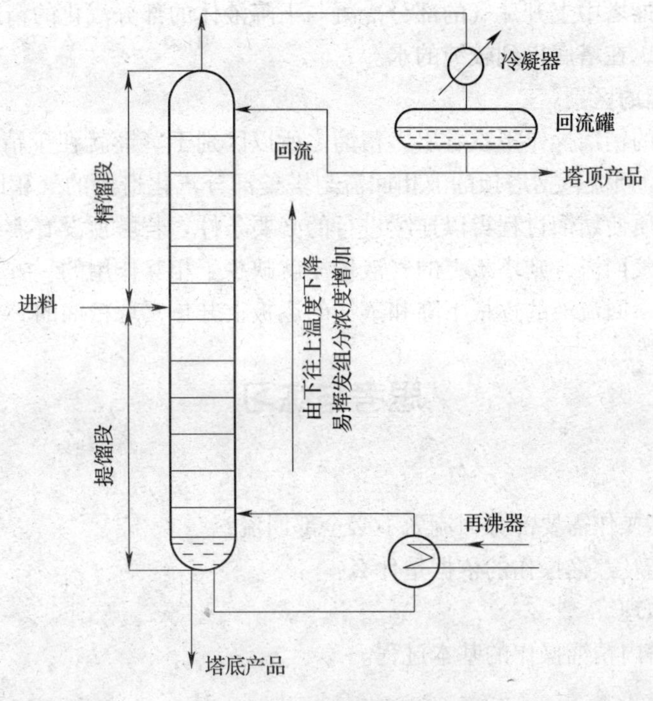

图 5—1—2　连续精馏塔示意图

由于液体汽化要吸收热量，气体冷凝要放出热量，所以精馏过程进行时，把气体冷凝时放出的热量供给液体汽化时使用，也就是使气液两相直接接触，在传热同时进行传质。塔内所发生的传热传质过程如下：

（1）气液两相进行热的交换，也就是说气体混合物中的热量传递给液体混合物。

（2）气液两相在热交换的同时进行质的交换。温度较低的液体混合物被温度较高的气体混合物加热而部分汽化。此时，因挥发能力的差异（低沸点物挥发能力强，高沸点物挥发能力差），低沸点物比高沸点物挥发多，结果表现为低沸点组分从液相转为气相，气相中易挥发组分增浓；同理，温度较高的气相混合物，因加热了温度较低的液体混合物，而使自己部分冷凝，同样因为挥发能力的差异，使高沸点组分从气相转为液相，液相中难挥发组分增浓。在精馏塔中不断进行多次传热和传质过程，从而实现了液体混合物中易挥发组分和难挥发组分的分离。

以上过程可以看成在精馏塔内下降的液相物质进行了多次部分汽化，上升的气相物质进行了多次部分冷凝，这是因为气体混合物中的热量传递给液体混合物，所以气相被部分冷凝、液相被部分汽化。气相被部分冷凝时难挥发组分冷凝下来，所以难挥发组分由气相进入了液相；液相被部分汽化时易挥发组分汽化，所以易挥发组分由液相进入了气相。

精馏塔是由若干塔板组成的，塔的最上部称为塔顶，塔的最下部称为塔釜。塔内的一块塔板只进行一次部分汽化和部分冷凝，塔板数越多，部分汽化和部分冷凝的次数越多，分离效果越好。

通过整个精馏过程，最终由塔顶得到高纯度的易挥发组分，塔釜得到的基本上是难挥发组分。这就是精馏的基本原理。本装置采用的介质为乙醇与水的混合物，把乙醇溶液通入精馏塔内，通过在精馏塔中上升蒸气的部分冷凝与下降液体的部分汽化的精馏过程，最终在塔顶得到较纯的乙醇，在塔底得到较纯的水。

2．精馏与蒸馏的区别

从上面所讨论的精馏操作不难看出，精馏之所以区别于蒸馏就在于精馏有“回流”，而蒸馏没有“回流”。回流包括塔顶的液相回流与塔釜部分汽化造成的气相回流。回流是构成气、液两相接触传质使精馏过程得以连续进行的必要条件。若塔顶没有液相回流，或是塔底没有再沸器产生蒸气回流，则塔板上的气液传质就缺少了相互作用的一方，也就失去了塔板的分离作用。因此，回流液的逐板下降和蒸气的逐板上升是实现精馏的必要条件。

思考与练习

简答题

1．为什么精馏操作需要部分回流而不必全部回流？

2．什么叫蒸馏？蒸馏操作的依据是什么？

3．简述精馏原理。

4．简述精馏塔内精馏操作的基本过程。

任务二　精馏流程及精馏装置

任务提出

在用精馏方法分离乙醇和水的混合溶液时，用到的主要设备是什么？精馏流程又是怎样的？这就是本任务要讨论的问题。

任务分析

通过对精馏原理的学习，知道了要完成精馏操作，就要使气相与液相接触并进行传质与传热。满足此条件的主要设备是精馏塔。

相关知识

一、精馏流程

1. 用蒸馏法初步分离

蒸馏是利用溶液中各组分蒸气压（或沸点、挥发度）的差异使各组分得到分离。例如，在容器中将混有水和乙醇的溶液加热使之部分汽化，由于乙醇的挥发性能比水强（即乙醇的沸点比水低），汽化出来的蒸气中乙醇的组成（即浓度）必然比原来液体中乙醇的浓度要高。当气液达到平衡后，从容器中将蒸气抽出并使之冷凝，则可得到乙醇含量高的冷凝液。显然，遗留下的残液中乙醇的组分要比原来溶液低，即水组分要比原来溶液高，这样溶液就得到初步分离。

2. 用精馏法进一步分离

用精馏方法分离乙醇和水的混合溶液时，用到的主要设备是精馏塔。图 5—1—3 所示为常采用的连续精馏流程图，其主要设备为精馏塔，是由若干层塔板组成的板式塔，有时也用充满填料的填料塔。原料液不断地从高位槽 6 流出，经预热器 7 预热到需要的温度，从进料板加入精馏塔 1。原料液与精馏段下降的回流液体汇合后逐板溢流下降，最后流至塔底再沸器。在逐板溢流下降的同时，液体与塔釜上升的蒸气直接接触，实现多次部分汽化和多次部分冷凝，易挥发组分向气相转移，难挥发组分向液相转移。塔釜得到难挥发组分，一部分作为塔釜产品，连续从塔釜采出；另一部分在再沸器中加热，部分汽化产生蒸气，依次上升通过各层塔板。塔顶蒸气进入冷凝器全部冷凝，并用泵或靠位差将部分冷凝液回流至塔顶，其余部分作为塔顶产品送出，流入馏出液储槽 5。在连续精馏过程中，原料液不断加入塔内进行精馏，塔顶和塔底也连续不断采出产品。在操作达到稳定状态时，每层塔板上液体与蒸气组分都保持不变。

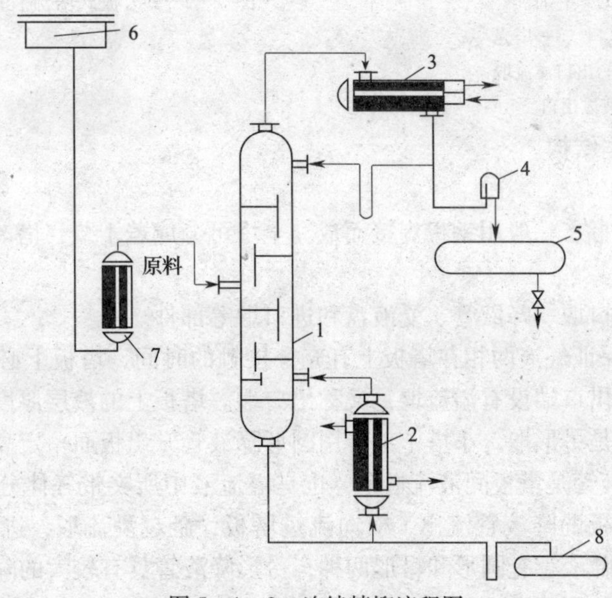

图 5—1—3　连续精馏流程图

1—精馏塔　2—再沸器　3—冷凝器　4—观察罩　5—馏出液储槽　6—高位槽　7—预热器　8—残液储槽

二、精馏设备

化工生产中的精馏塔主要有板式塔和填料塔，最常见的为板式塔，板式塔通常是由一个呈圆柱形的壳体及沿塔高按一定的间距水平设置的若干层塔板所组成，在操作时，液体靠重力作用由顶部逐板流向塔底，在各层塔板的板面上形成流动的液层；气体则在压力差推动下，由塔底向上经过均布在塔板上的开孔依次穿过各层塔板由塔顶排出。塔内以塔板作为气、液两相传质的基本条件。

板式塔的具体结构和流程图如图 5—1—4 和图 5—1—5 所示。它主要由塔体、溢流装置和塔板构件等组成。

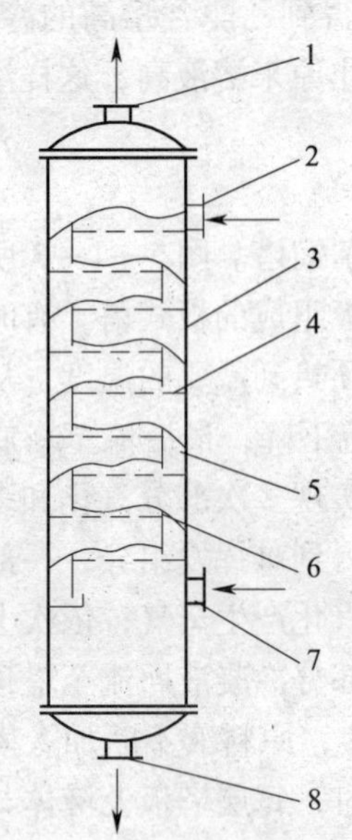

图 5—1—4　板式塔的具体结构

1—气体出口　2—液体入口　3—塔壳
4—塔板　5—降液管　6—出口溢流堰
7—气体入口　8—液体出口

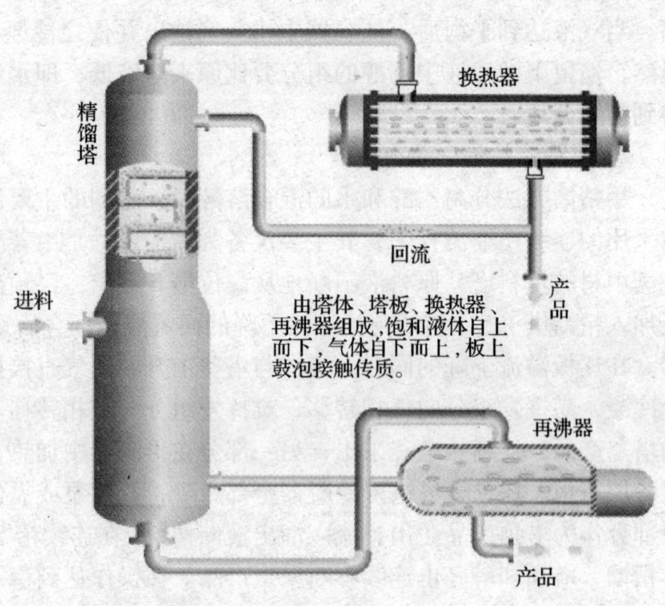

图 5—1—5　板式塔流程图

1. 板式塔的基本结构

(1) 塔体

塔体通常为圆柱形，一般用钢板焊接而成。全塔可分成若干节，塔节间用法兰盘连接。

(2) 溢流装置

溢流装置包括出口堰、降液管、受液盘和进口堰等部件。

1）出口堰。为保证气液两相在塔板上有充分接触的时间，塔板上必须储有一定量的液体。为此，在塔板的出口端设有溢流堰，又称出口堰。塔板上的液层厚度或持液量由堰高决定。生产中最常用的是弓形堰，小塔中也有用圆形降液管升出板面一定高度作为出口堰的。

2）降液管。降液管是塔板间液流通道，也是溢流液中所夹带气体分离的场所。正常工作时，液体从上层塔板的降液管流出，横向流过塔板，翻越溢流堰，进入该层塔板的降液管，流向下层塔板。降液管有圆形和弓形两种，弓形降液管具有较大的降液面积，气液分离效果好，降液能力大，因此生产上广泛采用。

为了保证液流能顺畅地流入下层塔板，并防止沉淀物堆积和堵塞液流通道，降液管与下层塔板间应有一定的间距。为保持降液管的液封，防止气体由下层塔板进入降液管，此间距应小于出口堰高度。

3）受液盘。降液管下方部分的塔板通常又称为受液盘，有凹形和平形两种，一般较大的塔采用凹形受液盘，平形则是指塔板面本身。

4）进口堰。在塔径较大的塔中，为了减少液体自降液管下方流出的水平冲击，常设置进口堰。为保证液流畅通，进口堰与降液管间的水平距离不应小于降液管与塔板的间距。

2. 塔板的类型

常见的板式塔塔板类型为泡罩塔板、筛板塔板、浮阀塔板等。

（1）泡罩塔板

泡罩塔板是最早在工业上广泛应用的塔板，结构如图5—1—6和图5—1—7所示。塔板上开有许多圆孔，每孔焊上一个圆短管，称为升气管，管上再罩一个“罩”称为泡罩。升气管顶部高于液面，以防止液体从中漏下，泡罩底缘有很多齿缝浸入在板上液层中。操作时，液体通过降液管下流，并由溢流堰保持一定的液层。气体则沿升气管上升，折流向下通过升气管与泡罩间的环形通道，最后被齿缝分散成小股气流进入液层中，气体鼓泡通过液层形成激烈的搅拌进行传热、传质。

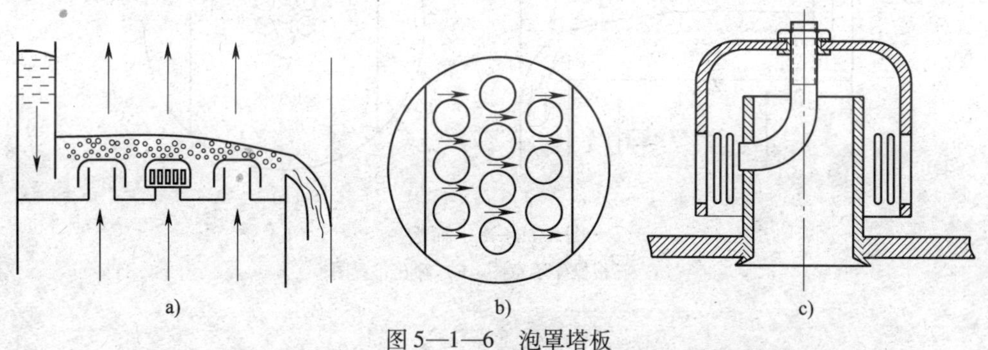

图5—1—6　泡罩塔板

a）泡罩塔板操作示意图　b）泡罩塔板平面图　c）圆形泡罩

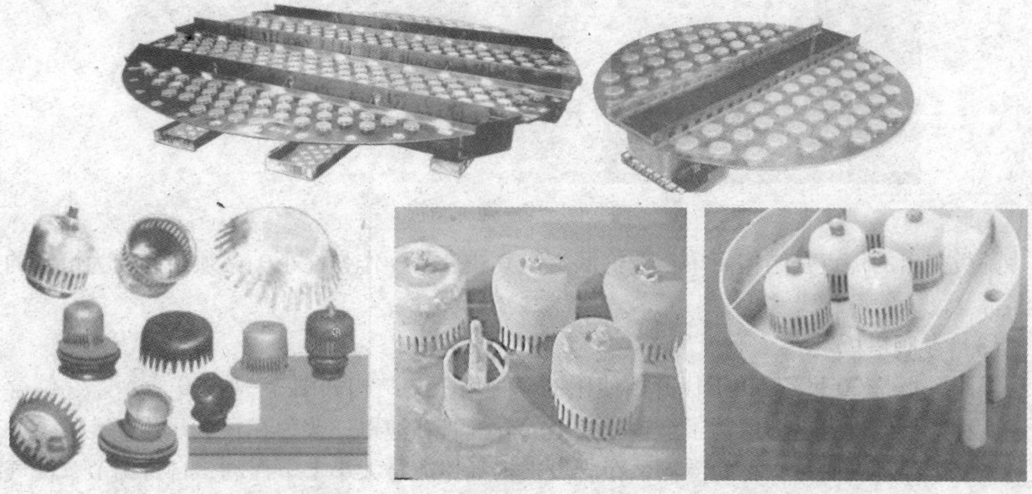

图5—1—7　生产中常见的泡罩塔板和泡罩

泡罩塔具有操作稳定可靠，液体不易泄漏，操作弹性大等优点，所以长时间被使用。但随着工业发展需要，对塔板提出了更高的要求。实践证明泡罩塔板有许多缺点，如结构复杂，造价高，气体通道曲折造成塔板压降大，气体分布不均匀，效率较低等。正是由于这些缺点，使得泡罩塔的应用范围正在逐渐缩小。

（2）筛板塔板

筛板塔板也是较早出现的一种板型，由于当时对其性能认识不足，使用受到限制，直至20世纪50年代初，随着工业发展的需要，开始对筛板塔板的性能设计等作了较为充分的研究。当前筛板塔的应用日益广泛。

筛板的结构较为简单，如图5—1—8和图5—1—9所示。筛板上设置降液管及溢流堰，并均匀地钻有若干小孔，称为筛孔。正常操作时，液体沿降液管流入塔板上并由于溢流堰而形成一定深度的液层，气体经筛孔分散成小股气流，鼓泡通过液层，造成气液两相的密切接触。

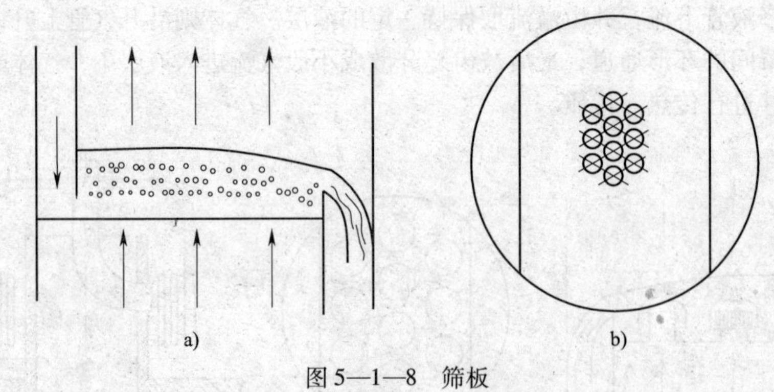

图5—1—8　筛板

a）筛板操作示意图　b）筛孔布置图

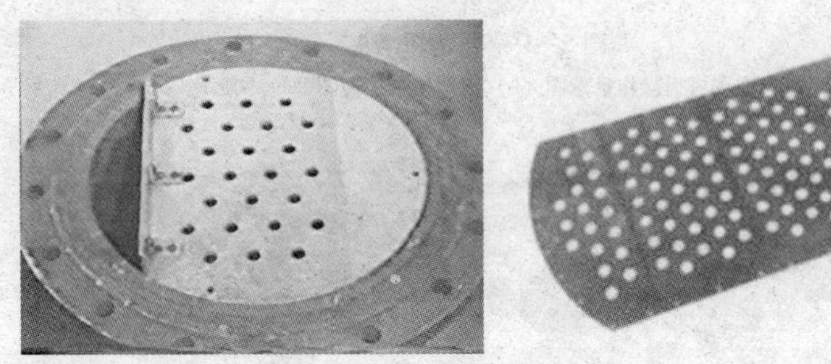

图5—1—9　筛板结构

筛板突出的优点是结构简单，造价低。但其缺点是操作弹性小，必须维持较为恒定的操作条件。

（3）浮阀塔板

浮阀塔板是20世纪50年代开始使用的一种塔板，结构如图5—1—10所示。它综合了上述两种塔板的优点，即取消了泡罩塔板上的升气管和泡罩，改为在板上开孔，孔的上方安置可以上下浮动的阀片，称为浮阀。浮阀可根据气体流量大小上下浮动，自行调节，使气缝高度稳定在某一数值。这一改进使浮阀塔在操作弹性、塔板效率、压降、生产能力以及设备造价等方面较泡罩塔优越。但在处理黏度大的物料方面，还是不及泡罩塔可靠。

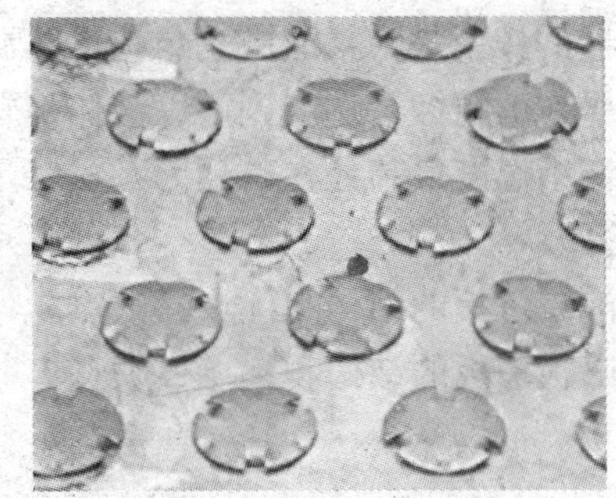

图 5—1—10　浮阀塔板

浮阀有三条“腿”，插入阀孔后将各腿脚扳转 90°，用以限制操作时阀片在塔板上张开的最大开度，阀片周边冲有三片略向下弯的定距片，使阀片处于静止位置时仍与塔板间留有一定的间隙。这样，避免了气量较小时阀片启闭不稳的脉动现象，同时由于阀片与塔板板面是点接触，可以防止阀片与塔板的黏结。

思考与练习

一、选择题

1. 精馏中引入回流，下降的液相与上升的气相发生传质使上升的气相易挥发组分浓度提高的原因是（　　）。

A. 液相中易挥发组分进入气相

B. 气相中难挥发组分进入液相

C. 液相中易挥发组分和难挥发组分同时进入气相，但其中易挥发组分较多

D. 液相中易挥发组分进入气相和气相中难挥发组分进入液相必定同时发生

2. 某二元混合物，其中 A 为易挥发组分，液相组成 $x_A = 0.6$，相应的泡点为 t_1，与之相平衡的气相组成 $y_A = 0.7$，相应的露点为 t_2，则（　　）。

A. $t_1 = t_2$　　B. $t_1 < t_2$　　C. $t_1 > t_2$　　D. 不确定

3. 精馏与蒸馏的区别在于（　　）。

A. 拦液　　B. 回流　　C. 操作　　D. 液气比

4. 精馏操作中所需要的理想物系，其气相为（　　），服从（　　）定律。

A. 理想气体　拉乌尔　　B. 理想气体　道尔顿分压

C. 实际气体　道尔顿分压　　D. 实际气体　拉乌尔

5. 精馏塔中的温度分布是（　　）。

A. 由上到下逐渐降低　　B. 由上到下逐渐升高

C. 由下到上逐渐升高　　D. 由上到下不变

二、判断题

1. 筛孔塔板易于制造，易于大型化，压降小，生产能力高，操作弹性大，是一种优良塔板。（　　）

2. 理论板是指分离理想溶液的塔板。（　　）

3. 精馏是传热和传质同时发生的单元操作过程。（　　）

4. 再沸器的作用是为精馏塔物料提供热源，使物料得到加热汽化。 (　　)

5. 正常操作的精馏塔从上到下，液体中轻组分的浓度逐渐增大。 (　　)

6. 精馏塔中温度最高处在塔顶。 (　　)

三、简答题

1. 简述泡罩塔板的结构和优点、缺点。

2. 简述筛板塔板的结构和优点、缺点。

任务三　精馏过程的简单计算

任务提出

在进行乙醇水溶液的分离过程中，如果原料的流量与塔釜残液（水）的流量都固定，乙醇产品的流量能否提高？

任务分析

在进行精馏操作时，进入塔的物料流量与从塔流出的物料流量满足一个关系式，这个关系式称为物料衡算式。

在进行精馏操作时，精馏物料衡算是优化操作的基础。随时掌握精馏塔物料平衡情况是对精馏操作人员的基本要求，否则就会使塔内失衡，造成运行不稳定，影响产品质量，所以，进行精馏物料衡算和操作分析是操作人员必备的技能。

相关知识

精馏物料衡算分为全塔物料衡算和精馏段及提馏段的物料衡算。全塔物料衡算也就是进入塔的物料流量与流出塔的物料流量之间的关系式。

一、全塔物料衡算

通过全塔物料衡算，可以求出馏出液和釜残液流量、组成及进料流量、组成之间的关系。

对如图5—1—11所示的连续精馏塔作全塔物料衡算，并以单位时间为基准，即

总物料　$$F = D + W \tag{5—1—1}$$

易挥发组分　$$Fx_F = Dx_D + Wx_W \tag{5—1—2}$$

式中　F——原料液流量，kmol/h；

D——塔顶产品（馏出液）流量，kmol/h；

W——塔底产品（釜残液）流量，kmol/h；

x_F——原料液中易挥发组分的摩尔分数；

x_D——馏出液中易挥发组分的摩尔分数；

x_W——釜残液中易挥发组分的摩尔分数。

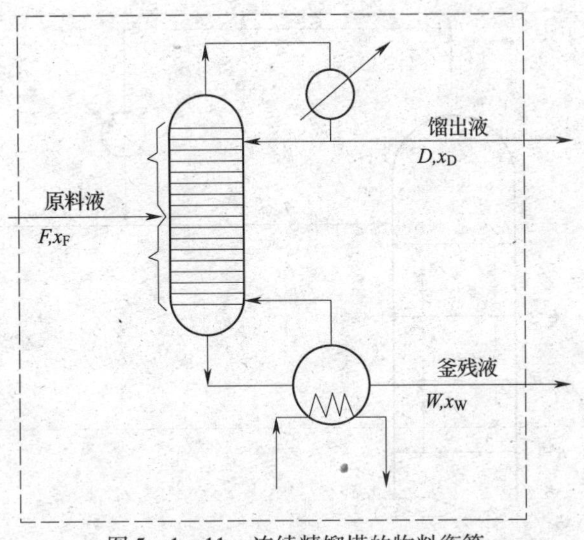

图 5—1—11　连续精馏塔的物料衡算

全塔物料衡算式（5—1—1）与式（5—1—2）关联了六个量之间的关系，若已知其中四个，联立方程式就可求出另外两个未知数。使用时注意单位一定要统一、对应。

对精馏过程所要求的分离程度除用产品的组成表示外，有时还用回收率表示。回收率是指回收了原料中易挥发组分（或难挥发组分）的百分数。

$$\text{塔顶易挥发组分的回收率} = \frac{Dx_D}{Fx_F} \times 100\%$$

$$\text{塔底难挥发组分的回收率} = \frac{W(1-x_W)}{F(1-x_F)} \times 100\%$$

【例 5—1】　一连续操作的精馏塔，将 15 000 kmol/h 含苯 40% 和甲苯 60% 的混合液分离为含苯 97% 的馏出液和含苯 2% 的残液（以上均为摩尔分数），操作压力为 101.3 kPa，试计算馏出液和残液的流量（kmol/h）。

解：馏出液和残液的量可以根据全塔的物料衡算式（5—1—1）和式（5—1—2）求得。

即
$$15\ 000 = D + W$$
$$15\ 000 \times 0.4 = D \times 0.97 + W \times 0.02$$

得
$$D = 6\ 000 \text{ kmol/h、} W = 9\ 000 \text{ kmol/h}$$

二、操作线方程

假若对精馏塔内某一截面以上或以下作物料衡算，就可得到任意板下降液相组成与由其下一层上升的蒸气组成之间的关系，表示这种关系的方程称为精馏塔的操作线方程。在连续精馏塔的精馏段和提馏段之间，因有原料不断地进入塔内，因此精馏段与提馏段两者的操作关系是不相同的，应分别讨论。

1. 精馏段操作线方程

对如图 5—1—12 所示的连续精馏塔作精馏段物料衡算，并以单位时间为基准，即由总物料衡算得

$$V = L + D \tag{5—1—3}$$

式中　V——精馏段内每块塔板上升蒸气的流量，kmol/h；

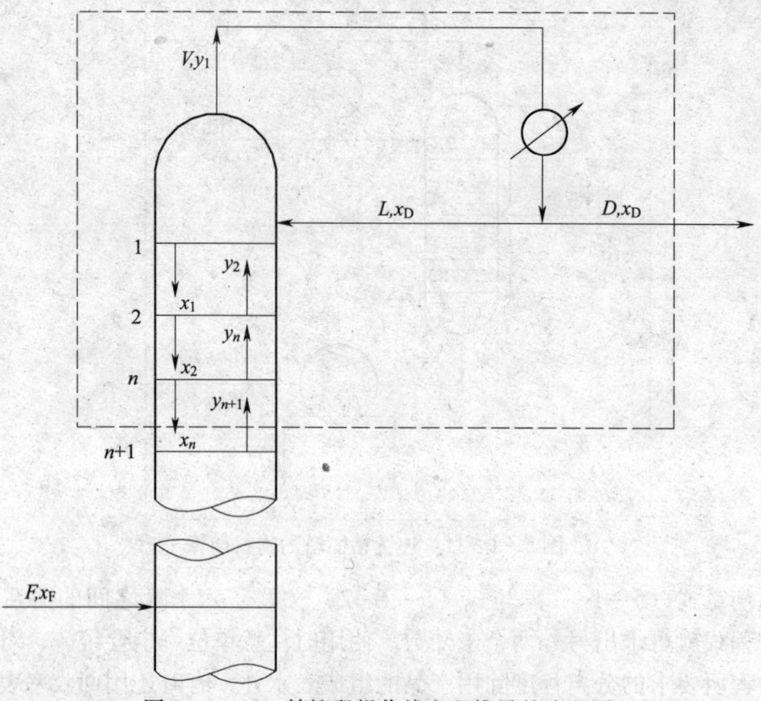

图 5—1—12　精馏段操作线方程推导的流程图

L——精馏段内每块塔板下降液体（回流）的流量，kmol/h；

D——塔顶产品（馏出液）的流量，kmol/h。

由易挥发组分的物料衡算得

$$Vy_{n+1} = Lx_n + Dx_D \tag{5—1—4}$$

式中　y_{n+1}——精馏段第 $n+1$ 塔板上升蒸气中易挥发组分的摩尔分数；

x_n——精馏塔第 n 层板下降液体中易挥发组分的摩尔分数；

x_D——馏出液中易挥发组分的摩尔分数。

将式（5—1—3）代入式（5—1—4）得

$$y_{n+1} = \frac{L}{L+D} \times x_n + \frac{D}{L+D} \times x_D$$

上式右边两项的分子分母同除以塔顶产品量 D，得

$$y_{n+1} = \frac{L/D}{L/D + D/D} \times x_n + \frac{D/D}{L/D + D/D} \times x_D$$

令 $R = \frac{L}{D}$（R 称为回流比），则得

$$y_{n+1} = \frac{R}{R+1} \times x_n + \frac{1}{R+1} \times x_D$$

略去下标，则精馏段操作线方程式为

$$y = \frac{R}{R+1} \times x + \frac{1}{R+1} \times x_D \tag{5—1—5}$$

精馏段操作线方程表示精馏段内自任一塔板（第 n 板）下降的液相组成 x_n 与相邻的下一塔板（第 $n+1$ 板）上升的蒸气组成 y_{n+1} 之间的关系。

2. 提馏段操作线方程

对如图5—1—13所示的连续精馏塔作提馏段物料衡算，并以单位时间为基准，即由总物料衡算式得

$$L' = V' + W \tag{5—1—6}$$

式中 L'——提馏段中每块塔板下降液体的流量，kmol/h；

V'——提馏段中每块塔板上升蒸气的流量，kmol/h；

W——塔底产品（残液）的流量，kmol/h。

由易挥发组分的物料衡算得

$$L'x'_m = V'y'_{m+1} + Wx_W \tag{5—1—7}$$

式中 x'_m——从提馏段第 m 块塔板下降的液体中易挥发组分的摩尔分数；

y'_{m+1}——从提馏段第 $m+1$ 块塔板上升的蒸气中易挥发组分的摩尔分数；

x_W——残液中易挥发组分的摩尔分数。

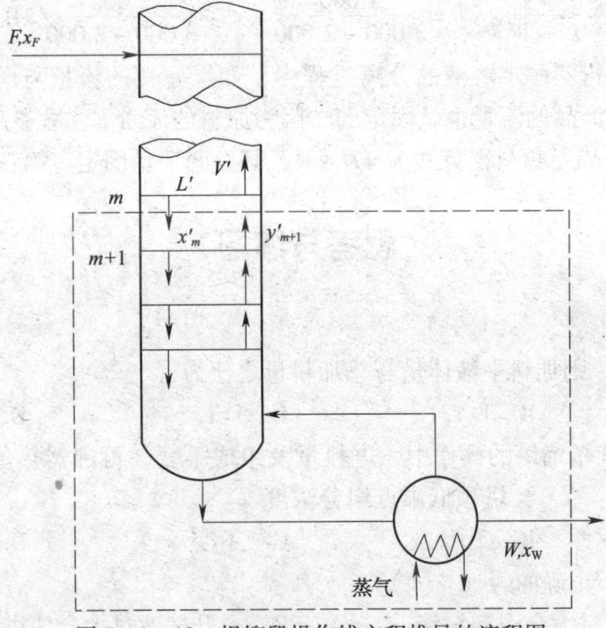

图5—1—13 提馏段操作线方程推导的流程图

将式（5—1—6）代入式（5—1—7）整理得

$$y'_{m+1} = \frac{L'}{L'-W} \times x'_m - \frac{W}{L'-W} \times x_W$$

略去下标，则提馏段操作线方程为

$$y' = \frac{L'}{L'-W} \times x' - \frac{W}{L'-W} \times x_W$$

提馏段操作线方程表示提馏段内自任一塔板（第 m 板）下降的液相组成 x'_m 与其相邻的下一塔板（第 $m+1$ 板）上升的蒸气组成 y'_{m+1} 之间的关系。

【例5—2】 某常压连续操作精馏塔分离甲醇－水混合液，进料中含甲醇20%，塔顶产品中含甲醇95%，残液中含甲醇不大于5%（以上均为摩尔分数），经测定：塔顶产品量为400 kmol/h，回流液量为600 kmol/h。

试求：

（1）精馏段操作线方程。

（2）提馏段操作线方程。

解：（1）$R=L/D=600/400=1.5$，精馏段操作线方程为

$$y=\frac{R}{R+1}x+\frac{1}{R+1}x_D=1.5x/2.5+0.95/2.5=0.6x+0.38$$

（2）由全塔的物料衡算式 $F=D+W$ 和 $Fx_F=Dx_D+Wx_W$ 可得

$$F=400+W$$

$$F\times 0.2=400\times 0.95+W\times 0.05$$

即

$$F=2\,400\ \text{kmol/h}\quad W=2\,000\ \text{kmol/h}$$

$$L'=L+F=600+2\,400=3\,000\ \text{kmol/h}$$

所以提馏段操作线方程为

$$y'=\frac{L'}{L'-W}\times x'-\frac{W}{L'-W}\times x_W=\frac{3\,000}{3\,000-2\,000}\times x'-\frac{2\,000}{3\,000-2\,000}\times 0.05=3x'-0.1$$

综上所述，在进行乙醇水溶液的分离过程中，如果原料的流量与塔釜残液（水）的流量都固定，那么乙醇产品的流量也是固定的，因为原料的流量 F、塔釜残液（水）的流量 W 和乙醇产品的流量 D 满足物料衡算式 $F=D+W$，只要两个量固定，第三个量也是固定的。

思考与练习

一、选择题

1. 已知 $q=1.1$，则加料中液体量与总加料量之比为（　　）。

A. 1.1∶1　　B. 1∶1.1　　C. 1∶1　　D. 0.1∶1

2. 在一二元连续精馏塔的操作中，进料量及组成不变，再沸器热负荷恒定，若回流比减小，则塔顶温度（　　），塔顶低沸点组分浓度（　　）。

A. 升高　　B. 下降　　C. 不变　　D. 不确定

3. 下列命题中不正确的为（　　）。

A. 上升气速过大会引起漏液　　B. 上升气速过大会使塔板效率下降

C. 上升气速过大会引起液泛　　D. 上升气速过大会造成过量的液沫夹带

4. 二元溶液连续精馏计算中，进料热状态的变化将引起（　　）的变化。

A. 平衡线　　B. 操作线与 q 线　　C. 平衡线与操作线　　D. 平衡线与 q 线

5. 精馏塔精馏段操作线方程为 $y=0.75x+0.216$，则操作回流比为（　　）。

A. 0.75　　B. 3　　C. 0.216　　D. 1.5

6. 精馏塔在操作时由于塔顶冷凝器冷却水用量不足而只能使蒸气部分冷凝，则馏出液浓度（　　）。

A. 下降　　B. 升高　　C. 不变　　D. 以上都不对

7. （　　）的大小对精馏设备费用和操作费用有决定性的影响。

A. 回流比　　B. 液气比　　C. 进料组成　　D. 进料温度

8. 精馏操作时，若 F、D、x_F、q、R、加料板位置都不变，而将塔顶泡点回流改为冷回

流，则塔顶产品组成 x_D（　　）。

A. 变小　　B. 变大　　C. 不变　　D. 以上都不对

9. 精馏的操作线是直线，主要是基于（　　）。

A. 恒摩尔流假定　B. 理想物系　　C. 塔顶泡点回流　　D. 理论板假定

10. 某二元混合物，进料量为 100 kmol/h，$x_F = 0.6$，要求得到塔顶 x_D 不小于 0.9，则塔顶最大产量为（　　）。

A. 60 kmol/h　　B. 66.7 kmol/h　　C. 90 kmol/h　　D. 不确定

二、判断题

1. 只要精馏塔有足够大的分离能力，不管 D/F 有多大，在塔顶也能得到高纯度的产品。（　　）

2. 精馏操作中，塔顶、塔底采出量的多少必须符合物料衡算关系。（　　）

3. 精馏操作全回流时所需理论塔板数量最多。（　　）

4. 精馏塔的进料温度升高，提馏段的提浓能力不变。（　　）

三、计算题

1. 某精馏塔在压强 101.3 kPa 下分离甲醇和水混合液，处理的混合液流量为1 000 kg/h。原料液中含甲醇75%，要求馏出液甲醇的组分不小于98%，残液甲醇组分不大于5%（均以质量分数计），试求每小时馏出液量和残液量。

2. 用一精馏塔分离二元液体混合物，进料量为100 kmol/h，易挥发组分 $x_F = 0.5$，泡点进料，得塔顶产品 $x_D = 0.9$，塔底釜液 $x_W = 0.05$（均为摩尔分数），操作回流比 $R = 1.61$，该物系平均相对挥发度 $\alpha = 2.25$，塔顶为全凝器，求：

（1）塔顶和塔底的产品量（kmol/h）。

（2）第一块塔板下降的液体组成 x_1。

（3）写出提馏段操作线数值方程。

课题二　精馏塔的仿真操作

学习完精馏的有关理论知识之后，在微机室进行精馏塔的仿真操作。训练学生的开车、停车、事故处理技能。仿真操作可以让学生体会到理论与实际的结合，并为学生进行精馏实训奠定基础。本仿真操作系统采用北京东方仿真软件技术有限公司开发的操作系统。

任务一　精馏塔仿真系统工艺流程认识

任务提出

精馏是化工生产中分离液体混合物最常采用的方法，是化工生产中非常重要的单元操作。本任务是要在学习完精馏的理论知识后，在仿真室进行精馏塔的仿真实习。要学习好仿真操作，首先要进行精馏流程认识实习。

任务分析

精馏塔的仿真系统就是用仿真软件来模拟精馏操作，要掌握这一部分知识，首先要掌握精馏塔仿真操作的流程。本部分知识就是对精馏塔仿真系统工艺流程进行讲述。

相关知识

一、工艺流程简述

本流程主要的设备是精馏塔（脱丁烷塔），所采用的原料是来自脱丙烷塔的釜液（主要有C4、C5、C6、C7等），通过精馏后，实现丁烷与其余烷烃的分离。在塔顶得到丁烷，塔釜得到其他烷类混合物。

通过精馏过程之所以能实现混合物料的分离，原因是液体混合物各组分相对挥发度不同，将脱丙烷塔釜混合物部分汽化，由于丁烷的沸点较低，即其挥发度较高，故丁烷易于从液相中汽化出来，再将汽化的蒸气冷凝，可得到丁烷组成高于原料的混合物，经过多次汽化冷凝，即可达到分离混合物中丁烷的目的。

原料为67.8℃脱丙烷塔的釜液，由脱丁烷塔（DA 405）的第16块板进料（全塔共32块板），进料量由流量控制器FIC101控制。提馏段灵敏板温度由调节器TC101通过调节进入再沸器加热蒸气的流量来控制，从而控制丁烷的分离质量。

脱丁烷塔釜液（主要为C5以上馏分）一部分作为产品采出，一部分经再沸器（EA408A、B）部分汽化为蒸气从塔底上升。塔釜的液位和塔釜产品采出量由LC101和FC102组成的串级控制器控制。再沸器采用低压蒸气加热。塔釜蒸气缓冲罐（FA414）液位由液位控制器LC102通过调节底部采出量控制。

塔顶的上升蒸气（C4馏分和少量C5馏分）经塔顶冷凝器（EA419）全部冷凝成液体，该冷凝液靠位差流入回流罐（FA408）。塔顶压力PC102采用分程控制：在正常的压力波动下，通过调节塔顶冷凝器的冷却水量来调节压力，当压力超高时，压力报警系统发出报警信号，PC102调节塔顶至回流罐的排气量来控制塔顶压力调节气相出料。塔顶操作压力大于4.25 atm（表压）时，高压控制器PC101将调节回流罐的气相排放量，来控制塔内压力稳定。冷凝器以冷却水为载热体。回流罐液位由液位控制器LC103调节塔顶产品采出量来维持恒定。回流罐中的液体一部分作为塔顶产品送下一工序，另一部分液体由回流泵（GA412A、B）送回塔顶作为回流，回流量由流量控制器FC104控制。精馏塔仿真系统工艺流程图如图5—2—1和图5—2—2所示。

二、复杂控制方案说明

精馏塔单元复杂控制回路主要是串级回路的使用。串级回路是在简单调节系统基础上发展起来的。在结构上，串级回路调节系统有两个闭合回路。主、副调节器串联，主调节器的输出为副调节器的给定值，系统通过副调节器的输出操纵调节阀动作，实现对主参数的定值调节。所以在串级回路调节系统中，主回路是定值调节系统，副回路是随动系统。

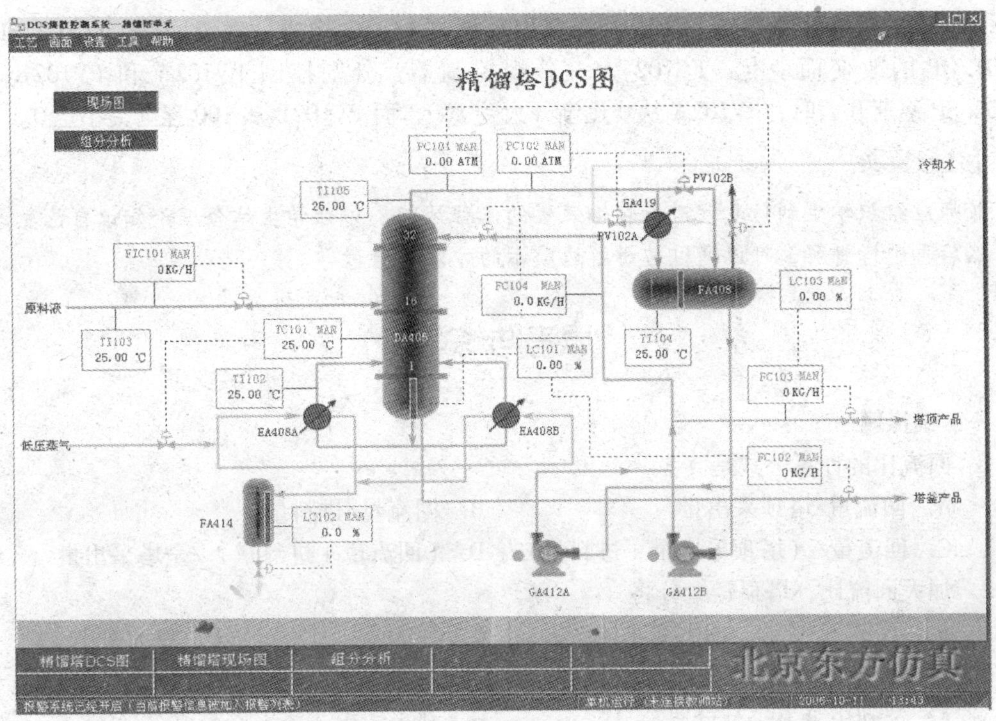

图 5—2—1　精馏塔 DCS 界面

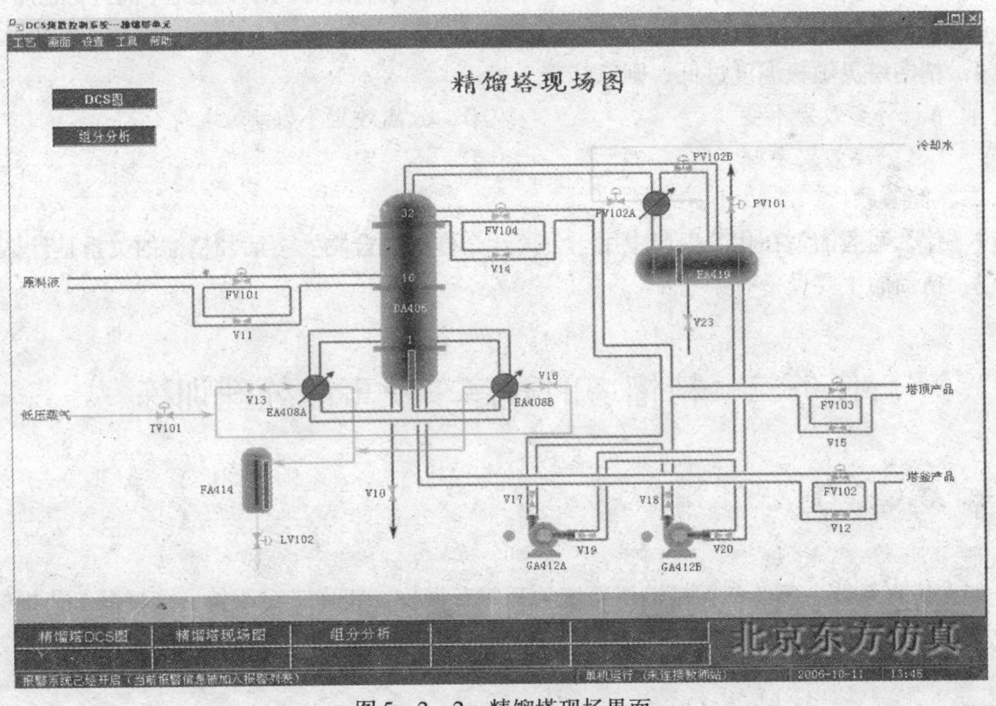

图 5—2—2　精馏塔现场界面

分程控制就是由一只调节器的输出信号控制两只或更多只调节阀，每只调节阀在调节器的输出信号的某段范围中工作。

具体实例：

DA405 的塔釜液位控制 LC101 和塔釜出料控制 FC102 构成一串级回路。FC102. SP 随 LC101. OP 的改变而变化。FC102 为一分程控制器，分别控制 PV102A 和 PV102B，当 FC102. SP 逐渐开大时，PV102A 从 0 逐渐开大到 100，而 PV102B 从 100 逐渐关小至 0。

【注意事项】

教师应组织学生到仿真室进行精馏装置的流程认识，先让学生结合理论知识自己熟悉流程，然后再进行讲解，可以通过边讲解边演示的方法进行教学。

思考与练习

一、选择题

1. 回流比的计算公式是（　　）。

A. 回流量/塔顶采出量　　B. 回流量/进料量

C. 回流量/（塔顶采出量 + 进料量）　　D. （回流量 + 进料量）/全塔采出量

2. 加大回流比，塔顶轻组分将（　　）。

A. 不变　　B. 变小　　C. 变大　　D. 忽大忽小

3. 蒸馏和精馏的共性是（　　）。

A. 都利用重力进行分离　　B. 都采用板式塔

C. 都遵循气液平衡原理　　D. 都利用组分的挥发能力不同进行物质分离

E. 都采用填料塔

4. 精馏塔灵敏板温度过低，则意味着（　　）。

A. 分离效果不变　　B. 分离效果不好

C. 分离效果更好　　D. 不一定

二、简答题

1. 什么叫蒸馏？在化工生产中用于分离什么样的混合物？蒸馏和精馏的关系是什么？

2. 精馏的主要设备有哪些？

任务二　精馏塔的开停车及事故处理训练

任务提出

能在仿真系统中熟练掌握精馏塔系统的开停车操作、正常工况维持，能根据工艺指标的变化判断事故原因及处理方法。

任务分析

本仿真系统采用东方仿真软件技术有限公司产品化工单元仿真培训系统，它贴近生产实际，整个操作过程应严格按照生产操作规程和安全操作规程进行，通过学生反复训练，掌握精馏塔的相关操作。本部分的重点是突出训练精馏塔的开车操作，这是非常重要的，因为开车操作是整个精馏塔仿真实训的重点，是学习好精馏塔事故处理的前提。

任务实施

一、精馏塔冷态开车操作规程

装置冷态开车状态为精馏塔单元处于常温、常压氮吹扫完毕后的氮封状态，所有阀门、机泵处于关停状态。

1. 进料及排放不凝气

不凝气体的存在，会导致精馏塔压力升高，全塔压力不稳定，所以要排放不凝气。

（1）打开 PV102B 前截止阀 V51。

（2）打开 PV102B 后截止阀 V52。

（3）打开 PV101 前截止阀 V45。

（4）打开 PV101 后截止阀 V46。

（5）微开 PV101 排放塔内不凝气。

【注意】

1）控制阀附属的前后截止阀在图 5—2—1、图 5—2—2 中均未画出。

2）阀门开度要小。

（6）打开 FV101 前截止阀 V31。

（7）打开 FV101 后截止阀 V32。

（8）向精馏塔进料：缓慢打开 FV101，直到开度大于 40%。

（9）当压力升高至 0.5 atm（表压）时，关闭 PV101。

（10）塔顶压力大于 1.0 atm，不超过 4.25 atm。

【注意】

最好要维持 PC101 压力大于 1.0 atm 且小于 4.25 atm 的时间大于 1 min；在整个开车过程中，如果压力过高，可微开 PC101 调节阀适当放空，等压力降下来后再及时将其关闭。

2. 启动再沸器

（1）打开 PV102A 前截止阀 V48。

（2）打开 PV102A 后截止阀 V49。

（3）待塔顶压力 PC101 升至 0.5 atm（表压）后，逐渐打开冷凝水调节阀 PV102A 至开度 50%。

【注意】

如果在开车过程中塔压上升较快，可通过开大 PC102 的输出，改变塔顶冷凝器冷却水量和旁路量来控制塔压稳定。

（4）待塔釜液位 LC101 升至 20% 以上后，全开加热蒸气入口阀 V13。

（5）打开 TV101 前截止阀 V33。

（6）打开 TV101 后截止阀 V34。

(7) 稍开 TC101 调节阀，给再沸器缓慢加热。

【注意】

开度一定要小于 30%，否则步骤 (12) 将出错，建议将开度定为 25%。

(8) 打开 LV102 前截止阀 V36。

(9) 打开 LV102 后截止阀 V37。

(10) 将蒸气冷凝水储罐 FA414 的液位控制 LC102 设为自动。

(11) 将蒸气冷凝水储罐 FA414 的液位 LC102 设定在 50%。

(12) 逐渐开大 TV101 至 50%，使塔釜温度逐渐上升至 100℃，灵敏板温度 TC101 升至 75℃。

【注意】

1) 必须将 LC102 投自动设定为 50% 后才能将 TV101 开大至大于 30%，否则本步骤出错。

2) 每一个控制阀的前、后都有截止阀，要打开控制阀时就要先把前后的截止阀打开。

3. 建立回流

【注意】

需同时满足以下条件才可以建立回流，即：塔釜温度、灵敏板温度都大于 60℃、回流罐液位大于 20%。

(1) 打开回流泵 GA412A 入口阀 V19。

【注意】

建议将阀门开度开至 50%。

(2) 启动泵。

(3) 打开泵出口阀 V17。

【注意】

建议将阀门开度开至 50%。

(4) 打开 FV104 前截止阀 V43。

(5) 打开 FV104 后截止阀 V44。

(6) 手动打开调节阀 FV104，维持回流罐液位 LC103 升至 40% 以上。

【注意】

在打开塔顶产品采出阀门之前，FV104 的开度在 32% 左右，以便维持流量在 9 664 kg/h 左右。

4. 调整至正常

(1) 待塔压稳定后，将 PC101 设置为自动。

(2) 设定 PC101 为 4. 25 atm。

(3) 将 PC102 设置为自动。

(4) 设定 PC102 为 4. 25 atm。

(5) 塔压完全稳定后，将 PC101 设置为 5. 0 atm。

(6) 待进料量稳定在 14 056 kg/h 后，将 FIC101 设置为自动。

(7) 设定 FIC101 为 14 056 kg/h。

(8) 灵敏板温度 TC101 稳定在 89.3℃，塔釜温度 TI102 稳定在 109.3℃后，将 TC101 设置为自动。

【注意】

在将 TC101 设置为自动之前，要慢慢地将 V13 关小至 50% 或将 TC101 关小至 25% 左右，然后再将 TC101 设置为自动；否则 TC101 波动较大。

(9) 进料量稳定在 14 056 kg/h。

(10) 塔釜温度稳定在 109.3℃。

(11) 将调节阀 FV104 开至 50%。

(12) 当 FC104 流量稳定在 9 664 kg/h 后，将其设置为自动。

(13) 设定 FC104 为 9 664 kg/h。

(14) FC104 流量稳定在 9 664 kg/h。

(15) 打开 FV102 前截止阀 V39。

(16) 打开 FV102 后截止阀 V40。

(17) 当塔釜液位 LC101 无法维持时（大于 35%），逐渐打开 FC102，采出塔釜产品。

(18) 当塔釜产品采出量稳定在 7 349 kg/h 时，将 FC102 设置为自动。

(19) 设定 FC102 为 7 349 kg/h。

(20) 将 LC101 设置为自动。

(21) 设定 LC101 为 50%。

(22) 将 FC102 设置为串级。

(23) 塔釜产品采出量稳定在 7 349 kg/h。

(24) 打开 FV103 前截止阀 V41。

(25) 打开 FV103 后截止阀 V42。

(26) 当回流罐液位无法维持时，逐渐打开 FV103，采出塔顶产品。

(27) 待产出稳定在 6 707 kg/h，将 FC103 设置为自动。

(28) 设定 FC103 为 6 707 kg/h。

(29) 将 LC103 设置为自动。

(30) 设定 LC103 为 50%。

(31) 将 FC103 设置为串级。

(32) 塔顶产品采出量稳定在 6 707 kg/h。

【注意】

精馏塔操作的好坏，主要是看塔的稳定性，包括原料液、塔顶产品、塔釜产品流量的稳定以及塔板温度和塔内压力的稳定。其中，最不容易控制的是塔内压力，了解这一点对操作好精馏塔很重要。

二、精馏塔的正常停车操作规程

1. 降负荷

(1) 手动逐步关小调解阀 FV101，使进料降至正常进料量的 70%。

【注意】

FV101 开度小于 37%，可开至 34%。

（2）进料降至正常进料量的 70%。

【注意】

保证 FV101 <9 850 kg/h。

（3）保持灵敏板温度 TC101 的稳定性。

【注意】

将 TC101 的开度先关小至 38% 左右，等 TC101 开始下降时再将 TC101 的开度开至 43%，然后再将 TC101 设为自动即可。

（4）保持塔压 PC102 的稳定性。

（5）断开 LC103 和 FC103 的串级，手动开大 FV103（开度大于 90%），使液位 LC103 降至 20%。

（6）液位 LC103 降至 20%。

（7）断开 LC101 和 FC102 的串级，手动开大 FV102（开度大于 90%），使液位 LC101 降至 30%。

（8）液位 LC101 降至 30%。

2. 停进料和再沸器

【注意】

等进料量小于 9 850 kg/h 延时 60 s、回流罐液位小于 20% 延时 20 s、塔釜液位小于 30% 延时 10 s 满足后才能进行停进料和再沸器；但对于上述三个条件，一般来说，回流罐液位下降最慢，等回流罐液位小于 20% 延时 60 s 之后再进行停进料和再沸器可使降负荷中的质量评分得分较高。

（1）停精馏塔进料，关闭调节阀 FV101。

（2）关闭 FV101 前截止阀 V31。

（3）关闭 FV101 后截止阀 V32。

（4）关闭调节阀 TV101。

（5）关闭 TV101 前截止阀 V33。

（6）关闭 TV101 后截止阀 V34。

（7）停加热蒸气，关加热蒸气阀 V13。

（8）停止产品采出，手动关闭 FV102。

（9）关闭 FV102 前截止阀 V39。

（10）关闭 FV102 后截止阀 V40。

（11）手动关闭 FV103。

（12）关闭 FV103 前截止阀 V41。

（13）关闭 FV103 后截止阀 V42。

（14）打开塔釜泄液阀 V10，排出不合格产品。

（15）将 LC102 置为手动模式。

（16）操作 LV102 对 FA414 进行泄液。

3. 停回流

（1）手动开大 FV104，将回流罐内液体全部打入精馏塔，以降低塔内温度。

（2）当回流罐液位降至 0%，停回流，关闭调节阀 FV104。

（3）关闭 FV104 前截止阀 V43。

（4）关闭 FV104 后截止阀 V44。

（5）关闭泵出口阀 V17。

（6）停泵 GA412A。

（7）关闭泵入口阀 V19。

4. 降压、降温

（1）塔内液体排完后，手动打开 PV101 进行降压。

（2）当塔压降至常压后，关闭 PV101。

【注意】

有时精馏塔降温不彻底，关闭 PV101 后会导致塔压迅速升高，此时可打开 V47 进一步降压。

（3）关闭 PV101 前截止阀 V45。

（4）关闭 PV101 后截止阀 V46。

（5）灵敏板温度降至 50℃以下，PC102 投手动。

（6）灵敏板温度降至 50℃以下，关塔顶冷凝器冷凝水，手动关闭 PV102A。

（7）关闭 PV102A 前截止阀 V48。

（8）关闭 PV102A 后截止阀 V49。

（9）当塔釜液位降至 0% 后，关闭泄液阀 V10。

【注意】

由于每一个控制阀的前、后都有截止阀，控制阀关闭时，先关闭控制阀，然后把控制阀的前、后截止阀关闭。

三、精馏塔的事故处理操作规程

精馏塔的常见事故及处理操作规程见表 5—2—1。

表 5—2—1　　精馏塔的常见事故及处理操作规程

序号	异常现象	发生原因	处理方法
1	塔釜温度持续上升，蒸气缓冲罐液位升高	加热蒸气压力过高	手动调节 TV101，待温度稳定后再设为自动
2	塔釜温度持续下降，蒸气缓冲罐液位下降	加热蒸气压力过低	手动调节 TV101，待温度稳定后再设为自动
3	塔顶温度上升，塔顶压力升高，回流灌液位下降，回流量减小	冷凝水中断	手动打开回流罐放空阀、停塔釜加热、停进料、停出料、停回流、排放残液
4	回流泵 GA412A 停止，回流中断、塔顶产品采出中断	停电	手动打开回流罐放空阀、停塔釜加热、停进料、停出料、停回流、排放残液

续表

序号	异常现象	发生原因	处理方法
5	回流中断，塔顶温度上升、灵敏板温度上升、塔顶产品采出中断	回流泵 GA412A 坏	开备用泵，停坏泵
6	回流减小，塔顶温度上升、灵敏板温度上升、塔顶产品采出增大	回流控制阀 FC104 卡	开旁路阀，关调节阀调节至正常
7	塔釜温度下降，灵敏板温度下降	加热蒸气停	手动打开回流罐放空阀、停塔釜加热、停进料、停出料、停回流、排放残液
8	塔釜采出流量下降，塔釜液位上升	塔釜出料调节阀卡	开旁路阀，关调节阀调节至正常
9	塔釜温度下降，灵敏板温度下降	再沸器严重结垢	打开备用再沸器，关闭结垢再沸器
10	流量仪表指示为零，温度指示仪表示数下降，塔顶压力指示下降	仪表风停	打开各调节阀的旁路阀，关闭调节阀前后阀，并调节至正常
11	进料量增加	进料压力突然增大	进料调节阀改手动，调节至正常后再设为自动
12	蒸气缓冲罐液位过高，灵敏板温度下降	再沸器积水	调节缓冲罐液位调节阀
13	回流罐液位超高	回流量或采出量过小	开大塔顶采出，调节回流量
14	塔釜轻组分含量偏高	回流量过大	调节回流量至正常
15	进料量增加，灵敏板温度下降	原料液进料调节阀卡	调节进料量至正常

【注意事项】

教师组织学生到仿真室进行精馏塔的开车操作。教师先进行讲解，包括步骤讲解和原理分析，通过边演示边讲解的方法进行教学。然后让学生自己练习，教师进行巡回指导，对于有问题的同学进行个别解答。学生自己练习 2 ~ 3 个学时后，教师再进行操作步骤讲解（边演示边讲解），这次要把重点放在容易出错的地方。教师讲解完成后学生继续自己练习，如果学生通过练习后依旧存在问题，教师再次进行讲解。

思考与练习

一、选择题

1．开车前要排放不凝气和进行实气置换的原因是（　　）。

A．可以不做，没有影响　　B．提高塔釜重组分的含量

C．提高塔顶轻组分的含量　　D．提高塔釜轻组分的含量

2．精馏中的不凝气是指（　　）。

A．空气　　B．氮气　　C．烷烃蒸气　　D．天然气

3. 在串级控制中副回路的给定值从（　　）得到。

A. 主回路的测量值　　B. 主回路的输出值

C. 副回路的测量值　　D. 副回路的输出值

4. 测量值和设定值的偏差不大于（　　），投自动比较适宜。

A. 5%　　B. 10%　　C. 15%　　D. 20%

5. 回流泵异常故障后，主要的工艺现象是（　　）。

A. 塔顶温度上升　　B. 塔顶压力上升

C. 塔釜温度下降　　D. 塔顶轻组分增加

E. 塔釜轻组分增加

6. 如果精馏塔的塔顶温度超高，应采取的稳妥办法是（　　）。

A. 增加回流量　　B. 塔顶放空

C. 减少塔釜再沸器的蒸气供应量　　D. 加大塔顶冷凝水量

E. 增加全塔进料量

二、简答题

1. 在本单元中，如果塔顶温度、压力都超过了标准，可以采用哪几种方法将系统调节稳定？

2. 当系统在一较高负荷突然出现大的波动、不稳定时，为什么要将系统降到一低负荷的稳态，再重新开到高负荷？

3. 根据本任务的知识，结合化工原理，说明回流比的作用。

4. 若精馏塔灵敏板温度过高或过低，则意味着分离效果如何？应通过改变哪些变量来调节至正常？

5. 请分析本流程中是如何通过分程控制来调节精馏塔正常操作压力的。

6. 根据任务的知识，理解串级控制的工作原理和操作方法。

课题三　精馏装置的实训操作

由于精馏是化工生产中非常重要的单元操作。所以在学习完理论及仿真操作后，还应在精馏实训室进行精馏塔的实训，通过训练学生的开车、停车、事故处理技能，使学生对精馏操作从理论到实训进行全面的掌握。

任务一　精馏实训装置流程认识

任务提出

能识读带控制点的精馏装置流程图，认识实训装置中的工艺管线、设备、测量装置、管件和阀门，并掌握其作用。

任务分析

对于精馏实训，首先要进行精馏流程认识实习，学习好精馏流程是进行精馏实训的基础。

相关知识

一、精馏实训装置流程图

精馏实训装置流程图如图 5—3—1 所示。

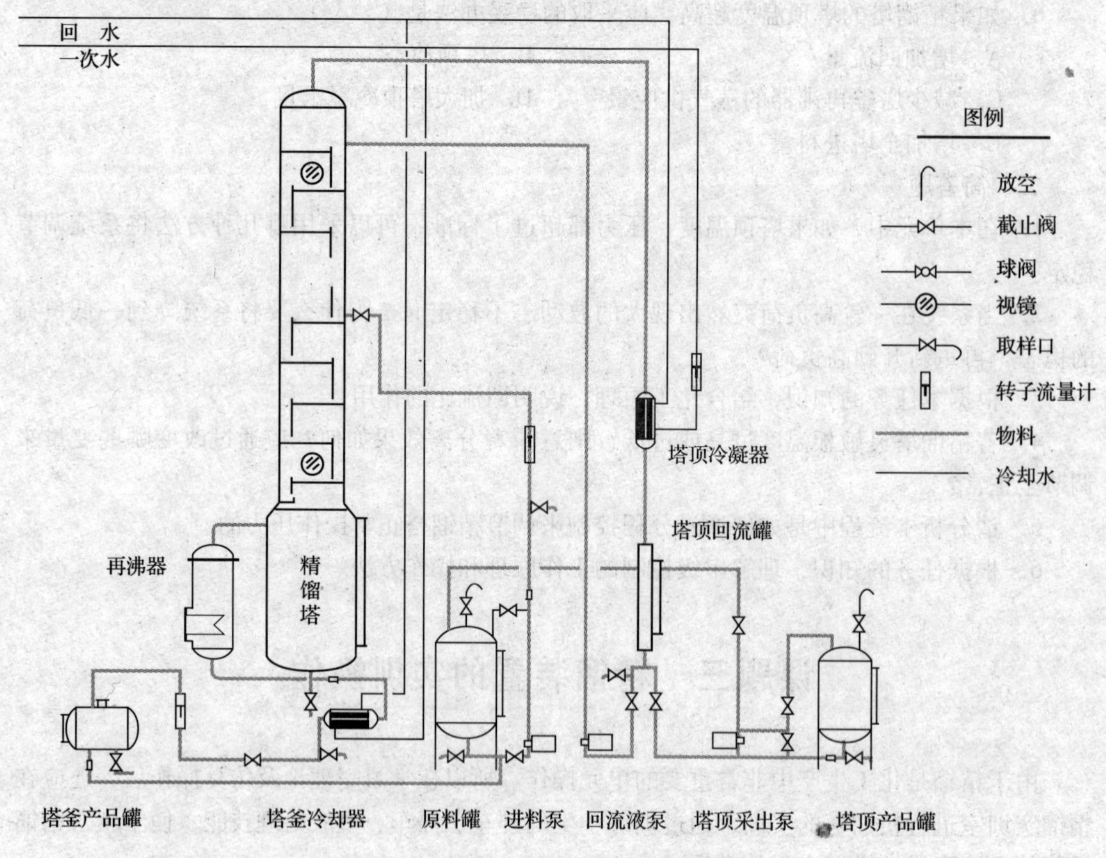

图 5—3—1 精馏实训装置流程图

二、精馏装置流程图的描述

原料从原料罐通过原料泵做功进入精馏塔中，这个精馏塔有三个进料口，可以任意选择一个作为加料位置。

精馏塔塔底和再沸器是底部连通的，塔底产品从塔釜通过塔釜换热器进入塔釜产品罐。塔顶产品从精馏塔塔顶通过塔顶冷凝器进入回流罐，从回流罐出来的塔顶产品一部分通过回流泵回流回塔顶，另一部分通过采出泵进入塔顶产品储槽。

冷凝水通过转子流量计的计量后进入塔顶冷凝器与塔顶产品换热，然后进入塔底换热器与塔底产品换热。

三、流程的控制

1. 流量控制

本流程原料的流量、塔顶产品的流量、回流量都是通过控制泵的流量来控制的，由于所采用的泵都是计量泵，所以泵的流量是通过改变泵的频率而实现的。

2. 温度控制

本流程塔釜温度、回流液温度分别通过塔釜加热器、塔顶冷凝器来控制，塔釜加热器的加热量是通过改变加热电压来实现的，塔顶冷凝器的冷凝量通过改变冷却水流量来实现。各塔板温度受塔釜加热器加热量、塔顶回流液流量、回流液温度、进料液量、进料温度等多种因素控制，操作中视具体情况通过改变一个或几个控制因素来实现。

四、精馏装置的主要设备及作用

1. 原料罐

原料罐的作用是储存原料。

2. 进料泵

进料泵的作用是把原料输送到精馏塔内。

3. 精馏塔

精馏塔的作用是实现易挥发组分和难挥发组分的分离。

4. 塔顶冷凝器

塔顶冷凝器的作用是把塔顶蒸气冷凝成液体。

5. 塔顶回流罐

塔顶回流罐的作用是暂时储存塔顶产品，为回流泵和采出泵的正常运转提供条件。

6. 回流液泵

回流液泵的作用是把塔顶产品部分返回精馏塔顶。

7. 塔顶采出泵

塔顶采出泵的作用是把塔顶产品采出到产品罐。

8. 塔顶产品罐

塔顶产品罐的作用是储存塔顶产品。

9. 塔釜冷却器

塔釜冷却器的作用是冷却塔釜残液。

10. 塔釜产品罐

塔釜产品罐的作用是储存塔釜残液。

五、精馏流程简图

精馏装置流程可用图 5—3—2 所示的简图来表示：

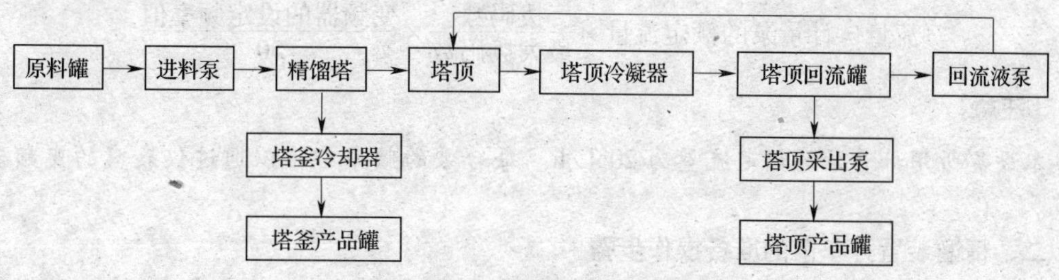

图 5—3—2　精馏装置流程简图

【注意事项】

教师组织学生到精馏实训室进行精馏装置的流程认识，先让学生自己熟悉装置，然后再进行讲解，最后让学生自己绘制精馏装置的流程图以加深对流程图的掌握。

思考与练习

简答题

1. 从节约能源的角度考虑应怎样改进设备？
2. 如果要考虑塔顶冷凝器所用冷却水的循环利用，你有什么好的设计方案吗？
3. 画出简单的精馏装置流程图。

任务二　精馏装置开车前的准备

任务提出

了解精馏装置开车前所做的准备工作。

任务分析

在对精馏实训装置进行操作之前，要先做些准备工作，如学会泵的开启和调节，以及如何配备原料。

任务实施

一、泵流量控制

在学习精馏装置的开车前，要先学会怎么调节泵的流量，本设备的进料泵、回流泵、采出泵用的都是计量泵，开泵之前先把相应管线的阀门都打开。

泵流量控制方案主要有两个：一是固定变频器的输出值，调节回流泵的行程；二是固定回流泵的行程，调节变频器的输出值。

泵的流量计算公式如下

$$\text{流量}=\text{计量泵的额定流量}\times\frac{\text{拨码数}}{\text{最大拨码数}}\times\frac{\text{变频器的设定频率值}}{50}$$

【注意】

本设备所用计量泵的额定流量为 20 L/h。每台泵的频率都可以通过仪表盘的变频器来调节。

二、精馏装置开车前的准备操作步骤

1. 配原料：配制一定浓度的酒精溶液，浓度控制在 15% ~25%（体积比）。然后把配

制好的酒精溶液加入到原料罐中，加料位置要到原料罐的1/2～2/3。

2. 用酒精计分析原料罐料液浓度，记录原料罐储量和含量。

3. 检查冷却水系统：打开冷却水回水阀、上水阀，检查有无供水，然后关上水阀。

4. 检查各阀门状态，要保持各阀门处于关闭状态。

5. 检查记录塔釜、原料罐、馏出罐液位，记录在精馏操作记录表中（记录表见本模块附表）。

6. 检查电源和仪表显示：开启总电源、仪表盘电源，查看加热电压显示、温度显示是否正常。如果出现异常举手报告教师解决。

【注意事项】

教师组织学生到精馏实训室进行精馏装置的开车前准备，先让学生自己回顾精馏装置的流程，然后再对装置开车前的准备进行讲解。

思考与练习

简答题

1. 本设备所用进料泵和回流泵的流量如何调节？

2. 酒精浓度计的使用要点有哪些？

任务三　精馏实训装置的开、停车操作

任务提出

学习完精馏装置的开车前准备，接下来就要学习精馏装置的开、停车操作，包括精馏装置的开车操作、全回流的建立、部分回流的建立以及精馏的停车操作。

任务分析

这部分内容主要是对操作步骤的理解和记忆。比较重要的是建立全回流，只有全回流操作好了，才能保证产品的浓度，才能保证由全回流到部分回流过渡时顺利进行。

相关知识

一、精馏装置的开车操作

1. 打开进料管线上的阀门，开启进料泵，把原料罐的原料用泵输入塔釜（塔釜和再沸器底部相通），塔釜液位停留在280 mm，然后关闭进料泵和相应管线上的阀门。

2. 开冷凝器进水阀，调节冷却水流量至适宜，本装置要求水的流量维持在200 mL/h。

3．打开再沸器的电加热开关，加热电压调至 200 V，加热塔釜内原料液。

4．通过第十二节塔段上的视镜和第二节玻璃观测段，观察液体加热情况。当液体开始沸腾时，注意观察塔内气液接触状况，同时将加热电压设定在 140～170 V 的某一数值。加热电压的设定根据气液接触状况而定，要保证精馏塔内气液的泡沫状接触状态。

5．随时观测塔内各点温度、压力、流量和液位值的变化情况，每 5 min 记录一次数据，记录表见本模块附表。

二、精馏装置的全回流操作

1．当馏出罐液位达到 150 mm 时，开回流阀，启动回流泵，进行全回流操作。适时调节回流流量，使塔顶回流罐的液位稳定在 150～200 mm 的某一值。

2．当塔顶温度保持恒定一段时间（15 min）后，在塔顶的取样点位置取样分析。用酒精浓度计测量其值。

3．随时观测塔内各点温度、压力、流量和液位值的变化情况，每 5 min 记录一次数据。记录表见本模块附表。

【注意】

1．回流罐液位的稳定，要靠调节回流泵的流量来实现。如果液位升高，就加大回流泵的流量；如果液位降低，就减小回流泵的流量。

2．塔顶温度的变化表示了产品浓度的变化，如果塔顶温度变化比较大，说明塔的操作非常不稳定。相反，如果塔顶温度变化不大，说明塔的操作比较稳定。

三、精馏装置的部分回流的建立

1．待全回流稳定后，切换至部分回流，将原料罐—进料泵—进料口管线上的相关阀门全部打开，使进料管路通畅。

2．将进料计量泵的行程调至 4 L/h，然后开启进料泵和塔顶出料泵，适时调节回流泵和采出泵的流量，以使塔顶回流罐液位稳定。

3．观测塔顶回流液位变化情况，以及回流和出料流量计值的变化。在此过程中可根据情况小幅增大塔釜加热电压值（5～10 V），以及冷凝水流量。如果操作状态稳定，操作参数也可不变。

4．待塔顶温度稳定一段时间后，取样测量浓度，部分回流结束。

5．随时观测塔内各点温度、压力、流量和液位值的变化情况，每 5 min 记录一次数据。记录表见本模块附表。

【注意】

精馏塔在进行部分回流操作时，要满足全塔物料衡算式：式（5—1—1）和式（5—1—2）。

四、精馏装置的停车操作

1．短期停车操作

（1）关闭进料泵及相应管线上阀门。

（2）关闭再沸器电加热开关。

（3）关闭采出泵及相应管线上阀门。

（4）关闭回流泵及相应管线上阀门。

（5）记录各储罐液位。

（6）各阀门恢复开车前状态，即都保持关闭状态。

（7）关闭进水阀、回水阀。

（8）关仪表电源和总电源。

（9）清理装置，打扫卫生。

2. 长期停车操作

（1）关闭进料泵及相应管线上阀门。

（2）关闭再沸器电加热开关。

（3）关闭采出泵及相应管线上阀门。

（4）开启回流泵，把回流罐的液体输入到塔内。

（5）关闭回流泵及相应管线上阀门。

（6）关闭进水阀、回水阀。

（7）把塔釜的液体排出，同时把原料罐、塔釜产品罐、塔顶产品罐的液体排净。

（8）关仪表电源和总电源。

（9）清理装置，打扫卫生。

【注意事项】

教师组织学生到精馏实训室进行精馏装置的操作训练时，先让学生自己回顾精馏装置开车前的准备工作，然后进行对精馏装置的开车操作，建立全回流、部分回流以及精馏的停车操作。

【知识拓展】

精馏塔的气液接触状况

板式塔内气液两相在塔板上充分接触，发生剧烈的搅拌，以实现热、质传递。气液在塔板上的接触状态大致有三种。

1. 鼓泡接触状态

当气速很低时，气流断裂成气泡在液层中自由浮升，塔板上两相呈鼓泡接触状态。塔板上清液多，气泡数量少，两相的接触面积为气泡表面。因气泡表面的湍动程度不大，所以鼓泡接触状态的传质阻力大。

2. 泡沫接触状态

随着气速增加，气泡数量急剧增加，气泡不断发生合并和破裂，此时，液体以液膜的形式存在于气泡之间，此种接触状态称为泡沫接触状态。两相间传质面为面积很大的液膜，而且此液膜处在高度湍动和不断更新之中，为两相传质创造了良好的条件，是一种较好的塔板工作状态。

3. 喷射接触状态

当气速继续增加时，动能很大的气体以射流形式穿过液层，将板上液体破碎成许多大小不等的液滴而抛向塔板上方空间。被喷射出的直径较大的液滴受重力作用，落下后又在塔板上汇集成很薄的液层并再次被破碎抛出。直径较小的液滴，被气体带走形成液沫夹带，此种接触状态被称为喷射接触状态。液滴的外表面为两相传质面积，液滴的多次形成与合并使传质面不断更新，亦为两相间的传质创造了良好的条件，所以也是一种较好的工作状态。

泡沫接触状态与喷射接触状态均为优良的工作状态，但喷射接触状态是塔板操作的极限，液沫夹带较多，所以多数塔操作均控制在泡沫接触状态。

思考与练习

一、选择题

1. 精馏塔的操作中，先后顺序正确的是（　　）。
   A. 先打开再沸器的电加热开关再通入冷凝水　B. 先停冷却水，再停产品产出
   C. 先停再沸器，再停进料　D. 先全回流操作再调节适宜回流比
2. 精馏塔开车时，塔顶馏出物应该是（　　）。
   A. 全回流　B. 部分回流部分出料
   C. 应该低于最小回流比回流　D. 全部出料
3. 精馏塔温度控制最关键的部位是（　　）。
   A. 灵敏板温度　B. 塔底温度　C. 塔顶温度　D. 进料温度

二、简答题

1. 工业生产中精馏塔内最好保持怎样的气－液接触状况？
2. 简述精馏塔的开车步骤。
3. 精馏塔应该在何时建立部分回流操作？
4. 简述精馏塔的停车步骤。

任务四　精馏实训装置正常工况的维持

任务提出

在进行精馏操作时，进料温度和组成以及回流比的变化等都会对精馏过程产生影响，所以，进行精馏操作分析是操作人员必备的技能。

任务分析

除了设备问题以外，精馏操作过程的影响因素主要有以下几个方面：进料温度，进料状态，进料组成，进料位置，回流量，气、液流量。

要求会对影响精馏操作的主要因素进行分析，能维持精馏实训装置的正常操作状态。

相关知识

一、进料温度对精馏操作的影响

进料温度的变化对精馏操作的影响很大。总的来讲，进料温度降低，将增加塔底再沸器

的热负荷，减少塔顶冷凝器的冷负荷。进料温度升高，则增加塔顶冷凝器的冷负荷，减少塔底蒸发釜的热负荷。当进料温度的变化幅度过大时，通常会影响整个塔身的温度，从而改变气液平衡组成。例如：进料温度过低，塔釜加热蒸气量（或电量）没有富余的情况下，将会使塔底馏分中轻组分含量增加，从而使轻组分的回收率降低。所以了解进料温度的变化对精馏操作的影响至关重要。

对于本装置来说，进料温度通过预热器控制在合适的范围内。通过训练让学生了解进料温度的变化对精馏装置的影响，从而使理论和实践相结合。

二、进料状态对精馏操作的影响

1. 五种进料状况简述

在生产实际中，引入塔内的原料可能有五种不同的状况：泡点（饱和液体）进料、饱和蒸气进料、气液混合进料、过冷液体进料和过热蒸气进料，如图 5—3—3 所示。

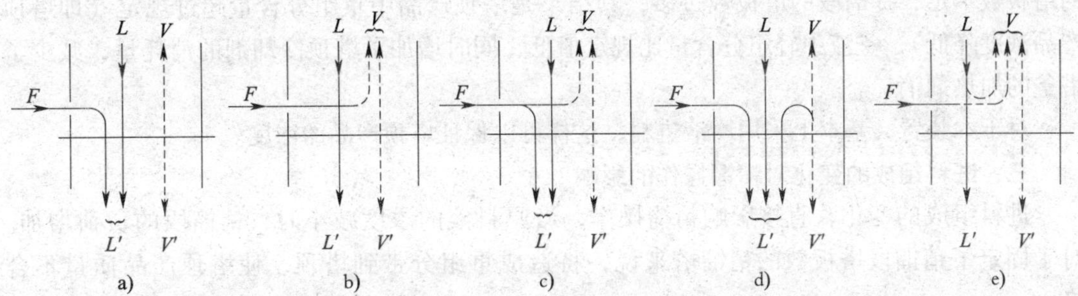

图 5—3—3　各种加料情况对精馏操作的影响

a）泡点（饱和液体）进料　b）饱和蒸汽进料　c）气液混合进料　d）过冷液体进料　e）过热蒸气进料

（1）泡点（饱和液体）进料

原料液加入后不会在加料板上产生汽化或冷凝，进料全部作为提馏段的回流液，两段上升蒸气流量相等。

（2）饱和蒸气进料

进料中没有液体，整个进料与提馏段上升的蒸气汇合进入精馏段，两段的回流液流量相等。

（3）气液混合进料

进料中液相部分成为提馏段液相的一部分，而其中蒸气部分成为精馏段气相的一部分。

（4）过冷液体进料

因原料液温度低于加料板上沸腾液体的温度，原料液入塔后需要吸收一部分热量使全部进料加热到板上液体的泡点温度，这部分热量由提馏段上升的蒸气部分冷凝提供。此时，提馏段下降液体流量由三部分组成：精馏段回流液流量 L、原料液流量 F 和提馏段蒸气冷凝液流量。

（5）过热蒸气进料

过热蒸气入塔后不仅全部与提馏段上升蒸气汇合进入精馏段，还要放出显热成为饱和蒸气，此显热使加料板上的液体部分汽化。此情况下，进入精馏段的上升蒸气流量包括三部分：

1）提馏段上升蒸气流量 V。

2）原料液的流量 F。

3）加料板上部分汽化的蒸气流量。

由于部分液体汽化，下降到提馏段的液体流量要比精馏段的 L 要少。

2．进料状况对精馏操作的影响

对于精馏塔来说，原料液越冷，则相当于精馏段的塔板数越少，提馏段的塔板数越多，即越有利于提高塔顶产品的纯度而不利于回收提馏段中的轻组分。

例如，某精馏塔应为泡点（饱和液体）进料，当改为冷液进料时，则精馏段塔板数过多，提馏段塔板数不足，结果是塔顶产品质量可能提高（即塔顶产品浓度升高），而釜液中的轻组分的蒸出则不完全。若改为气液混合进料或者饱和蒸气、过饱和蒸气进料，则精馏段的塔板数不足，提馏段的塔板数过多，其结果是塔顶产品中重组分含量超过规定（即塔顶产品浓度降低），釜液中轻组分含量比规定值低，同时增加了塔顶冷却剂的消耗量，减少了塔釜的加热剂消耗。

对于本装置，基本上采用冷液进料，这样可以保证塔顶产品的浓度。

三、进料组成的变化对精馏操作的影响

进料组成的变化，直接影响精馏操作，当原料液的浓度减小时，精馏段的负荷增加。对于固定了精馏段塔板数的精馏塔来说，将造成重组分带到塔顶，使塔顶产品质量不合格。

若原料液的浓度增加（进料中的轻组分浓度增加）时，提馏段的负荷增加。对于固定了提馏段塔板数的塔来说，将造成提馏段的轻组分蒸出不完全，釜液中轻组分的损失加大。同时，进料组成的变化还将引起全塔物料平衡和工艺条件的变化。具体来说，原料液的浓度增加，则塔顶馏分增加，釜液排出量减少；同时，全塔温度下降，塔压升高。原料液的浓度降低，则塔顶馏分减小，釜液排出量增加；同时，全塔温度上升，塔压降低。

四、进料位置对精馏操作的影响

通常，精馏塔进料口有三个，安装在塔的不同高度上。生产中应根据具体情况，选择适当的进料口，必要时还需进行调整。按照最佳进料板位置的含义可知，对进料温度在泡点或接近泡点时进料的精馏塔，进料口的选择是依据进料的组成与进料板的组成相一致而决定的。一般来说，当被分离混合物中易挥发组分增多时，就选用位置较高的进料口；被分离混合物中易挥发组分减小时，就选用位置较低的进料口。进料状态改变时相应地调整进料口，进料温度降低时，用位置较高的进料口；反之，用位置较低的进料口。

五、回流比的大小对精馏操作的影响

1．回流比的概念

在精馏操作中，令 $L/D=R$，R 称为回流比，其中：L 为塔顶馏出液从冷凝器回流到塔顶的回流量（kmol/h），D 为塔顶产品（馏出液）流量（kmol/h），回流比有两个极限值，上限为全回流（即回流比为无穷大），下限为最小回流比，实际回流比是介于两极限值之间的某一适宜值。

2. 适宜回流比的选择

适宜回流比即操作费用和设备折旧费用之和为最低时的回流比。

实际的回流比一定要大于最小回流比。而适宜回流比需按实际情况，全面考虑设备费用（塔高、塔径、再沸器和冷凝器的传热面积等）和操作费用（热量和冷却器的消耗等），应通过经济核算来确定，使操作费用和设备费用之和为最低。

在精馏塔设计中，通常根据经验取最小回流比的一定倍数作为操作回流比。实际应用中一般都推荐采取最小回流比的1.1~2倍。

(1) 操作费用

操作费用主要是指再沸器中加热蒸气（或其他加热方法）消耗量和冷凝器中冷却水（或其他冷却方法）消耗量所引起的费用。加热或冷却介质增加，操作费就增加。如图5—3—4中的线2即为操作费用与回流比的关系曲线。

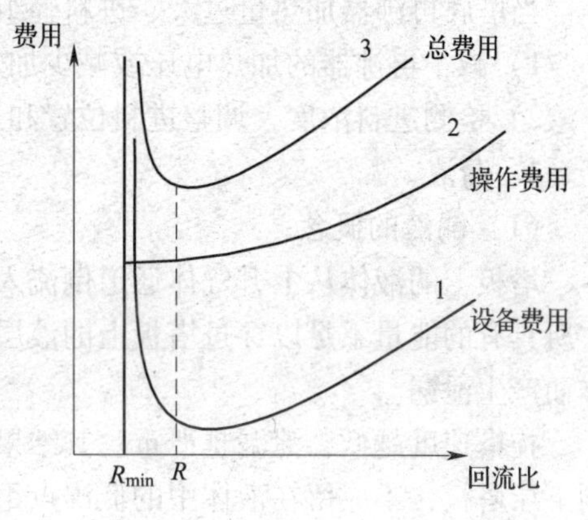

图5—3—4 适宜回流比的确定

(2) 设备费用

设备费用是指精馏塔、再沸器、冷却器等设备的投资费乘以折旧率。如果设备类型和材料已经选定，此项费用主要决定于设备尺寸。当$R=R_{min}$时，设备费用（塔板层数）$=\infty$，R稍大于R_{min}后，设备费用急剧降低，当R继续增大时，塔板层数虽然仍可减少，但减少速率变得缓慢。

另一方面由于R上升，蒸气V与V'增加，使塔径、塔板面积、再沸器及冷凝器等尺寸相应增大，因此当R增至某一值后，设备费用反而上升，如图5—3—4的线1所示。总费用为设备费用和操作费用之和，如图5—3—4中的线3所示。

实际生产中难分离的混合液应选用较大的回流比，为了减少加热蒸气（或电能）消耗量，应采用较小的回流比。

(3) 回流比的大小对精馏操作的影响

操作中改变回流比的大小，以满足产品的质量要求是经常遇到的问题。当塔顶产品浓度太低不合格时，常采用加大回流比的方法提高产品浓度（因为回流比增加，使操作线与平衡线距离加大，传质推动力增加，从而提高了塔顶产品的浓度），以使产品质量合格。

增加回流比，对从塔顶得到产品的精馏塔来说，可以提高产品质量，但是却要降低塔的生产能力，增加水、电、气的消耗。回流比过大，将会造成塔内物料的循环量过大，甚至能导致液泛，破坏塔的正常操作。

六、气、液流量异常对精馏操作的影响

在精馏塔内，有上升的气相和下降的液相，气相和液相的流量要适配，如果流量变化超出了一定范围，就会出现异常现象，常见的有液泛和漏液。

1. 液泛

(1) 液泛的概念

在精馏操作中，下层塔板上的液体涌至上层塔板，破坏了塔的正常操作，这种现象叫做液泛。

液泛形成的原因，主要是由于塔内上升蒸气的速度过大，超过了最大允许速度所造成的。另外在精馏操作中，也常常遇到液体负荷太大的现象，使溢流管内液面上升，以至上下塔板的液体连在一起，破坏了塔的正常操作，这也是液泛的一种形式。以上两种现象都属于液泛，但引起的原因是不一样的。

（2）液泛的处理措施

当塔底再沸器加热量过大、进料轻组分过多时可能导致液泛。处理措施为：

1）减小再沸器的加热电压或减少加热蒸气量，如产品不合格，停止出料和进料。

2）检测进料浓度，调整进料位置和进料中的轻组分浓度。

2. 漏液

（1）漏液的概念

塔板上的液体从上升气体通道倒流入下层塔板的现象叫漏液。在精馏操作中，如上升气体所具有的能量不足以穿过塔板上的液层，甚至低于液层所具有的位能，这时就会托不住液体而产生泄漏。

控塔速度越低，泄漏越严重。其结果是使一部分液体在塔板上没有和上升气体接触就流到下层塔板，不应留在液体中的低沸点组分没有蒸出去，致使塔板效率下降。因此，塔板的适宜操作的最低控塔速度是由液体泄漏量所限制的，正常操作中要求塔板的泄漏量不得大于塔板上液体量的10%。泄漏量的大小，是评价塔板性能的特性之一。筛形塔板、浮阀塔板和舌形塔板在塔内上升气速度小的情况下比较容易产生泄漏。

（2）漏液的处理措施

当塔底再沸器加热量过小、进料轻组分过少或温度过低时可能导致漏液。处理措施为：

1）加大再沸器的加热量；如产品不合格，停止出料和进料。

2）检测进料浓度和温度，调整进料位置和温度。

【注意事项】

教师组织学生到精馏实训室进行精馏装置的操作训练，先通过多媒体讲述影响精馏操作的主要因素，然后结合实训装置的操作，说明当操作条件发生变化或出现异常状况时怎么处理。

思考与练习

一、选择题

1. 加大回流比，塔顶轻组分组成将（　　）。

A. 不变　　B. 变小　　C. 变大　　D. 忽大忽小

2. 精馏操作中叙述正确的是（　　）。

A. 调节塔顶温度最直接有效的方法是调整回流量

B. 精馏塔的压力、温度达到工艺指标，塔顶产品就可以采出

C. 精馏塔的压力、温度达到工艺指标，塔釜物料才可以采出

D. 精馏塔的压力、温度达到工艺指标，回流阀就必须关闭，回流罐的液体全部作为产品采出

3. 精馏塔在操作时由于塔顶冷凝器冷却水用量不足而只能使蒸气部分冷凝，则馏出液浓度（　　）。

A. 增加　　B. 减小　　C. 不变　　D. 无法判断

4. 可能导致液泛的操作是（　　）。

A. 液体流量过小　　B. 气体流量过小

C. 过量液沫夹带　　D. 严重漏夜

5. 某精馏塔精馏段理论板数为n_1层，提馏段理论板数为n_2层，现因设备改造，使提馏段的理论板数增加，精馏段的理论板数不变，且F、x_F、q、R，V等均不变，则此时（　　）。

A. x_W减小，x_D增加　　B. x_W减小，x_D不变

C. x_W减小，x_D减小　　D. x_W减小，x_D的变化视具体情况而定

6. 下层塔板的液体漫到上层塔板的现象称为（　　）。

A. 液泛　　B. 漏液　　C. 载液

7. 下列选项中，不是产生液泛的原因的是（　　）。

A. 上升蒸气量大　　B. 下降液体量大

C. 再沸器加热量大　　D. 回流量小

8. 下列操作中，（　　）可引起冲塔。

A. 塔顶回流量大　　B. 塔釜蒸气量大

C. 塔釜蒸气量小　　D. 进料温度低

9. 下列操作属于板式塔正常操作的是（　　）。

A. 液泛　　B. 鼓泡　　C. 泄漏　　D. 雾沫夹带

10. 下列选项中，是产生塔板漏液的原因的是（　　）。

A. 上升蒸气量小　　B. 下降液体量大

C. 进料量大　　D. 再沸器加热量大

11. 严重的雾沫夹带将导致（　　）。

A. 塔压增大　　B. 板效率下降　　C. 液泛　　D. 板效率提高

12. 一座板式精馏塔操作时漏液，你准备采用（　　）方法加以解决。

A. 加大回流比　　B. 加大釜供热量　　C. 减少进料量

13. 由气体和液体流量过大两种原因共同造成的是（　　）现象。

A. 漏液　　B. 液沫夹带　　C. 气泡夹带　　D. 液泛

14. 在板式塔中进行气液传质时，若液体流量一定，气速过小，容易发生（　　）现象；气速过大，容易发生（　　）或（　　）现象，所以必须控制适宜的气速。

A. 漏液　液泛　淹塔　　B. 漏液　液泛　液沫夹带

C. 漏液　液沫夹带　淹塔　　D. 液沫夹带　液泛　淹塔

15. 在精馏塔操作中，若出现塔釜温度及压力不稳，则可能的原因是（　　）。

A. 蒸气压力不稳定　　B. 蒸气疏水器不畅通

C. 加热器有泄漏　　D. 以上三种原因

16. 在蒸馏生产中，液泛是容易产生的操作事故，其表现形式是（　　）。

A. 塔压增加　　B. 温度升高　　C. 回流比减小　　D. 温度降低

二、判断题

1. 减压蒸馏时应先加热再抽真空。（　　）

2. 精馏操作时，塔釜温度偏低，其他操作条件不变，则馏出液的组分变低。（　　）

3. 精馏操作时，增大回流比，其他操作条件不变，则精馏段的液气比和馏出液的组成均不变。（　　）

4. 精馏操作中，操作回流比必须大于最小回流比。（　　）

5. 精馏操作中，若塔板上气液两相接触越充分，则塔板分离能力越高，满足一定分离要求所需要的理论塔板数越少。（　　）

6. 精馏操作中，塔顶馏分中重组分含量增加时，常采用降低回流比来使产品质量合格。（　　）

7. 精馏塔操作过程中主要通过控制温度、压力、进料量和回流比来实现对气、液负荷的控制。（　　）

8. 精馏塔操作中，若馏出液质量下降，常采用增大回流比的办法使产品质量合格。（　　）

9. 精馏塔的不正常操作现象有液泛、泄漏和气体的不均匀分布。（　　）

10. 控制精馏塔时，加大再沸器加热蒸气（或电）量，则塔内压力一定升高。（　　）

11. 控制精馏塔时加大回流量，则塔内压力一定降低。（　　）

12. 连续精馏停车时，先停再沸器，后停进料。（　　）

13. 雾沫夹带过量是造成精馏塔液泛的原因之一。（　　）

14. 在精馏操作过程中同样条件下以全回流时的产品浓度最高。（　　）

15. 在精馏操作中，严重的雾沫夹带将导致塔压的增大。（　　）

三、简答题

1. 在精馏实训装置中有三个进料位置，具体实训时应如何选择进料位置？

2. 简述进料温度对精馏操作的影响。

3. 简述加料位置过高或偏低对精馏操作的影响。

4. 简述回流比对产品质量及操作的影响。

5. 塔板上的气、液接触状况有几种？哪种最适合操作？

6. 塔板上的不正常现象有几种？产生的原因有哪些？如何解决？

7. 生产中进入精馏塔内的原料可能有哪几种受热状态？

模块小结

精馏是利用互溶液体混合物中各组分沸点不同而分离成较纯组分的一种操作。在化工生产中，精馏也是分离液体混合物最常采用的一种方法。本模块主要介绍了精馏流程、精馏原理、精馏的简单计算、精馏的仿真操作、精馏的实训操作。其中以精馏的仿真和实训操作为重点内容，全面的对精馏的开停车步骤和常见事故处理做了扎实的演练，使理论与实践有了紧密的结合，为学生以后走上工作岗位，奠定了良好的基础。

附表 **精馏实训项目操作记录**

学生姓名：________学号：________操作装置号：________操作时间：________

时间	加热电压/V	温度/℃		进料	回流		采出		冷却水	液位/cm				釜压/kPa
		塔釜	塔顶	流量/(L/h)	流量/(L/h)	泵频率/Hz	流量/(L/h)	泵频率/(Hz)	流量/(L/h)	馏出罐	产品罐	原料罐	塔釜液位	

模块六　其他单元操作

教学要求

应知：

1. 了解蒸发、结晶、干燥、萃取等单元操作的基本原理。
2. 理解上述单元操作在实际生产中的应用。

应会：

1. 掌握上述单元操作的主要常用设备的结构和性能。
2. 掌握上述单元操作的主要操作要点。

课题一　蒸　　发

任务一　蒸发概述及原理

任务提出

蒸发是化工生产过程中很常用的单元操作，本任务是要了解蒸发操作的基本原理和多效蒸发的流程。

任务分析

蒸发是常用做浓缩和提纯液体的一个单元操作，在化工生产中应用广泛，因此对蒸发的基本概念和操作原理要理解。蒸发根据操作条件不同有不同的类型，相应的流程也有差异，所以对不同条件的蒸发操作流程也要了解。本任务主要就蒸发的概念和常见流程进行讲解。

相关知识

一、蒸发概述

1. 蒸发的基本概念

将溶液加热至沸腾，使其中部分溶剂汽化并除去，以提高溶液中不挥发性溶质浓度的操作称为蒸发。

蒸发操作的特点是蒸发过程中只有溶剂汽化，溶质的质量始终保持不变。

蒸发操作的两个条件，一是必须不断地供给使溶剂汽化的热量，使溶液保持沸腾状态；二是不断地排除已经汽化的蒸气。

加热蒸气或生蒸气是指作为热源用的蒸气，二次蒸气是指从溶液中气化出来的蒸气。

2. 蒸发的目的

（1）浓缩稀溶液，制取产品或半成品

例如电解烧碱溶液，最初得到的是含 NaOH 10% 左右的稀溶液，进行蒸发浓缩至 42% 才能达到产品质量要求。

（2）脱除杂质，制取纯净的溶剂

例如海水的淡化，就是用蒸发的方法将海水中的不挥发性杂质分离出去，制成淡水。

（3）与结晶联合，制取固体产品

即通过蒸发将溶液浓缩至饱和状态，然后冷却使溶质结晶而分离出来。如食盐的精制。

3. 蒸发操作的分类

（1）按效数分类

根据二次蒸气是否再利用，蒸发操作分为单效蒸发和多效蒸发。对所产生的二次蒸气不再利用，直接冷凝排除的蒸发操作，称为单效蒸发。把二次蒸气引到另一个蒸发器内作为加热蒸气，并将多个这样的蒸发器串联起来的蒸发操作称为多效蒸发。蒸发的效数由串联的蒸发器的个数决定，分为二效、三效、四效等。

（2）按蒸发模式分类

根据蒸发模式不同，蒸发操作可分为间歇蒸发和连续蒸发。工业上大规模的生产过程通常都采用连续蒸发。

（3）按操作压强分类

根据蒸发操作压强不同，蒸发操作可分为常压蒸发、加压蒸发和减压（真空）蒸发三种类型。

工业上的蒸发操作多采用减压蒸发，因为它具有以下优点：

1）降低了溶液的沸点。热负荷一定的情况下，可减小蒸发器的传热面积。

2）可利用低压蒸气或废热蒸气作为加热蒸气。

3）适用于一些热敏性物料的蒸发。

4）由于操作温度低，热损失相应地减少了。

二、单效蒸发的原理和流程

单效蒸发的原理是用饱和的水蒸气通过蒸发器的间壁传热来加热料液，使料液保持在沸腾状态，将溶剂不断汽化排走，溶液的浓度逐渐提高，从而实现溶液增浓。

蒸发操作所用设备为蒸发器。它实质上是一个列管式换热器，由加热室和分离室组成。加热室的作用是使加热蒸气与料液进行换热；蒸发室是一个让气液分离的空间，其作用是使气液进行分离。

图 6—1—1 所示是一个典型的单效真空蒸发流程图。加热蒸气从蒸发器的加热室 1 上部进入，加热料液后从加热室经冷凝水排出器 8 排出。料液从蒸发器的蒸发室 2 进入，一部分溶剂被加热蒸气通过加热室管壁传过的热量加热而汽化，浓缩溶液从器底排出，二次蒸气从蒸发室 2 顶部排出，再经气液分离器 3 分离，液体返回到蒸发室 2，蒸气在混合冷凝器 4 中与冷却水混合冷凝后排出。空气等不凝性气体则经气水分离器 5、缓冲罐 6 和真空泵 7 排到大气中。

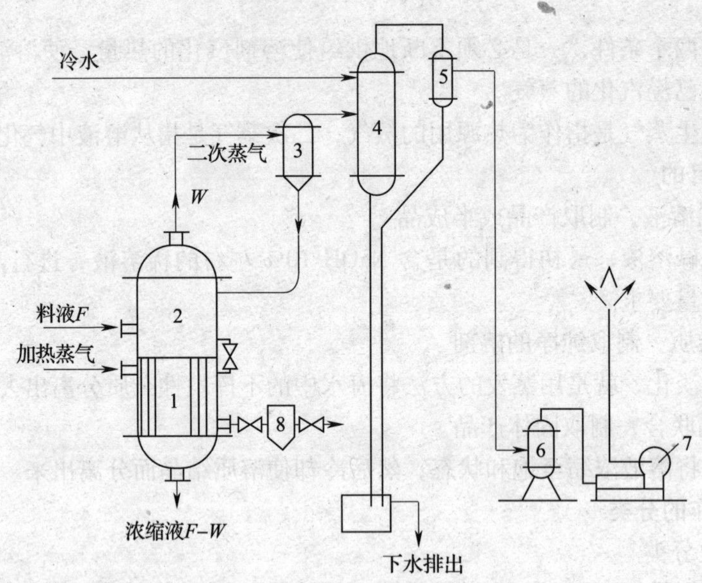

图 6—1—1　单效真空蒸发流程图

1—加热室　2—蒸发室　3—二次分离器　4—混合冷凝器　5—气水分离器　6—缓冲罐　7—真空泵　8—冷凝水排出器

三、多效蒸发原理及流程

1. 多效蒸发原理

将加热蒸气通入一蒸发器加热料液后，蒸发器内汽化出的二次蒸气，虽然温度和压力比原加热蒸气低，但仍具有一定的压力和温度，还可以作为热源引入到后一蒸发器的加热室作为加热剂用，后一蒸发器相当于前一蒸发器的冷凝器。后一蒸发器产生的二次蒸气又可以作为热源通入到第三个蒸发器加热室作为加热剂。这就是多效蒸发的工作原理。通入加热蒸气的蒸发器称为第一效，用第一效的二次蒸气作为加热剂的蒸发器称为第二效，以此类推。多效蒸发器中每一个蒸发器称为一效。

在多效蒸发中，作为加热蒸气的温度必须高于所蒸发溶液的沸点，后一效蒸发器中的压力和沸点要比前一效蒸发器低。因此，多效蒸发的末效都和真空泵相连，形成减压蒸发，使整个蒸发系统的溶液沸点依次降低，换热器内两流体温差增大。

采用多效蒸发的目的就是节省加热蒸气的消耗量，提高加热蒸气的经济性。化工生产中采用的多效蒸发一般是 2 ~3 效。

2. 多效蒸发流程

根据原料液和加热蒸气流动方向的不同组合，通常有以下三种多效蒸发流程。

（1）并流流程（也称顺流流程）

并流流程是指原料液和加热蒸气的流向一致，都是从第一效流至末效。它是工业上最常用的一种方法。图 6—1—2 所示为并流加料三效蒸发流程图，原料液和加热蒸气都是从Ⅰ效→Ⅱ效 →Ⅲ效。

并流流程的主要优点是：

1）原料液不需泵输送。因为前一效蒸发器内的压强总比后一效要高，料液可借助相邻两效的压强差自动流入后一效蒸发器。

2）产生自蒸发。因为溶液是由高温的前一效流入后一效，后一效的物料处于过热状态，可以放出一部分热量来多蒸出一部分蒸气。

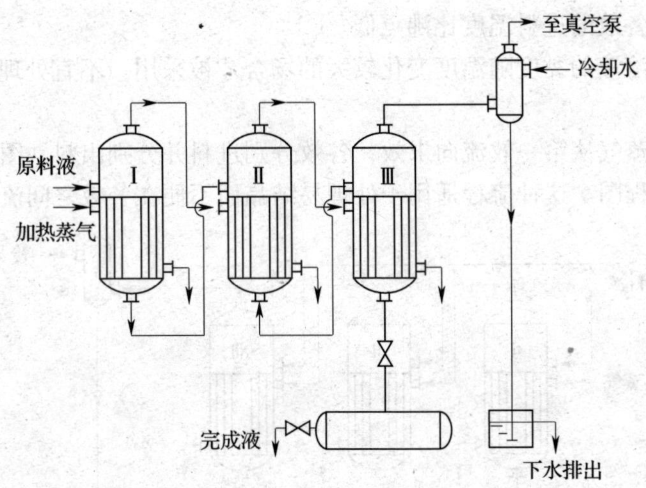

图 6—1—2　并流加料三效蒸发流程图

并流流程的缺点是传热系数较低。因为溶液的温度逐渐降低，浓度逐渐增大，导致溶液的黏度逐渐增大。

并流流程不适用于黏度随浓度增加而迅速增大的溶液。

（2）逆流流程

逆流流程是指原料由末效加入，然后用泵送入前一效，与蒸汽的流向正好相反。图 6—1—3 所示为逆流加料三效蒸发流程图。加热蒸气流向为Ⅰ效→Ⅱ效→Ⅲ效，原料液流向为Ⅲ效→Ⅱ效→Ⅰ效。

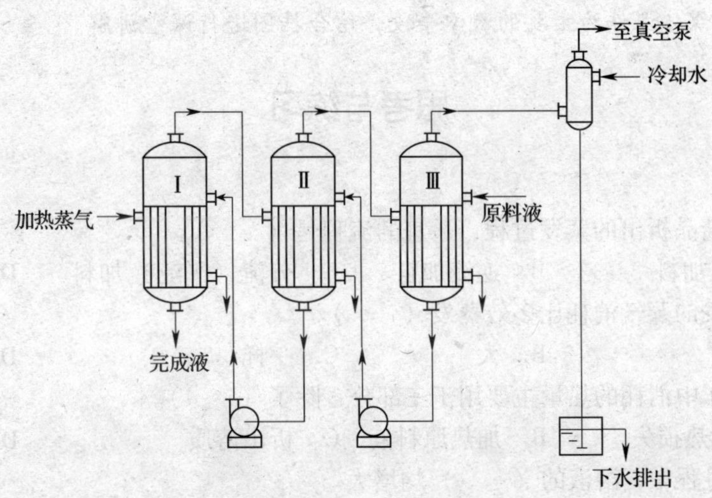

图 6—1—3　逆流加料三效蒸发流程图

逆流流程的优点是：传热系数大致不变。因为溶液的浓度增大使黏度增加，但温度的升高降低了溶液黏度，两者大致抵消。所以溶液的黏度变化不大，各效的传热条件大致相同。

逆流流程的缺点是：

1）原料液必需由泵输送，增加了动力的消耗。因为溶液是由低压流向高压。

2）不能产生自蒸发，而且还要将溶液加热至沸点，多消耗一些热量。因为溶液是从低沸点流向高沸点，各效的进料温度比沸点低。

该流程一般在溶液的黏度随温度变化较大的场合才被采用。不宜处理热敏性物料。

（3）平流流程

平流流程是指蒸气从第一效流向末效，各效分别进料并分别出料。图 6—1—4 所示为平流加料三效蒸发流程图。这种流程适用于处理易结晶而不便在各效之间流动的物料。

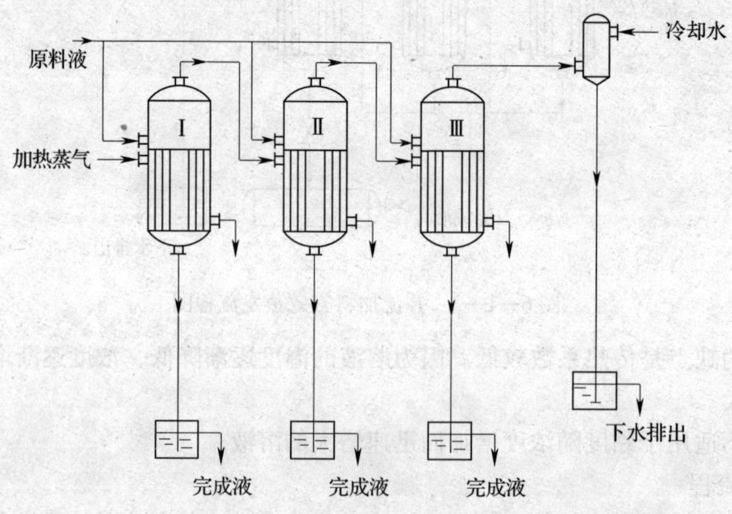

图 6—1—4　平流加料三效蒸发流程图

【注意事项】

本任务以多媒体课件为主要的教学手段，结合挂图进行课堂讲解。

思考与练习

一、选择题

1. 对于有结晶析出的蒸发过程，适宜的流程是（　　）。

A. 并流加料　B. 逆流加料　C. 分流（平流）加料　D. 错流加料

2. 单效蒸发的蒸气消耗比多效蒸发（　　）。

A. 小　B. 大　C. 一样　D. 无法确定

3. 蒸发操作中消耗的热量主要用于三部分，除了（　　）。

A. 补偿热损失　B. 加热原料液　C. 析出溶质　D. 汽化溶剂

4. 在蒸发过程中，溶液的（　　）均增大。

A. 温度、压力　B. 浓度、沸点　C. 温度、浓度　D. 压力、浓度

5. 逆流加料多效蒸发过程适用于（　　）。

A. 黏度较小溶液的蒸发　B. 有结晶析出的蒸发

C. 黏度随温度和浓度变化较小的溶液的蒸发

D. 黏度随温度和浓度变化较小的溶液的蒸发

6. 为了提高蒸发器的强度，可（　　）。

A. 采用多效蒸发　B. 加大加热蒸气侧的对流传热系数

C. 增加换热面积　　　　　　　　　　D. 提高沸腾侧的对流传热系数

7. 料液随着浓度和温度变化较大时，若采用多效蒸发，则需采用（　　）。

A. 并流流程　　　　　　　　　　B. 逆流流程

C. 平流流程

二、简答题

1. 蒸发操作必须具备哪两个条件？
2. 为什么工业中常采用减压蒸发？
3. 单效蒸发与多效蒸发有何区别？

任务二　蒸发设备结构及应用

任务提出

要进行蒸发操作，只了解蒸发的原理是不够的，还需要掌握蒸发操作主要常用设备的结构和性能。

任务分析

蒸发器基本都是由加热和分离结构组成，本任务主要是讲述蒸发器根据液体循环流动方式的不同分为三大类型，每个类型又根据内部结构的不同，细化了不同的类型，每个蒸发器的结构和使用条件也不尽相同，因此针对每个蒸发器都要了解并掌握。

相关知识

一、蒸发器的基本结构

蒸发器是一种特殊形式的换热器，与一般换热器的区别是要不断排走加热过程中产生的二次蒸气，其基本结构都是由加热室和分离室（也叫蒸发室）两部分组成，如图 6—1—5 所示。

1. 加热室

加热室内装有直立的管束作为加热管，加热室外壁上装有加热蒸气的入口管和不凝性气体排出管。和一般的间壁换热器相似，仅结构上有些差异。

2. 分离室

分离室是蒸发器中溶液和二次蒸气分离的空间，将二次蒸气所带的液沫加以分离。在分离室的上部装有气液分离装置——除沫器。它的作用是将离开分离室的二次蒸气中的液沫进一步分离。

除沫器的形式很多，有的直接安装在蒸发器的顶盖下面，如图 6—1—6 所示；有的安装在分离室的外面，如图 6—1—7 所示。

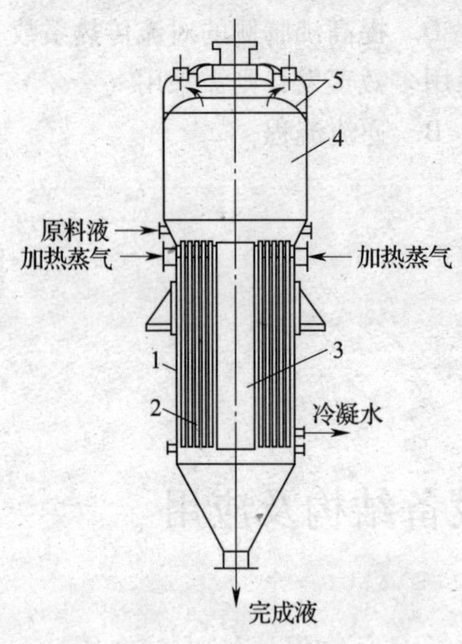

图 6—1—5　蒸发器的基本结构

1—外壳　2—直管加热管　3—中央循环管

4—分离室　5—除沫器

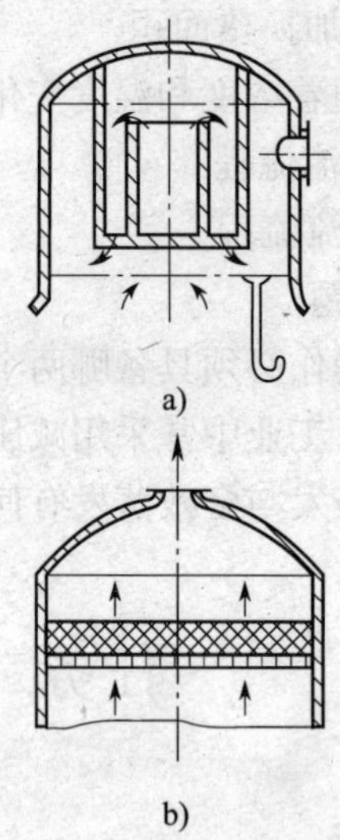

图 6—1—6　分离室内的除沫器

a）折流板式　b）丝网除沫器

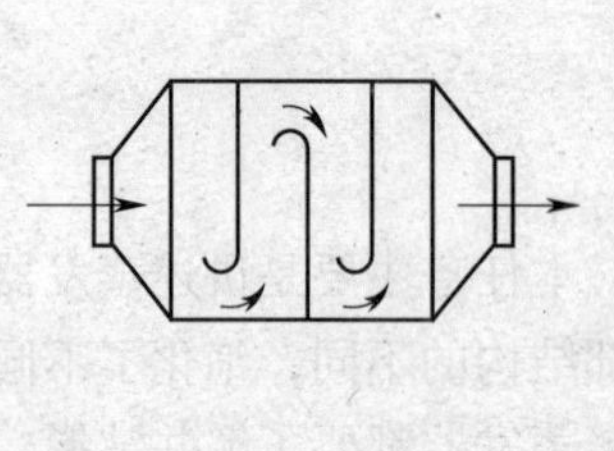

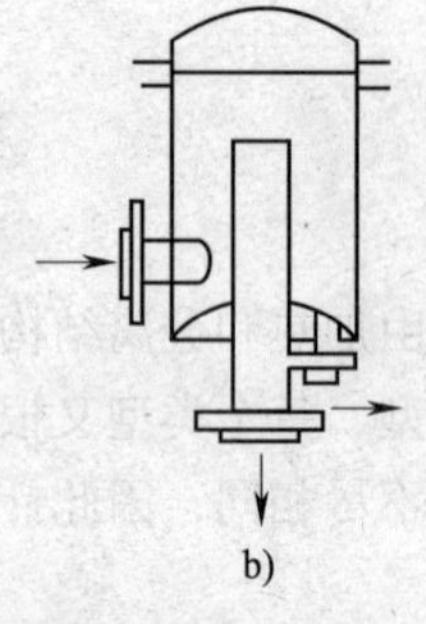

图 6—1—7　分离室外的除沫器

a）折流板式　b）丝网除沫器

二、蒸发器的种类和性能

目前，工业生产中使用较多的蒸发设备是具有管式加热面的蒸发器。按照蒸发器中溶液循环流动情况，可分为自然循环、强制循环和不循环三大类。

1. 自然循环蒸发器

这类蒸发器的特点是溶液在加热室被加热过程中，由于加热程度和位置不同产生了密度差，不需外加动力就能在蒸发器内循环流动。它主要有以下几种结构。

（1）中央循环管式蒸发器

中央循环管式蒸发器也叫标准式蒸发器，其结构如图 6—1—8 所示。它主要由加热室、蒸发室、沸腾管、中央循环管和除沫器组成。蒸发器的加热室是由直立的管束组成，周围的细管称为沸腾管，中央有一大直径的管子称为中央循环管。

中央循环管蒸发器的主要优点是结构简单，制造方便，操作可靠，投资少。缺点是清理和检修麻烦，溶液循环速率低，一般在 0.5 m/s 以下，传热系数小。它适用于黏度较小、不易结垢的溶液。

（2）悬筐式蒸发器

悬筐式蒸发器如图 6—1—9 所示，加热室悬挂在蒸发器壳体下部中央，像一个吊着的筐，故名悬筐式。溶液循环原理与中央循环管式蒸发器相同，但溶液循环通道是沿加热室与壳体形成的环隙下降，沿沸腾管上升不断循环流动。

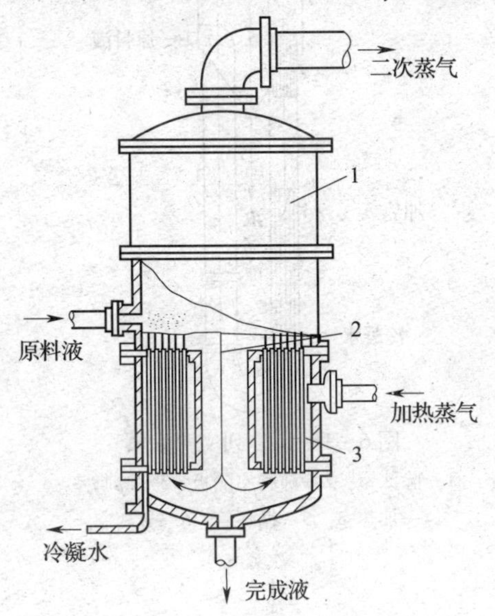

图 6—1—8　中央循环管式蒸发器

1—分离室　2—中央循环管　3—加热室

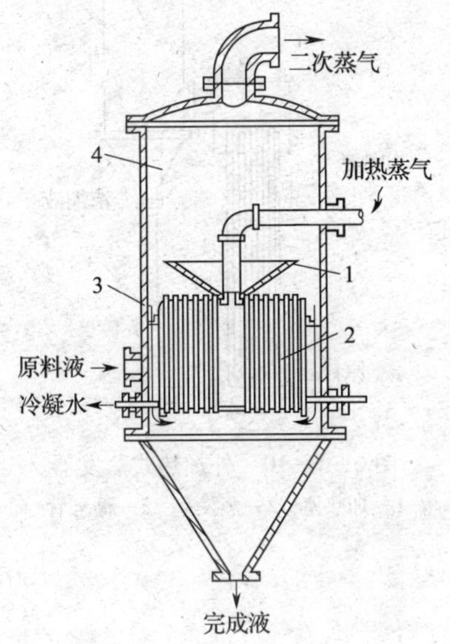

图 6—1—9　悬筐式蒸发器

1—除沫器　2—加热室

3—环形循环通道　4—分离室

其优点是加热室可以打开顶盖取出，检修方便；蒸发器外壳接触循环溶液，其温度比加热蒸气低，热量损失小。缺点是结构复杂，金属消耗量大。它适用于处理易结垢或有结晶的溶液。

（3）外加热式蒸发器

外加热式蒸发器如图 6—1—10 所示，它的结构特点是把管束较长的加热室与分离室分开安装，中间用管路连接，利于提高传热系数，也有利于减轻结垢；由于加热室在分离室外面，因此便于清洗和更换。

（4）列文蒸发器

列文蒸发器如图 6—1—11 所示，它是自然循环蒸发器中较先进的一种蒸发器，主要由加热室、沸腾室、循环管、分离室和除沫室组成。

列文蒸发器的优点是可以避免在加热管中析出晶体，加热管表面不易形成污垢，传热效果好。缺点是设备庞大，消耗金属材料多，需要高大的厂房，要求加热蒸气的压强较高，以保持较大的温度差。

2. 强制循环蒸发器

当处理高黏度、易结垢及易结晶的溶液时，循环速度较低的自然循环蒸发器很难达到要求，故可采用强制循环蒸发器，其结构如图 6—1—12 所示。

溶液由泵自下而上输送到加热室，沿加热室自下而上在流动中受热沸腾，沸腾的气液混合物以较高的流速进入蒸发器，室内的除沫器使气液进一步分离，二次蒸气从上部排出，液体沿连接在左侧的循环管进行循环流动。

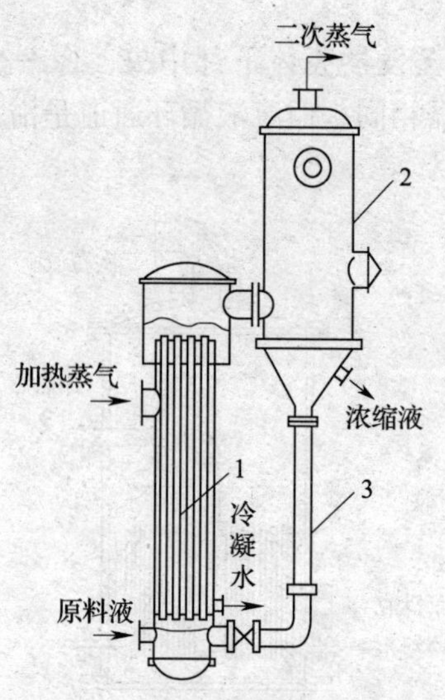

图 6—1—10　外加热式蒸发器

1—加热室　2—蒸发室　3—循环管

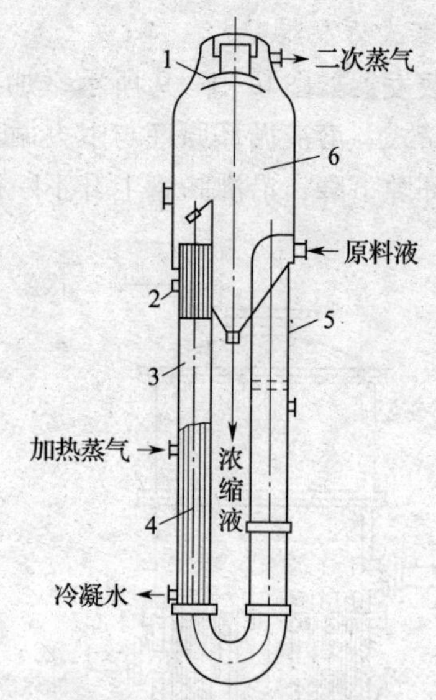

图 6—1—11　列文蒸发器

1—除沫室　2—沸腾室隔板　3—沸腾室
4—加热室　5—循环管　6—分离室

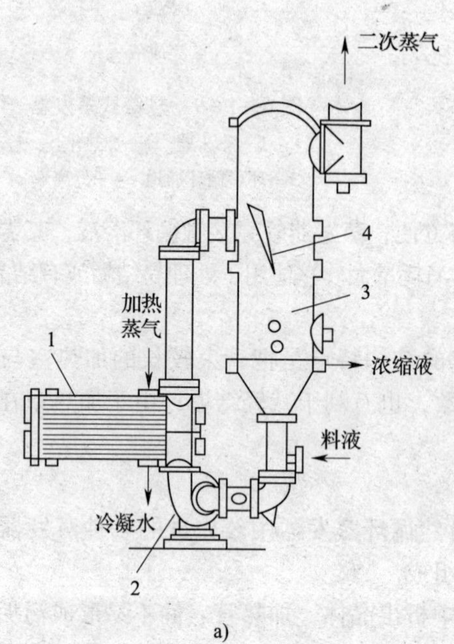

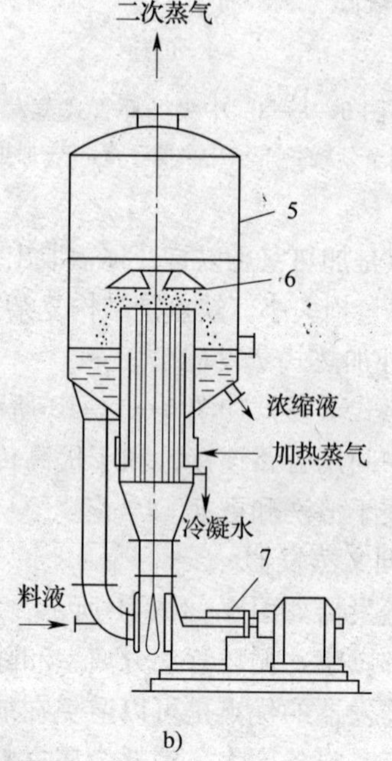

图 6—1—12　强制循环蒸发器

a）卧式　b）立式

1—加热器　2，7—循环泵　3，5—蒸发室　4，6—挡板

3. 膜式蒸发器（不循环蒸发器）

膜式蒸发器是单程型蒸发器，避免了前面几种循环式蒸发器溶液在高温器内停留时间较长，容易造成一些热敏性物料分解或变质的缺点。优点是传热效率高，蒸发速度快（数秒到数十秒），特别适宜处理热敏性物料；也比较适用于黏度较大、易起泡的物料的蒸发。

按照物料在蒸发器内流动方向和成膜原因不同，膜式蒸发器又可分为升膜式蒸发器、降膜式蒸发器、升－降膜式蒸发器和刮板式液膜蒸发器。

（1）升膜式蒸发器

升膜式蒸发器如图 6—1—13 所示，它的加热室是一个由数根垂直加热长管组成的立式列管换热器。料液预热后由蒸发器的底部进入加热管内，加热蒸气通过管外加热，料液受热沸腾后迅速汽化，生成的二次蒸气在管内高速上升，带动溶液沿管内壁呈膜状上升，连续不断地被蒸发，气液在顶部分离室内进行分离，二次蒸气由顶部逸出，浓缩液由分离室底部排出。

在蒸发器内溶液应预热到接近沸点时进入蒸发器，以免出现显热段。升膜式蒸发器管束较长，清洗和检修不便，不宜处理有结晶、易结垢及黏度大的溶液；适宜处理热敏性、黏度较小、易起泡沫的溶液。

（2）降膜式蒸发器

降膜式蒸发器如图 6—1—14 所示。其结构与升膜式相似，区别是原料液由加热室的顶部加入，溶液经降膜分布器均匀地进入加热管，在重力作用下沿管内壁呈膜状下降，并在此过程中蒸发增浓，气液混合物由加热管底部进入分离器，二次蒸气从分离器顶部逸出，完成液由分离器底部排出。

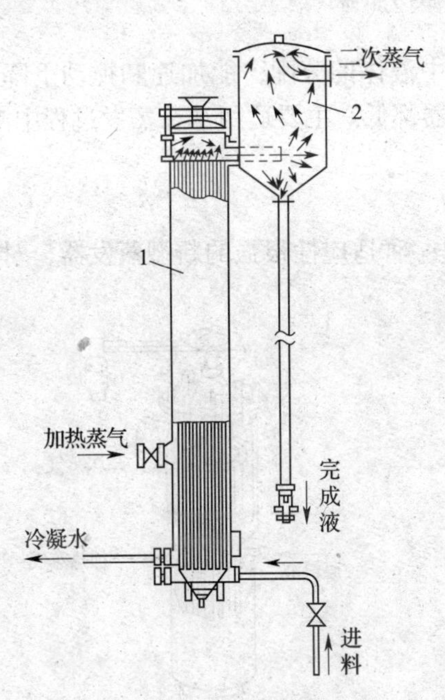

图 6—1—13　升膜式蒸发器

1—加热室　2—分离室

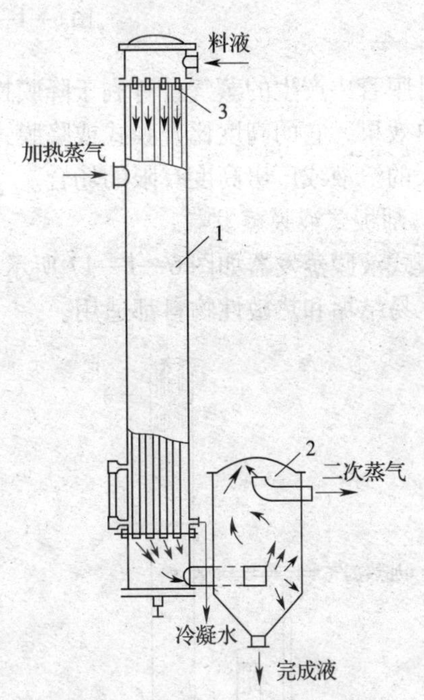

图 6—1—14　降膜式蒸发器

1—蒸发室　2—分离室　3—液体分布室

要使原料在加热管内均匀分布，有效地成膜，每根加热管的顶部必须安装降膜分布器。常见的降膜分布器如图 6—1—15 所示。

降膜式蒸发器可适用于蒸发热敏性、黏度较大，浓度较高的溶液。由于液体在管内不易形成均匀的液膜，传热系数不高，故不适用于处理易结晶和易结垢的物料。

（3）升－降膜式蒸发器

升－降膜式蒸发器如图 6—1—16 所示，这种蒸发器是将升膜加热管和降膜加热管装在同一个外壳中。原料经预热后进入蒸发器底部先经升膜加热管上升，再从降膜加热管下降，最后进入分离器中进行气液分离，二次蒸气从分离器顶部逸出，完成液从分离器底部排出。

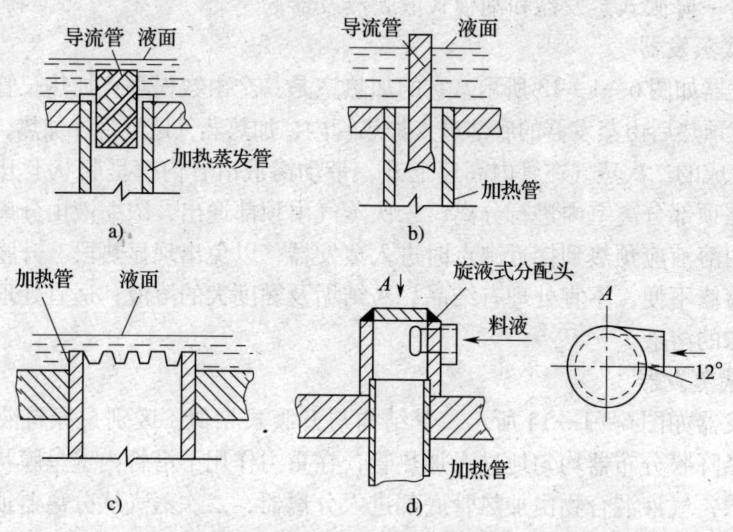

图 6—1—15　降膜分布器

在升膜管中产生的蒸气，有利于降膜换热管中液体的分配，能加速和搅动下降的液膜，改善传热效果，它的高度比升膜式或降膜式蒸发器都低。主要适用于在蒸发过程中溶液黏度变化较大的溶液或厂房高度有限的场合。

（4）刮板式液膜蒸发器

刮板式液膜蒸发器如图 6—1—17 所示，它是一种适应性很强的新型蒸发器，对高黏度、易结晶、易结垢和热敏性物料都适用。

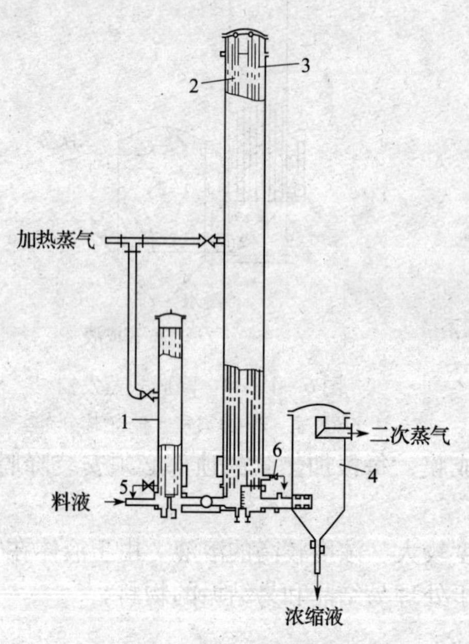

图 6—1—16　升 - 降膜式蒸发器

1—预热器　2—升膜加热室　3—降膜加热室　4—分离室　5，6—冷凝水排出口

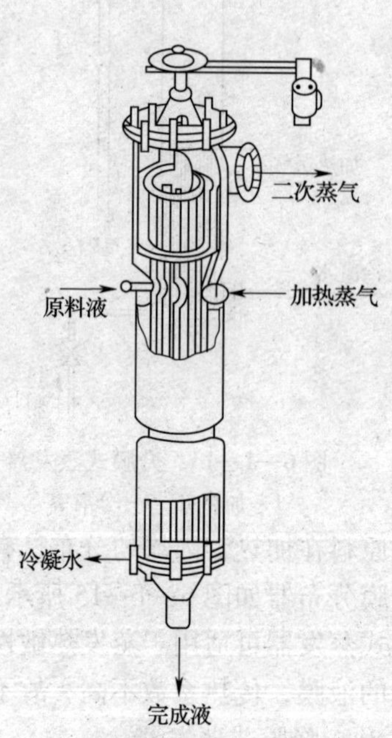

图 6—1—17　刮板式液膜蒸发器

这种换热器主要由加热夹套和刮板组成，壳体外装有加热夹套，夹套内通加热蒸气，壳体内的中转轴上装有旋转的叶片——刮板。这种换热器的缺点是结构复杂，制造要求高，安装和维修工作量大，动力消耗大，加热面积不大。

【注意事项】

教师利用蒸发器模型进行结构讲解，观看多媒体动画课件，就流体在设备内的模拟流动情况详细讲解。

思考与练习

一、选择题

1. 降膜式蒸发器适合处理的溶液是（　　）。

A. 易结垢的溶液

B. 有晶体析出的溶液

C. 高黏度、热敏性且无晶体析出、不易结垢的溶液

D. 易结垢且有晶体析出的溶液

2. 下列构件中，不属于蒸发设备的是（　　）。

A. 加热室　　B. 分离室　　C. 气体分布器　　D. 除沫器

3. 标准式蒸发器适用于（　　）的溶液的蒸发。

A. 易于结晶　　B. 黏度较大及易结垢　　C. 黏度较小

4. 不适宜于处理热敏性溶液的蒸发器有（　　）。

A. 升膜式蒸发器　B. 强制循环蒸发器　　C. 降膜式蒸发器　D. 水平管型蒸发器

5. 适用于处理高黏度、易结垢或者有结晶析出的溶液的蒸发器是（　　）。

A. 中央循环管式蒸发器　　B. 强制循环式、刮板式蒸发器

C. 膜式蒸发器　　D. 刮板式、悬筐式蒸发器

6. 提高蒸发器生产强度的关键是（　　）。

A. 提高加热蒸气压力　　B. 提高冷凝器的真空度

C. 增大传热系数　　D. 增大料液的温度

7. 随着溶液的浓缩，溶液中有微量结晶生成，且这种溶液又较易分解。对于这种物料应选用的蒸发器为（　　）。

A. 中央循环管式蒸发器　　B. 列文式蒸发器

C. 升膜式蒸发器　　D. 强制循环式蒸发器

二、简答题

1. 蒸发器和换热器相比有何相同点和不同点？

2. 使用蒸发器和换热器时，在操作上的差别是什么？

3. 比较几种常用蒸发器的优缺点，并选择出处理高黏度溶液最合适的蒸发器。

课题二　结　　晶

任务一　结晶原理及方法

任务提出

结晶和蒸发一样，也是化工生产过程中常用的单元操作形式，本任务要了解结晶操作的基本原理和结晶常用的方法。

任务分析

结晶是在化工生产中由液体获得固体颗粒常用的一种单元操作，因此有必要了解结晶操作的基本原理。结晶采用的方法很多，本任务共介绍了五种不同的结晶方法，主要讲述了它们各适用什么类型的溶液结晶，以及各有什么优缺点。

相关知识

一、结晶基本概念和原理

1. 溶解度

溶解度是指在一定的温度压力下，饱和溶液中含有溶质的量即溶质在一定量溶剂中溶解的最大量。

所谓饱和溶液，是指固体在溶剂中溶解的速度与该溶液析出晶体的速度相等，溶液处于动态的相平衡状态。

固体溶质的溶解度是指 100 g 水或其他溶剂中最多能溶解无水盐溶质的质量（g）。

2. 过饱和度

过饱和溶液是含有超过饱和量的溶质的溶液。

过饱和度是指一定温度下，过饱和溶液与饱和溶液间的浓度差。过饱和度也称过溶解度。过饱和度大小直接影响着晶核的生成和晶体的生长，但并不是过饱和度越大越好，只有制备适宜过饱和度的过饱和溶液，才能很好地完成结晶过程，得到高质量的结晶产品。

制备出过饱和溶液的条件如下：溶液要纯洁，未被杂质或灰尘所污染；装溶液的容器要干净；溶液要缓慢降温；不使溶液受到搅拌、振荡、超声波的扰动或刺激。

3. 结晶过程

结晶的过程可以分为晶核生成（成核）和晶核成长两个阶段。

成核是指产生微观晶粒（即晶核）作为结晶的核心。成核的方式有初级成核和二级成核。初级成核是溶液中不含溶质晶体时出现的成核现象，二级成核是溶液中含有被结晶物质的晶体时出现的成核现象。产生晶核的过程称为成核过程。

晶核生长是指晶核长大成为宏观的晶粒。晶体生长过程实质上是过饱和溶液中的过剩溶质向晶核黏附而使晶体逐渐长大的过程。晶体长大的过程称为晶体成长过程。

成核速率与晶体生长速率直接影响着晶体的粒度和内部质量。如果成核速率大于晶体生长的速率，则产生的晶体粒度小、数量多，这是因为晶核还来不及长大，过程就结束了；如果成核速率小于晶体生长的速率，则产生的晶体粒度大、数量少，并且不易夹带母液，纯度高。

结晶过程的推动力是浓度差，即溶液的过饱和度，所以，过饱和度是结晶过程中一个及其重要的参数。

从溶液中结晶出来的晶粒和余留下来的溶液所构成的混合物称为晶浆，去除悬浮于晶浆中的晶粒后余下来的溶液称为母液。生产中通常采用搅拌器或其他方法使晶浆中的晶粒悬浮在母液中，以促进结晶过程，因此晶浆称为悬浮体。

4．结晶与过饱和度

实验表明，过饱和溶液的性质很不稳定，过饱和区内各状态点的不稳定程度都不一样，靠近溶解度曲线时较为稳定，溶液不易自发地产生晶体；远离溶解度曲线时很不稳定，瞬间就会自发地产生晶体。将物质在不同温度下自发结晶的溶解度描成一条曲线，称为过溶解度曲线。溶液的过溶解度曲线如图 6—2—1 所示，图中 *AB* 线和 *CD* 线将溶液分为三个区间。

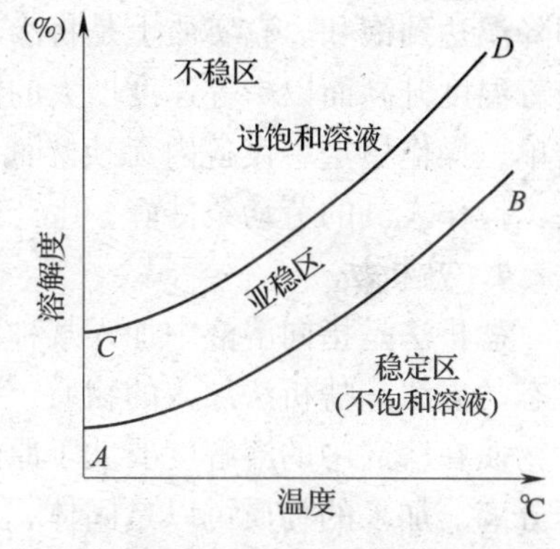

图 6—2—1　溶液的过溶解度曲线

（1）两线

AB 线为溶解度曲线，*CD* 线为过溶解度曲线。

（2）三区间

CD 线上方为过饱和溶液不稳区，溶液在此区间会自发地产生晶体；*AB* 线与 *CD* 线之间为过饱和溶液的亚稳区（也叫介稳区），在此区间，若没有外界影响，溶液不会自发产生晶体，但向溶液中引入晶种（即溶质晶粒小颗粒）时，在晶种的作用下可使晶体长大；*AB* 线下方为不饱和溶液，为稳定区，溶液在此区间不可能有晶体产生。

5．结晶产品的纯度和结晶操作的方法

结晶操作主要用于制备产品与中间产品，以及获得高纯度的纯净固体物料，如海水结冰得到的晶体是纯水，不是盐水。结晶过程的特点就是产品纯度高。如果结晶产品纯度降低，可能有如下几种原因：

（1）附在晶体上的母液未除尽

此时进一步提纯的方法，通常是将结晶所得的固体物质在离心机或过滤机中加以过滤，并用适当的溶剂洗涤，尽量除去由母液引进的杂质。

（2）晶体以晶簇的形式析出

晶粒结成“晶簇”时，很容易将母液包藏在晶粒间而使以后的洗涤变得困难。通常在结晶过程中伴以搅拌操作，可以减少晶簇形成的机会。母液附在晶粒上或被包藏在晶粒中的现象，通常称为包藏。

二、结晶常用方法

使溶液形成适宜过饱和度是结晶过程得以进行的首要条件。常用的结晶方法有：

1. 冷却法

冷却法也叫降温法，是指通过冷却降温使溶液达到过饱和的方法。这种方法适用于溶解度随温度降低而显著下降的物质，如硼砂、硝酸钾、结晶硫酸钠等。冷却的方式有自然冷却、间壁冷却和直接接触冷却。

2. 溶剂汽化法

溶剂汽化法是使溶剂在常压或加压、减压状态下加热蒸发，溶液浓度增加而达到过饱和的方法。这种方法适用于物质的溶解度随温度变化不大的情形，如氯化钠用冷却的方法不能获得较多的晶体，必须采用蒸发的方法将溶液中的水蒸发出来，才能使产量增加。

3. 真空冷却法

真空冷却法是使溶剂在真空下急速蒸发，一部分溶剂汽化并带走部分热量，其余溶液冷却降温达到饱和。它实质上是将冷却法和溶剂汽化法结合起来同时进行。此法适用于溶解度随着温度升高而以中等速度增大的物质，如氯化钾、溴化镁等。这种方法所用的主体设备较简单，操作稳定，设备内无换热面，因而不存在结垢和结疤问题，设备防腐蚀问题易于解决，操作人员的劳动条件好，生产效率高，因而已成为大规模生产中使用较多的方法。

4. 盐析法

盐析法是指向溶液中加入某种物质以降低原溶质在溶剂中的溶解度，使溶液达到过饱和状态的方法。盐析法加入的物质，要求能与原来的溶剂互溶，但不能溶解要结晶的物质。这种物质在溶剂中的溶解度要大于原溶质在该溶剂中的溶解度，且要求加入的物质与原溶剂易于分离。加入的物质可以是固体，也可以是液体，通常叫做稀释剂或沉淀剂。NaCl 是一种在水溶液中常用的沉淀剂。例如在用联合法制碱的生产中，向低温的饱和氯化铵母液中加入 NaCl，使母液中的氯化铵尽可能多地结晶出来，以提高其收得率。

盐析法结晶直接改变固液相平衡，降低溶解度，工艺简单，操作方便，尤其适用于热敏性物料。

5. 反应结晶法

有些气体与液体或液体与液体之间进行化学反应会产生固体沉淀。这种情况实际上是反应过程与结晶过程相结合进行的，称为反应结晶法。例如硫酸铵、尿素、碳酸氢铵等的生产过程，都属于这种结晶法。

【注意事项】

本任务以多媒体课件讲解为主，结合相关挂图再详细说明。

思考与练习

一、简答题

1. 结晶过程中控制成核有哪些条件?
2. 过饱和度与结晶有何关系?
3. 影响晶体的成长和结晶粒度的因素有哪些?

二、判断题

1. 结晶过程中形成的晶体越小越容易过滤。 ( )
2. 过饱和度是产生结晶过程的根本推动力。 ( )

3. 冷却结晶适用于溶解度随温度降低而显著降低的物系。（ ）

任务二　结晶设备的结构和性能

任务提出

要进行结晶操作，只了解结晶的原理是不够的，还需要掌握结晶操作常用主要设备的结构和性能。

任务分析

结晶器的类型多种多样，本任务主要从结晶方法这个分类标准，把结晶器分成不同的类型，其中每种类型根据其内部结构的差异又细分为不同种类，对每种结晶器的结构、使用条件和性能，学员都要了解并能操作这种设备。

相关知识

一、常见结晶设备

1. 冷却结晶器

（1）搅拌冷却结晶器

搅拌冷却结晶器如图 6—2—2 所示，搅拌冷却结晶器也叫管桶式结晶器，它实质上是一个夹套式换热器，其中装有锚式或框式搅拌器，配有减速机低速转动，可连续也可间歇操作。这种换热器生产能力小，换热面易结垢。在夹套内壁上装有许多组毛刷，既起搅拌作用，加速冷却，使溶液各处的温度均匀，促进降温，又能促进晶核的生成，防止晶簇形成，还能减缓结垢的速度。为了强化结晶效果，许多结晶器内设有冷却蛇管，内通冷却剂（冷水或冷却盐水），这种结晶器所得的晶体粒度均匀，颗粒较小。

（2）长槽搅拌连续式结晶器

这种设备也叫带式结晶器，如图 6—2—3 所示。它以半圆形底的长槽为主体，槽外装有

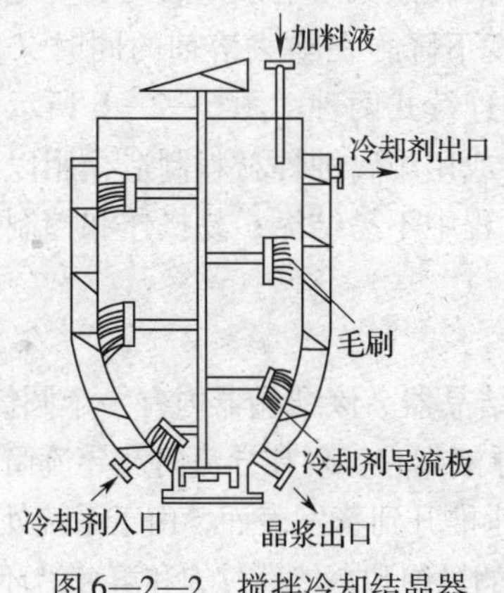

图 6—2—2　搅拌冷却结晶器

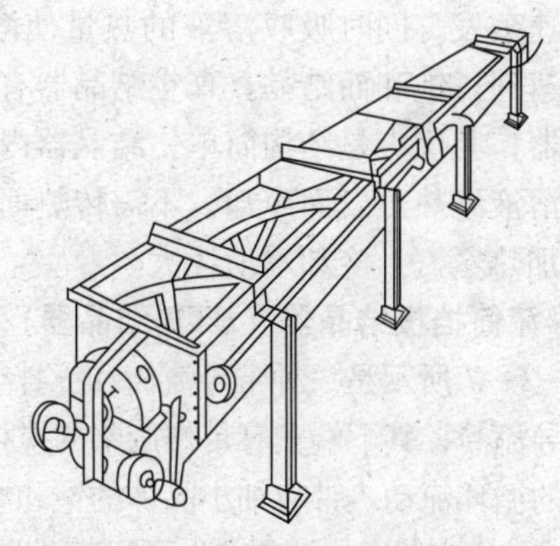
图 6—2—3　长槽搅拌连续式结晶器

夹套冷却器，槽内装有低速带式搅拌器，热而浓的溶液从结晶器槽进入并沿槽沟流动，在与夹套中的冷却水逆向流动中实现过饱和并析出结晶，最后由槽的另一端排出。该结晶器生产能力大，占地面积小，但机械传动部分与搅拌部分结构复杂，冷却面积受到限制，溶液的过饱和度不易控制。它适合处理高黏度的溶液。

（3）循环式冷却结晶器

循环式冷却结晶器采用强制循环，冷却装置在结晶槽外。如图6—2—4所示是一种新型的循环式冷却结晶器，它的主要部件是结晶器和冷却器，其他部件包括循环管、循环泵、冷却器、中心管、细晶消灭器等。循环管的作用是连接结晶器和冷却器；细晶消灭器的作用是通过加热或水溶解将过多的晶核消灭，保证晶体逐步长大。其工作流程是：料液由进料管进入结晶器，与结晶器内的饱和溶液一起进入循环管，经循环管进入循环泵，再用循环泵送入冷却器，冷却后的料液又一次达到轻度的过饱和，最后经中心管再进入结晶器，实现溶液循环。

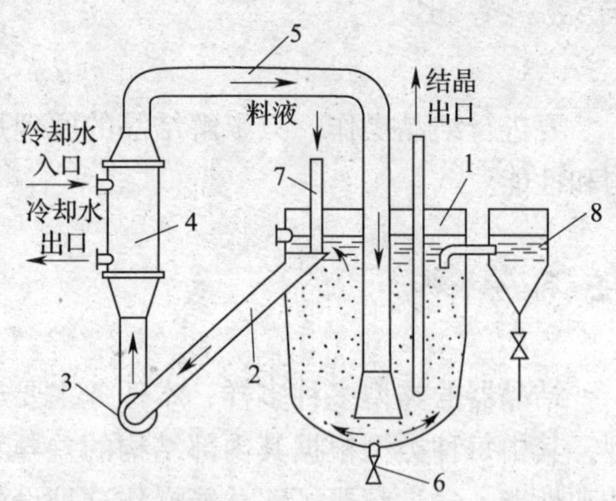

图6—2—4　循环式冷却结晶器

1—结晶器　2—循环管　3—循环泵　4—冷却器
5—中心管　6—底阀　7—进料管　8—细晶消灭器

2. 蒸发结晶器

蒸发结晶器与冷却结晶器的不同之处在于前者需将溶液加热到沸点，并浓缩达到过饱和状态而产生结晶。蒸发结晶通常采用减压操作，这是为使溶液温度降低，产生较大的过饱和度。

蒸发结晶器有多种，较常用的为蒸发－冷却型循环式结晶器，图6—2—5所示的Krystal－Oslo型强制循环式蒸发结晶器就属于这种类型。它具有蒸发与冷却同时作用的效果，结晶器由蒸发室和结晶室两部分组成，原料液经外部换热器预热之后，在蒸发器内迅速被蒸发，溶剂被抽走，同时起制冷作用，使溶液迅速进入亚稳区而析出结晶。

Krystal－Oslo型强制循环式蒸发结晶器的优点是循环液中基本不含结晶颗粒，避免叶轮与晶粒之间碰撞而造成过多的二次成核，加上结晶室的分级作用，结晶产品粒大均匀。缺点是操作性能不强，加热室内易出现结晶层而使传热系数降低。

3. 真空结晶器

真空结晶器的工作原理是，结晶器中热的饱和溶液在蒸汽喷射泵造成的真空绝热条件下使溶剂迅速蒸发，同时吸收溶液的热量使溶液的温度下降，在除去溶剂的同时又使溶液冷却，很快达到过饱和而结晶。真空结晶器有间歇式和连续式两种，图6—2—6所示为连续式真空结晶器，其优点是结构简单，结晶器内可加里衬或用耐腐蚀性材料制造，用以处理腐蚀性溶液；溶液绝热蒸发而冷却，不需传热面，操作过程中不易结垢；易操作和控制，生产能力高；但加热蒸汽、冷却水消耗大。

4. 导流筒挡板结晶器（DTB结晶器）

图6—2—7所示是一种带导流筒和搅拌桨的真空结晶器。该结晶器内有一个圆筒形挡圈，中央有一导流筒，其下端安有带螺旋桨的搅拌器，悬浮液靠它实现在导流筒及导流筒与挡圈环隙通道内的循环流动。带有细小晶体的饱和溶液被快速推升到蒸发表面，由于系统处于由空气喷射器造成的真空状态，溶剂产生了闪蒸而造成了轻度的过饱和，然后过饱和溶液沿环形面流向

下部，使晶体长大。在结晶器底部设有一个分级（淘洗）腿，当晶体长大到一定大小后就沉淀在分级（淘洗）腿内，同时对产品进行洗涤，保证结晶产品的质量和粒度均匀，不夹杂细晶。

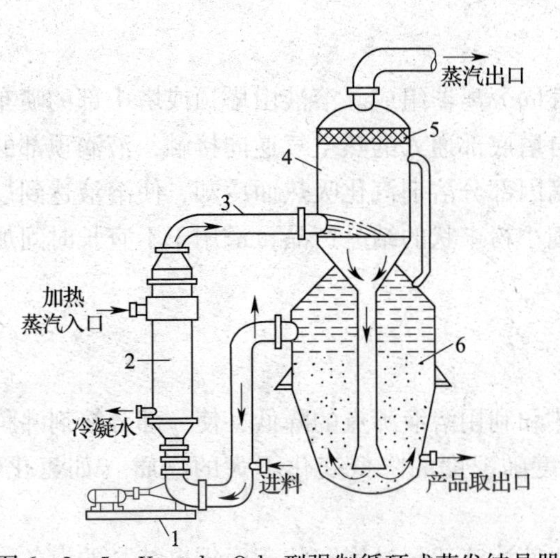

图 6—2—5　Krystal - Oslo 型强制循环式蒸发结晶器

1—循环泵　2—加热室　3—回流管　4—蒸发室

5—网状分器　6—晶体生长段

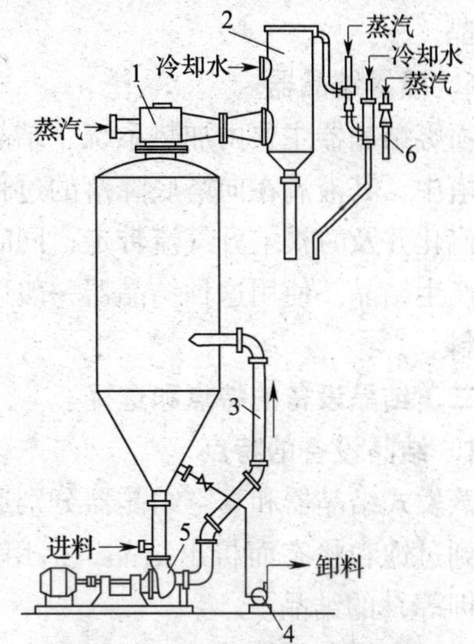

图 6—2—6　连续式真空结晶器

1—蒸汽喷射泵　2—冷凝器　3—循环管

4—产品取出口　5—进料泵　6—双级蒸汽喷射泵

这种结晶器的优点是生产能力高，能生产出粒度大的结晶产品，结晶器内不易结疤，可实现真空绝热冷却法、蒸发法、直接接触冷冻法及反应法等多种结晶操作。

5. 盐析结晶器

盐析结晶器是利用盐析法进行结晶操作的设备。图 6—2—8 所示是联碱装置所用的盐析结晶器。其工作原理与图 6—2—5 所示的 Krystal - Oslo 型蒸发结晶器类似，溶液通过循环泵

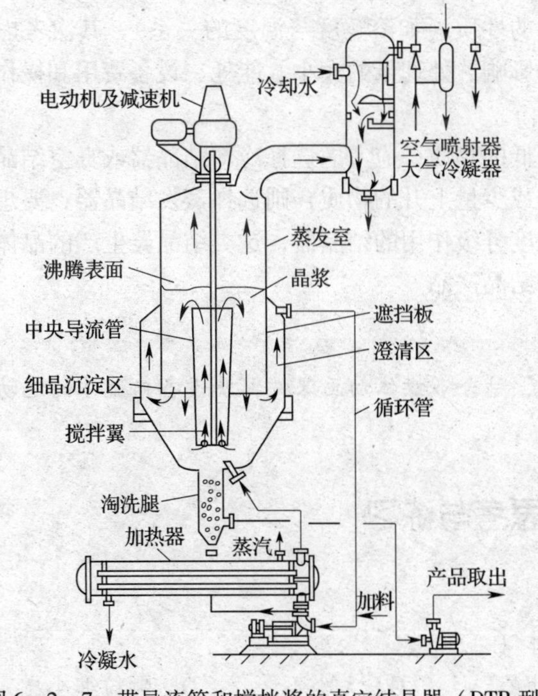

图 6—2—7　带导流筒和搅拌桨的真空结晶器（DTB 型）

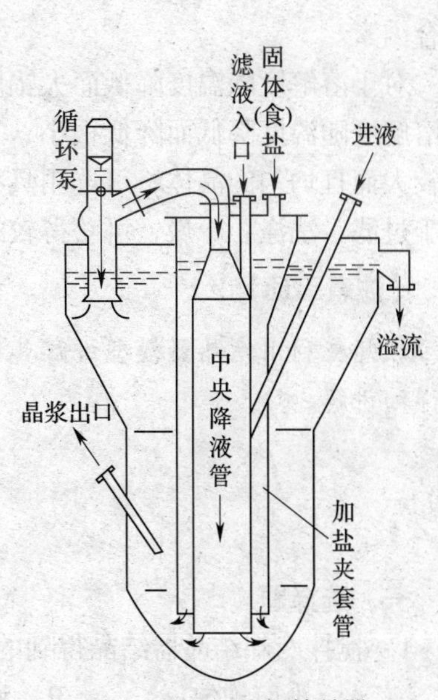

图 6—2—8　盐析结晶器

从中央降液管流出，与此同时，从套管中不断地加入食盐。加入食盐量的多少是影响产品质量的关键。由于食盐浓度的变化，氯化铵的溶解度减小，形成一定的过饱和度并析出结晶。

6. 喷雾结晶器

喷雾结晶器主要由加热系统、结晶塔、气固分离器组成。溶液由塔顶或塔中部的喷布器喷入塔中，其液滴在向塔底降落的过程中与自塔底部通入的热空气逆向接触，液滴顶部的溶剂被汽化并及时被上升气流带走；同时，液滴因部分溶剂汽化吸热而冷却，使溶液达到过饱和而产生结晶。使用这种结晶器一般可得到细小粉末状的结晶产品，适用于不宜长时间加热的物料。

二、结晶设备的特点和选择

1. 结晶设备的特点

蒸发式结晶器和真空结晶器分别通过加热和利用溶液沸点的降低，使一部分溶剂沸腾汽化达到过饱和状态而析出结晶，适用于溶解度随温度的降低变化不大的物质（如氯化钠、氯化钾等）的结晶。

冷却式结晶器是采用不断冷却降温的方法使溶液达到过饱和状态而析出结晶的设备。适用于溶解度随温度变化较大的物质（如氯化铵、硝酸钾等）的结晶。

间歇式结晶器结构简单、易操作，结晶质量好、收得率高；但设备利用率低，操作劳动强度大。连续式结晶设备利用率高，生产能力高；但结构较复杂，晶体粒度较细小，操作复杂，动力消耗大。

搅拌器是结晶设备中的附属设备，它的作用是使晶体颗粒悬浮和均匀分布于溶液中，以提高溶质质点的扩散速度，加速晶体长大。

2. 结晶设备的选择

在选择结晶设备时应首先考虑物料的性质（如溶解度与温度的关系），其次考虑产品的粒度和粒度分布要求，还须考虑杂质的影响、处理量的大小、能耗、设备费用和操作费用等综合因素。

对于溶解度随温度降低而大幅度降低的物质，应考虑选择冷却结晶器或真空结晶器；对于溶解度随温度降低而降低很小、不变或少量上升的物质，则选择蒸发结晶器；要想得到颗粒较大而且均匀的晶体，可选用具有粒度分级作用的结晶器，这类结晶器生产的晶体颗粒也便于过滤、洗涤、干燥，可获得较纯的结晶产品。

【注意事项】

教师应利用结晶器模型讲解其结构，结合多媒体动画课件，就设备内流体的运动规律进行详细讲解。

思考与练习

一、选择题

1. 搅拌冷却结晶器结晶得到的晶体（　　）。

A. 小而均匀　　B. 大而均匀　　C. 大小不一　　D. 颗粒细小

2. 蒸发结晶器结晶得到的晶体（　　）。

A. 小而均匀　　B. 大而均匀　　C. 大小不一　　D. 颗粒细小

3. 生产能力高，能生产出粒度大的结晶产品，且结晶器内不易结疤，可实现多种结晶操作的结晶器是（　　）。

A. 搅拌冷却结晶器　　B. 蒸发结晶器

C. 盐析结晶器　　D. 导流筒挡板结晶器

二、简答题

1. 选择结晶设备时的基本原则是什么？

2. 比较并总结几种结晶设备的特点，简述如何选用一个合适的结晶器。

课题三　干　　燥

任务一　干燥概述和原理

任务提出

干燥也是化工生产中常用的单元操作，本任务着重讲述干燥操作的基本定义，干燥的类型和操作原理。

任务分析

在化工、轻工、食品、医药等工业中，有些固体原料、半成品和成品中含有水分或其他溶剂（统称为湿分）需要除去，通常利用干燥操作来实现。干燥在其他工农业部门中也得到了普遍的应用，如农副产品的加工、造纸、纺织、制革及木材加工中，干燥都是必不可少的操作。因此了解干燥的基本原理和常用的干燥方法很有必要。

相关知识

一、固体物料的去湿方法

1. 机械去湿

物料带水较多时，可先用离心过滤等机械分离方法除去大量的水，这种去湿方法称为机械去湿。

2. 吸附去湿

吸附去湿是使某种水汽分压很低的干燥剂（如 $CaCl_2$、硅胶等）与湿物料并存，使物料中的水分经气相而转入干燥剂内。

3. 供热去湿

工业干燥操作多用热空气或其他高温气体为介质，使之掠过物料表面，介质向物料供热并带走汽化的湿分，此种干燥常称为对流干燥，是本课题讨论的主要内容，其流程示意图如图6—3—1所示。

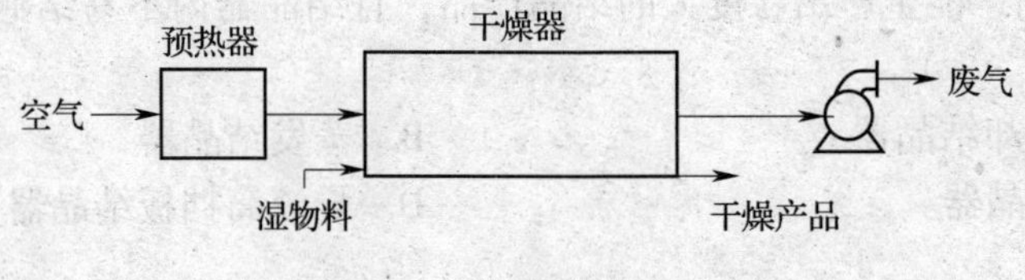

图6—3—1　对流干燥流程示意图

二、干燥的定义

1. 固体的干燥

固体的干燥是指利用加热除去固体物料中水分或其他溶剂的单元操作。从广义讲，除去气体、液体物料中水分的操作也属于干燥，但生产中所提的干燥，如不特别指明，即指固体干燥。

2. 干燥过程的传热、传质

干燥过程中传热的方向是从气相到固相，推动力为气、固相间的温差；传质的方向是从固相到气相，推动力为气、固相间的水汽分压差。

3. 干燥过程进行的必要条件

（1）湿物料表面水汽压力大于干燥介质水汽分压。

（2）干燥介质将汽化的水汽及时带走。

三、干燥的分类

按照热能传给湿物料的方式，干燥可分为传导干燥、对流干燥、辐射干燥和介电加热干燥，以及由其中两种或三种方式组成的联合干燥。

1. 传导干燥

又称为间接加热干燥，载热体（加热蒸汽）将热能通过传热壁以传导的方式加热湿物料，产生的蒸汽被干燥介质带走或用真空泵排出。

2. 对流干燥

又称为直接加热干燥，载热体（干燥介质）将热能以对流的方式传给与其直接接触的湿物料，产生的蒸汽被干燥介质带走。

3. 辐射干燥

热能以电磁波的形式由辐射器发射到湿物料表面，被其吸收重新转变为热能，将湿分汽化而达到干燥的目的。

4. 介电加热干燥

将需要干燥的物料置于高频电场内，由于高频电场的交变作用使物料加热而达到干燥的目的，是高频干燥和微波干燥的统称。

四、对流干燥

在上述四种方式的干燥操作中，目前在工业上应用最普遍的是对流干燥。

工业生产中的对流干燥通常使用空气作为干燥介质，湿物料中被除去的湿分是水分。空气经过预热升温后，从湿物料的表面流过，热气流将热能传至物料表面，再由物料表面传至物料内部，这是一个传热过程；同时，水分从物料内部汽化扩散至物料表面，水汽透过物料表面的气膜扩散至热气流的主体，这是一个传质过程。因此，对流干燥过程属于传热和传质相结合的过程。干燥速率既与传热速率有关，又与传质速率有关，干燥过程中，干燥介质既是载热体又是载湿体。

图 6—3—2 表明了在对流干燥中热空气和被干燥物料表面之间传热和传质的情况。除空气外，干燥介质可以是高温烟道气或其他惰性气体。被除去的湿分，可以是水以外的其他液体。

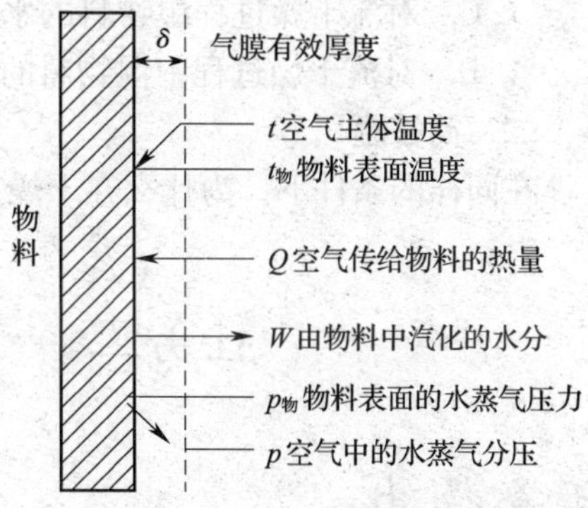

图 6—3—2　干燥过程的传热与传质

【注意事项】

本任务以多媒体课件讲授为主，同时观看流化床干燥器的干燥实训流程。

思考与练习

一、选择题

1. 干燥进行的条件是被干燥物料表面产生的水蒸气分压（　　）干燥介质中的水蒸气分压。
   A. 小于　　B. 等于　　C. 大于　　D. 不等于
2. 在一定空气状态下，用对流干燥方法干燥湿物料时，能除去的水分为（　　）。
   A. 结合水分　　B. 非结合水分　　C. 平衡水分　　D. 自由水分
3. 干燥得以进行的必要条件是（　　）。
   A. 物料内部温度必须大于物料表面温度
   B. 物料内部水蒸气压力必须大于物料表面水蒸气压力
   C. 物料表面水蒸气压力必须大于空气中的水蒸气压力
   D. 物料表面温度必须大于空气温度
4. 物料在干燥过程中能够被除去的水分是（　　）。
   A. 非结合水分　　B. 结合水分　　C. 平衡水分　　D. 自由水分
5. 将不饱和空气在恒温、等湿条件下压缩，其干燥能力将（　　）。
   A. 不变　　B. 增加　　C. 减弱
6. 下列说法中正确的是（　　）。
   A. 温度高的空气干燥能力强　　B. 温度低的空气干燥能力强
   C. 相对湿度低的空气干燥能力强
7. 用对流干燥方法干燥湿物料时，不能除去的水分为（　　）。
   A. 平衡水分　　B. 自由水分　　C. 非结合水分　　D. 结合水分
8. 将氯化钙与湿物料放在一起，将物料中的水分除去，这是采用（　　）。
   A. 机械去湿　　B. 吸附去湿　　C. 供热干燥　　D. 无法确定
9. 以下关于对流干燥过程的特点，说法不正确的是（　　）。
   A. 对流干燥过程是气固两相热、质同时传递的过程
   B. 对流干燥过程中气体传热给固体

C. 对流干燥过程湿物料的水被汽化进入气相

D. 对流干燥过程中湿物料的表面温度恒等于空气的湿球温度

二、简答题

在同样的条件下，为什么在干燥过程中夏天的空气消耗量比冬天要多?

任务二 干燥设备的结构和性能

任务提出

了解了干燥的概念和原理后，要进行干燥操作，还需要了解并掌握常见干燥设备的结构和性能。

任务分析

干燥器种类很多，本任务主要列举了 4 种常见的对流干燥器，对每种对流干燥器都详细介绍了其结构、干燥原理和使用性能。

相关知识

一、常见对流干燥设备

1. 箱式干燥器

箱式干燥器是常压间歇干燥操作经常使用的典型设备，通常，小型的叫烘箱，大型的叫烘房，结构如图 6—3—3 所示。在外壁绝热的干燥室 1 内有一个带多层支架的小车 2，每层

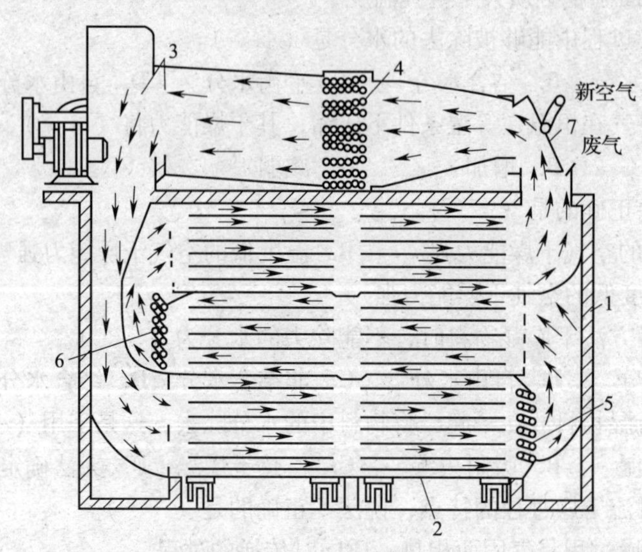

图 6—3—3 箱式干燥器

1—干燥室 2—小车 3—送风机 4—空气预热器 5，6—中间加热器 7—蝶形阀

架上放料盘。空气从室的右上角引入，在与空气预热器 4 相遇时被加热。空气按箭头方向从盘间和盘上流过，最后从右上角排出。中间加热器 5、6 的作用是在干燥过程中继续加热空气，使空气保持一定的温度。为控制空气湿度，可将一部分吸湿的空气循环使用。

箱式干燥器的优点是结构简单，制造容易，操作方便，适用范围广；由于物料在干燥过程中处于静止状态，特别适用于干燥易破碎的脆性物料。缺点是间歇操作，干燥时间长，干燥不均匀，人工装卸料，劳动强度大。尽管如此，它仍是中、小型企业普遍使用的一种干燥器。

2. 气流干燥器

气流干燥器利用调整的热气流吹动粉粒状湿物料，使物料悬浮在气流中并被带动前进，在此过程中使物料受热干燥。气流干燥器是目前化工生产中使用较广泛的干燥器。

具有粉碎机的气流干燥装置结构如图 6—3—4 所示，气流干燥器 4 的主体是一根直立的圆筒形管，称为干燥管。螺旋桨式输送混合器 1 中的湿物料在球磨机 3 内磨碎并加热，然后与燃烧炉 2 产生的热气流一起被送到气流干燥器 4 内。热气流高速流动，在流动过程中实现传质和传热。被干燥的物料随气流进入旋风分离器 5，分离后经星式加料器 7 和流动固体物料的分配器 8，最后卸出，分离气体再进入螺旋桨式输送混合器内，输送湿物料。

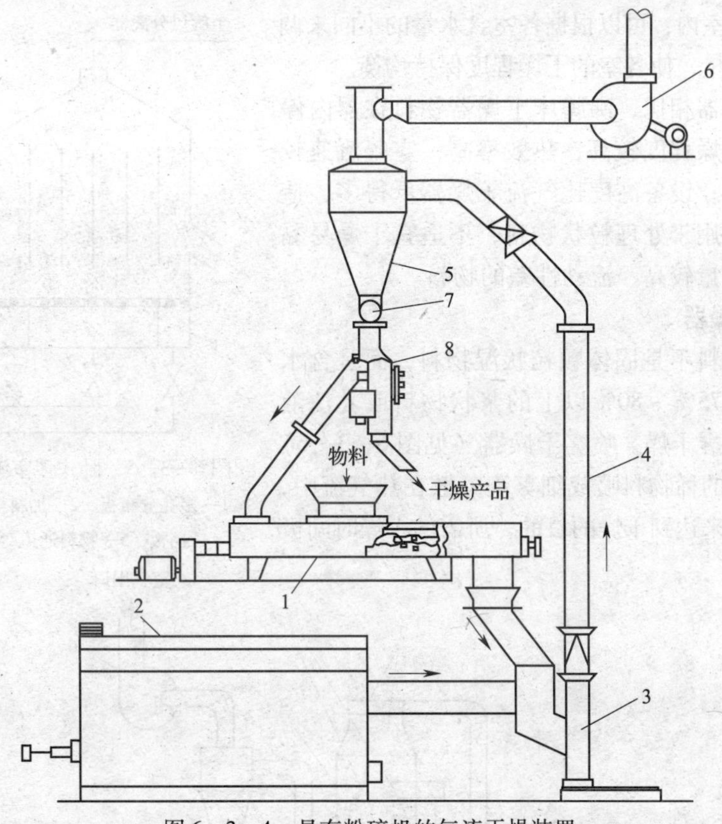

图 6—3—4　具有粉碎机的气流干燥装置

1—螺旋桨式输送混合器　2—燃烧炉　3—球磨机　4—气流干燥器　5—旋风分离器
6—风机　7—星式加料器　8—流动固体物料的分配器

气流干燥器的主要优点是：设备紧凑，结构简单，占地面积小；操作连续而稳定，可完全自动控制；干燥效率高，热气流以 20 ~ 40 m/s 的速度高速运动，使物料均匀、分散地悬浮于热气流中，气、固体间接触面积大，传热与传质均得到强化，物料停留几秒钟即能达到干燥要求；生产能力大，一个直径0.7 m、高10～15 m的干燥管，能承担1.5 t/h硫酸铵的干燥生产，即以小设备完成较大的生产量。

其缺点是：由于物料与壁面以及物料与物料间的摩擦碰撞多，对物料有破碎作用，因此对粉尘回收要求高；不适于干燥易黏结、易燃、易爆、有毒和易破碎的物料；由于干燥管过高，安装维修不方便。

3. 沸腾床干燥器

沸腾床干燥器的工作原理是：热气流以一定的速度从沸腾干燥器的多孔分布板底部送入，均匀地通过物料层，物料颗粒在气流中悬浮，上下翻动，形成沸腾状态，气、固体之间接触面积很大，传质和传热速率显著增大，使物料迅速、均匀地得到干燥。

气流吹动物料层开始松动的速度叫最小流化速度，将物料从顶部吹出的速度叫带出速度。操作时要控制气流速度处于最小流化速度和带出速度之间，使物料经常保持流化状态。

沸腾床干燥器分立式和卧式两种，立式又有单层和多层之分。现简单介绍较常用的卧式多室沸腾床干燥器，如图6—3—5所示。干燥器外形为长方形，器内用挡板分隔成4～8室，挡板下端与多孔分布板之间有一定间隙，使物料可以逐室通过，最后越过出口堰板排出。由于热空气分别通到各室内，可以根据各室含水量的不同来调节需要的热空气量，使各室的干燥程度保持均衡。

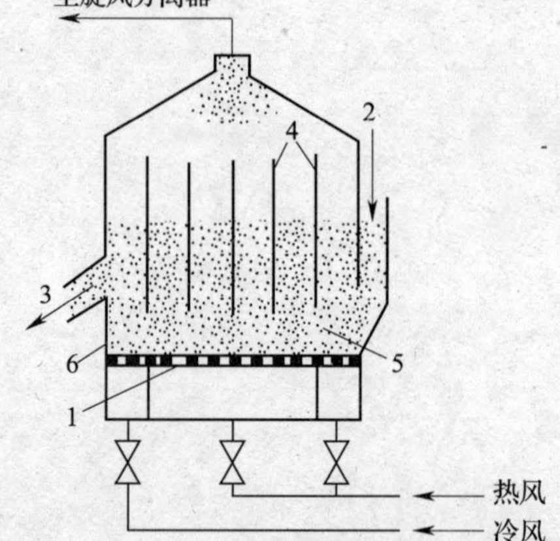

图6—3—5 卧式多室沸腾床干燥器

1—多孔分布板 2—加料器 3—出料口 4—挡板 5—物料通道 6—出口堰板

与气流干燥器相比，沸腾床干燥器物料在器内停留时间较长，干燥程度较高，热效率高；空气流速较小，物料磨损轻；设备高度比气流干燥器低得多，造价较低。它主要用于处理粒状物料，不适宜干燥易黏结、成团和含水量较高、流动性差的物料。

4. 喷雾干燥器

当被干燥物料不是固体颗粒状湿物料，而是含水量（质量分数）75%～80%以上的浆状物料或乳浊液时，就要采用喷雾干燥。喷雾干燥器（见图6—3—6）用喷雾器将液状的稀物料喷成细雾滴分散在热气流中，使水分迅速蒸发来达到干燥的目的，所需的干燥时间极短。

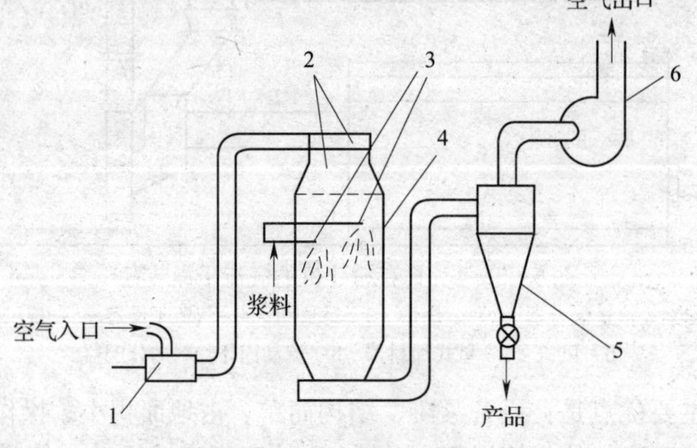

图6—3—6 喷雾干燥器

1—燃烧炉 2—空气分布器 3—压力式喷嘴 4—干燥塔 5—旋风分离器 6—风机

喷雾干燥器的优点是干燥速度快，干燥时间短，因此特别适用于牛奶、蛋粉、洗涤剂、染料、抗菌素、血浆精制胶、酵母、热敏性物料等的干燥；其操作稳定，可连续生产，便于实现自动化。但此种设备容积较大，耗能大，热效率较低。

二、干燥器的比较和选择

干燥器的种类很多，实际生产中如何选用，主要应根据物料性质、产品质量和生产能力来确定。选择干燥器时，首先根据被干燥物料的性质和工艺要求选用几种可用的干燥器，然后通过对所选的干燥器的基建费和操作费进行经济核算、比较，最后确定一种较合适的干燥器。一般对干燥器有如下要求：

1. 保证产品的工艺要求，能达到指定的干燥程度和质量要求。
2. 干燥速率快，设备的生产能力高，可以减小设备尺寸、缩短干燥时间。
3. 干燥器的热效率高，从而降低干燥作业的能耗。
4. 干燥系统的液体阻力要小。
5. 操作控制方便，劳动条件良好，附属设备简单。

表 6—3—1 可作为选择干燥器的参考。

表 6—3—1　　干燥器选型参考表

	物料							
	乳浊液	浆状	膏糊状	粒径 100 目以下	粒径 100 目以上	特殊形状	薄膜状	片状
干燥器	无机盐类、牛奶、萃取液、橡胶等	颜料、纯碱、洗涤剂、碱石灰、高岭土等	滤饼、沉淀物、淀粉、染料等	离心机滤饼、颜料、黏土、水泥等	合成纤维、结晶、矿砂	陶瓷、砖瓦、木材、填料等	塑料薄膜、玻璃纸、纸张、布匹等	薄板、泡沫塑料、照相底片、印刷材料等
气流	E	C	C	D	A	E	E	E
沸腾床	D	C	C	D	A	E	E	E
喷动床	E	C	C	A	A	E	E	E
喷雾	A	A	D	B	E	E	E	E
转筒	E	E	C	A	A	E	E	E
箱式	E	D	A	A	A	A	E	A
红外线	B	B	B	B	B	A	A	A

注：A——适合，B——经费许可时才适合，C——特定条件下适合，D——适当条件下可应用，E——不适合。

【注意事项】

教师利用干燥器模型讲解其结构，结合多媒体动画课件，就设备内流体的运动规律进行详细讲解。

思考与练习

一、选择题

1. 流化床干燥器发生尾气含尘量大的原因是（　）。

A．风量大　　　B．物料层高度不够　C．热风温度低　D．风量分布分配不均匀

2．若需从牛奶料液直接得到奶粉制品，应选用（　　）。

A．沸腾床干燥器 B．气流干燥器　　　C．转筒干燥器　D．喷雾干燥器

3．要干燥小批量晶体，该晶体易碎，但又希望保留较好的晶型，应选用的干燥器是（　　）。

A．箱式干燥器　B．滚筒干燥器　　　C．气流干燥器　D．沸腾床干燥器

4．干燥过程中，使用预热器的目的是（　　）。

A．提高空气露点　　　　　　　　　B．降低空气的湿度

C．降低空气的相对湿度　　　　　　D．增大空气的比热容

5．当被干燥的粒状物料要求磨损不大而产量较大时，选用（　　）干燥设备较合适。

A．气流式　　　B．箱式　　　　　C．转筒式

6．欲从液体料浆直接获得固体产品，则最适宜的干燥器是（　　）。

A．气流干燥器　B．流化床干燥器　　C．喷雾干燥器　　D．箱式干燥器

7．下列干燥器类型中，固体颗粒和干燥介质呈悬浮状态接触的是（　　）。

A．箱式与气流　B．箱式与流化床　　C．洞道式与气流　D．气流与流化床

二、简答题

比较几种干燥器的特点，并总结它们适用的干燥场合。

任务三　对流干燥设备操作实训

任务提出

了解了干燥的原理和设备后，需要进一步学习流化干燥器干燥流程，并能操作流化干燥器。

任务分析

对流干燥是工业上应用最多的一种干燥方式，对流干燥操作中使用最多的是流化干燥器，本任务以立式流化干燥器为主设备，用热空气来干燥湿物料。操作的目的是熟悉流化干燥器的结构，了解流化干燥装置的流程和操作步骤。

相关知识

一、流程介绍

本实训的干燥过程为对流干燥，属传热、传质同时发生的过程。空气经过预热器加热到一定温度，由干燥器的底部进入，湿物料也由干燥器的底部进入，在气流的带动下，固体颗粒在干燥器内流动，干燥完毕后，吸收了水分的空气从干燥器顶部排出，流程如图6—3—1所示。

二、实训目的及原理

1. 实训目的

(1) 熟悉流化干燥装置的构造与操作。

(2) 了解流态化及流化干燥的过程。

(3) 了解影响物料干燥速度的因素。

2. 实训原理

由前述的对流干燥原理可知，干燥中传热和传质是方向相反而又相互关联的两个过程，因此，干燥过程中的速度和限度，将同气流的状况（气流的温度，相对温度，速度）和湿物料的性质与结构有关（即与水分同物料结合的方式有关）。

三、实训装置

本实验采用流化床干燥器，由风机输送的空气流经转子流量计计量后再经电加热器预热，然后通过流化床的分布板，与床层中的颗粒状湿物料进行流态化的接触和干燥，废气上升至干燥器顶部，通过旋风分离器后排出。空气流的速度和温度，分别由阀门和自耦变压器调节。

流化床内径为 130 mm，塔体为 ϕ146 mm × 8 mm 的耐高温玻璃。流化干燥装置如图 6—3—7 所示。

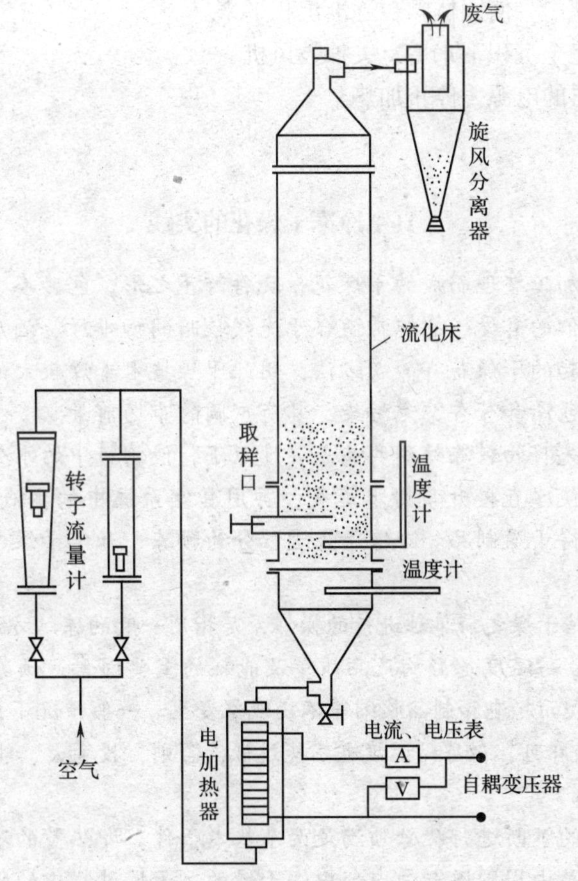

图 6—3—7　流化干燥装置

任务实施

一、开车操作

1．开车前先检查装置上的电源、温度计、流量计等测量仪表，以及各阀门是否完好、齐全。

2．开鼓风机送气，打开进气阀门，预先调节风量（约 15 m^3/h），使床层中的颗粒处于良好的流化状态。

3．开电热器预热空气流，并逐渐升温至100℃左右。

二、正常操作

1．待空气状况稳定后，每隔 10 min 记录床层温度一次。

2．每隔 10 min 取样一次，每次将样品取出后，样品瓶盖必须盖紧。

3．在光电天平称重后则要取下样品瓶盖并将样品放入 110℃左右的烘箱中烘干。样品由烘箱取出后放入干燥器内待冷却至室温后称量，称量时必须盖紧瓶盖。

4．操作过程中要注意气体流速的控制，流速过大固体物料会被带出，流速过小固体流化效果差。

三、停车操作

1．先关小进气阀门，使固体颗粒逐渐沉积下来。

2．等固体颗粒完全沉积下来后，关掉鼓风机。

3．关闭电加热器的电源，停止加热。

【知识拓展】

真空冷冻干燥花的实践

经过干燥、保色加工整理而成的干燥花，既存鲜花之形、色、姿、韵，又取干花之经久不凋，越来越受到人们的喜爱，它非常适合于光线较暗的咖啡厅、酒店以及家庭装饰。真空冷冻干燥是近年来兴起的干燥花卉的新方法，用此干燥技术干燥较大的花朵植株，能够基本保持干燥花的形状、色泽和芳香，无污染，具有广阔的市场前景。

真空冷冻干燥是先将物料冻结到共晶点温度以下，使物料中的水分变成固态的冰，然后在适当的真空度下，使冰直接升华为水蒸气。再用真空系统中的水汽凝结器（捕水器）将水蒸气冷凝，从而获得干燥制品。冷冻干燥过程分为预冻、升华干燥、解析干燥 3 个过程。

1．预冻过程

预冻是植株在冻结干燥之前单独进行的操作，是指用一般的冻结方法预先将鲜花冻成一定的形状。材料冻结的最高温度是影响产品质量及能耗的重要因素，预冻温度必须低于共晶温度，否则会造成产品表面起泡和制品收缩等不良现象发生。一般情况下，制品冷冻的最低温度低于共晶温度 5 ~ 10℃即可，但冻结温度也不能过低，否则，投资大、能耗高。

2．升华干燥过程

要维持升华干燥的不断进行，必须满足两个基本条件，即热量的不断供给和生成蒸汽的不断排除。干燥过程是由周围逐渐向内部中心干燥的，干燥过程中的传热驱动力为热源与升华界面之间的温差，而传质驱动力为升华界面与冷料之间的蒸汽分压差。温差越大，传热速率就越快，蒸汽分压差越大，传质速率就越快。

3. 解析干燥过程

解析干燥是在升华干燥之后，去除分布在物料的基质内以游离态或结合水形式存在的水分的过程。物料的解析干燥一般要依靠比升华温度高得多的温度来完成。

高温低压有利于解析干燥的进行，对解析干燥时间不占主要地位的物料的干燥，如冷冻的番茄片，其中可以冻结成冰的结构水和大量游离水约占95%，所以解析干燥时间很短，冻干周期主要取决于升华干燥时间，因此提高干燥速率的措施应以升华干燥为主。

真空冷冻干燥花的特点如下：

(1) 原料来源广泛，到目前为止，世界各国经常使用的干燥花植物种类约有2 000～3 000种。

(2) 姿态自然质朴，不仅具有植物的自然风韵，而且最大限度地保持了植物固有的形状和色泽。

(3) 使用管理方便，不仅可以在较长的时间里保持其形态和色彩，而且储存、销售期长。

(4) 可食用干燥花复水性能好，食用花复水之后，可保持其原有的美丽形状，引起人们的食欲。

(5) 收缩率远远小于其他干燥方法，能够最大限度地保持植物新鲜时的形态。

(6) 冷冻干燥设备投资费用较大，操作费用较高，导致其成本高。

思考与练习

简答题

1. 湿物料在70～80℃的空气流中经过相当长时间的干燥，能否得到绝对干料？

2. 有一些物料在相对湿度较小的热气流中干燥，而有一些物料则要在相对湿度较大的热气流中干燥，这是为什么？

3. 为什么在操作中要先开鼓风机送气，然后再打开电源加热？

4. 总结对流干燥器的操作要点。

5. 干燥过程中需要注意的事项有哪些？

课题四　冷　　冻

任务一　冷冻概述及冷冻剂

任务提出

冷冻也是化工生产中常用的单元操作形式，本任务着重了解冷冻操作的基本定义和操作原理。

任务分析

在化学工业和其他生产领域均用到冷冻操作。例如在化学工业中，冷冻操作应用于蒸汽的液化，气体的液化和分离，在低温下的精馏、结晶或化学反应等；在食品工业中，用于冷饮品的制造、食品的冷藏等；在建筑工业中，用于空气的调节和土壤的冻结等。本任务主要介绍冷冻操作的基本原理和基本定义，重在理解。

相关知识

一、冷冻的定义

冷冻又称制冷，是人为地将物料的温度降低到比周围空气和水的温度还要低的操作。把热水放在空气中冷却成常温水，这不是制冷，只有把水变成低于常温的水或冰，才称为制冷。冷冻是化工生产中不可缺少的单元操作。

冷冻过程的实质就是由压缩机做功，通过工质（冷冻剂）从低温热源取出热量，送到高温热源。这一过程类似用泵将水从低处送到高处，所以，有些技术资料中把冷冻机称为热泵。

二、冷冻能力、冷冻剂和载冷体

1. 冷冻能力

冷冻能力表示一套冷冻循环装置的制冷效应，即冷冻剂在单位时间内从被冷冻物料中取出的热量，又叫制冷量，用符号 Q_1 表示，单位是 W 或 kW。

2. 常用的冷冻剂

冷冻剂的种类很多，在工业上广泛采用的冷冻剂有以下几种。

（1）氨

氨是目前应用最广泛的一种冷冻剂，从操作压强、汽化潜热和单位体积冷冻能力等几个方面来说，比许多冷冻剂都优越。在冷凝器中，即使在夏天冷却水温度很高的情况下，其操作压强也不超过 1 600 kPa，而在蒸发器中，当蒸发温度低达 240 K 时，蒸发压强也不低于大气压，空气不会渗入。氨的单位体积冷冻能力仅次于二氧化碳。因此，在一定冷冻能力下，氨的压缩机气缸尺寸相对较小。氨还具有来源广泛、漏气时容易发现等优点。缺点是有毒，有强烈的刺激性和可燃性，与空气混合时有爆炸的危险，对铜和铜合金有腐蚀性等。

（2）二氧化碳

二氧化碳的主要优点是单位体积冷冻能力为各种冷冻剂之首。因此，在同样的冷冻能力下，压缩机的尺寸最小，因而在船舶冷冻装置中被广泛采用。二氧化碳还具有无毒、无腐蚀、使用安全等优点。缺点是冷凝时的操作压强过高，一般为 6 000 ~ 8 000 kPa，蒸汽压强一般在 530 kPa 以上，否则将被固化。

（3）氟利昂

氟利昂是一种烷烃的氟氯衍生物。常用的有氟利昂 - 11（$CFCl_3$）、氟利昂 - 12（CF_2Cl_2），氟利昂 - 13（CF_3Cl）和氟利昂 - 113（$C_2F_3Cl_3$）等。在常压下氟利昂的沸点因品种不同而不同，其中最低的是氟利昂 - 13，为 191K，最高的是氟利昂 - 113，为 320 K。这类冷冻剂的缺点是汽化潜热小，单位体积冷冻能力比氨小，因而冷冻循环量较大，消耗功率也多，本身的价格也比较高，但由于它有无毒、无味、无燃烧爆炸危险等突出优点，过去一直被广泛应用在电冰箱一类的冷冻装置中。

必须指出，作为冷冻剂使用的氟利昂，最后都会挥发到空气中，而这类化合物对大气臭氧层有破坏作用，近年来除对少数进行限制使用外，大部分已禁止使用。

（4）碳氢化合物

一些碳氢化合物也可用做冷冻剂，如乙烯、乙烷、丙烯、丙烷等，它们的优点是凝固点低、对金属不腐蚀、价格便宜、容易获得，且蒸发温度范围很宽，可分别满足高、中、低温冷冻的需要。其缺点是有可燃性，与空气混合时有爆炸危险。因此，使用这类冷冻剂时，必须保持蒸发压强在大气压强以上，防止空气漏入而引起爆炸。目前，这类冷冻剂主要用于石油化工厂的冷冻装置中。

3. 载冷体

在冷冻操作中有两种系统：一种是用冷冻剂直接吸取被冷冻物料的热量，以达到所要求的低温，称为直接制冷系统；另一种是用一种盐类的水溶液作为载冷体，使其在被冷冻物料和冷冻剂之间循环，从被冷冻物料中吸取热量再传给冷冻剂，这样的操作系统称为间接制冷系统。

（1）对载冷体的要求

载冷体应具备以下条件：在操作温度范围内保持液态，其凝固点比冷冻剂的蒸发温度要低，其沸点应高于最高操作温度，沸点越高越好；比热容大，载冷量也大，在传送一定冷量时，其流量就小，可减少泵的功耗；其蒸汽与空气混合不燃烧，无爆炸危险性；不腐蚀设备和管道；来源充足，价格低廉。

（2）常用的载冷体

1）水。水是一种很理想的载冷体，具有比热容大、腐蚀小等优点，适用于273 K以上的冷冻循环，例如空调装置。

2）冷冻盐水。常将用氯化钠、氯化钙或氯化镁配制的盐水溶液称为冷冻盐水。盐水的一个重要性质是凝固点取决于其浓度，在一定的浓度下有一定的凝固点，浓度增大则凝固点下降。

为了保证冷冻盐水作为载冷体操作的顺利进行，必须合理地选择其浓度，以使冻结温度低于操作温度。一般控制盐水冻结温度比系统中冷冻剂蒸发温度低10～13 K，如果盐水浓度过大，冻结温度虽偏低，但因盐水密度增加而使功耗加大。

盐水对金属有腐蚀作用，可在盐水中加入少量的铬酸钠或重铬酸钠以减缓腐蚀作用。

3）有机物。二氯甲烷、三氯乙烯和一氟三氯甲烷等有机物也可做载冷体。有机载冷体的凝固点都很低，适用于低温装置。

【注意事项】

本任务教学过程中，教师以利用多媒体课件讲解为主。

思考与练习

简答题

1. 什么是冷冻操作？

2. 常用的冷冻剂有哪些？各适用于什么样的冷冻场合？

3. 冷冻过程中对载冷体有何具体要求？

4. 化工生产中，常用的载冷体有哪些？各适用于什么样的冷冻装置？

5. 冷冻盐水在冷冻过程中的作用是什么？

任务二　压缩蒸汽冷冻机结构和原理

任务提出

对冷冻和冷冻剂有了简单的了解后，接下来应该了解压缩蒸汽冷冻机的结构组成和工作原理。

任务分析

冷冻机的种类很多，但工业上应用最广泛的是压缩蒸汽冷冻机。本任务就压缩蒸汽冷冻机的结构组成和工作原理作了详细介绍，学员应了解每部分结构的作用，掌握其工作原理。

相关知识

一、压缩蒸汽冷冻机的工作过程

在冷冻操作中，热量必须由低温物体传递到高温物体，但是从热力学第二定律可知，热量不能自动从低温物体传递到高温物体。因此，必须从外界补充能量，并且利用冷冻剂间接地来完成冷冻操作。最常用的冷冻剂是氨。用于提供制冷能量的压缩机，称为冷冻机或冰机。

在图 6—4—1 所示压缩蒸汽冷冻机的冷冻循环简图中，液氨在 190 kPa 的压力下蒸发，蒸发温度为 253 K，蒸发时由被冷冻物料（氯化钙、氯化钠溶液等冷冻盐水）取得热量，从而使被冷冻物料降温。汽化后的氨再进入压缩机，压缩机对氨加压做功，使氨的压力和温度升高。如为绝热压缩过程，则氨的压力提高到 1 167 kPa，温度将达到 383 K 左右。在冷凝器中用水将此气体冷却到 303 K，可使之冷凝成液氨，并进一步过冷到 298 K 左右。然后经过一个膨胀阀（节流阀），压力降到 190 kPa，相应地温度降到 253 K，再送到蒸发器中吸取被冷冻物料的热量而蒸发。在整个冷冻循环过程中，氨作为工质（冷冻剂），完成从被冷冻物料不断吸取热量传给高温物料（冷却水）的任务。

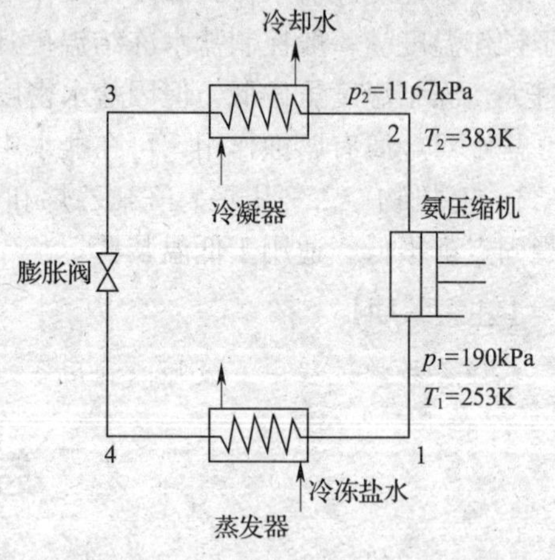

图 6—4—1　压缩蒸汽冷冻机的冷冻循环简图

二、压缩蒸汽冷冻机的主要设备

压缩蒸汽冷冻机的主要设备是压缩机、冷凝器、蒸发器和膨胀阀。此外，还有油分离器、气液分离器等辅助设备，以及用来控制与计量的仪表等。

1. 压缩机

制冷操作中所使用的压缩机称为冷冻机。蒸汽压缩冷冻机可以根据冷冻能力的大小分为三类：冷冻能力在 120 kW 以下的属于小型冷冻机，冷冻能力在 120 ~ 1 000 kW 的属于中型冷冻机，冷冻能力大于 1 000 kW 的属于大型冷冻机。

目前，在工业上采用的冷冻机有往复式和离心式两种。往复式冷冻机有横卧双动式、直立单功多缸通流式以及气缸互成角度排列等不同形式。往复式冷冻机应用比较广泛，主要用于蒸汽比容较小、单位体积冷冻能力大的冷冻剂制冷。而蒸汽比容大、单位体积冷冻能力小的冷冻剂，要使用离心式冷冻机来制冷。

2. 冷凝器

冷冻装置中的冷凝器多采用蛇管式、套管式、排管式、喷淋式和列管式。

小型冷冻机常用蛇管式冷凝器。冷冻剂在管内冷凝，冷却水在管外流动。其传热系数 $K = 0.17 \sim 0.25$ kW/（$m^2 \cdot K$）。

套管式冷凝器的环隙中流动的是冷冻剂，内管中是冷却水，大多采用逆流流动。其传热系数 $K = 0.7 \sim 0.9$ kW/（$m^2 \cdot K$）。

喷淋式冷凝器的特点是冷却水喷淋在管子的外壁或内壁，形成膜状流动。外壁喷淋冷却水的喷淋式冷凝器的传热系数 $K = 0.7 \sim 1.0$ kW/（$m^2 \cdot K$）。内壁喷淋冷却水的蒸发吸热，可以提高冷凝器的传热速率。其传热系数 $K = 0.7 \sim 0.95$ kW/（$m^2 \cdot K$）。

3. 蒸发器

冷冻装置中常用的蒸发器多采用蛇管式和列管式。蛇管式蒸发器构造简单、操作安全，多用在小型冷冻机中。其传热系数 $K = 0.25 \sim 0.3$ kW/（$m^2 \cdot K$）。大、中型冷冻机多采用直立或水平列管式蒸发器，其中水平列管式蒸发器紧凑、价廉，但传热速率不如直立列管式。

如图 6—4—2 所示是一台竖管蒸发器。其蒸发面由直立的列管组成，由两组横卧的总管，直径较大的循环管和直径小的弯曲管相连而成管组。整个管组放在矩形槽内。操作时，液态冷冻剂充满下部总管和各竖管的大部分空间。由于弯曲管中液体蒸发较剧烈，液体由弯曲管上升，从循环管下降，形成自然循环。汽化后的冷冻剂蒸气经气液分离器后，被压缩机抽走。冷冻盐水在槽内，借螺旋桨搅拌器的作用而循环流动。竖管蒸发器的传热系数 $K = 0.50 \sim 0.65$ kW/（$m^2 \cdot K$）。

4. 膨胀阀

膨胀阀也叫节流阀，常用针孔阀。它的作用是使来自冷凝器的液态冷冻剂发生节流效应，以达到减压降温的目的。因为液体的蒸发温度随压力的降低而降低，冷冻剂减压后在蒸发器中可以在低温下汽化。此外，膨胀阀还有调节冷冻剂循环量的作用，在操作中要严格准确控制。

三、多级压缩蒸汽冷冻机

1. 单级压缩蒸汽冷冻机的适用范围

当蒸发温度很低，或冷凝温度很高时，压缩比 p_2/p_1 就变得很大，如仍用单级压缩，就会引起以下不良后果：

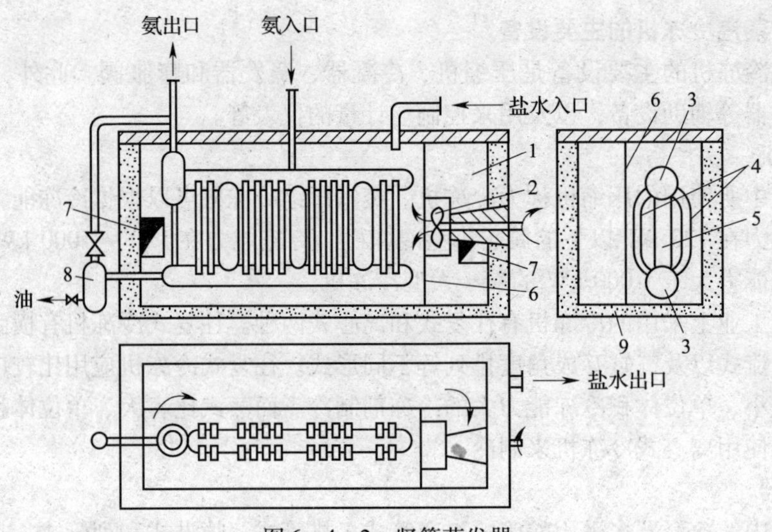

图 6—4—2　竖管蒸发器

1—槽　2—搅拌器　3—总管　4—弯曲管　5—循环管　6—挡板　7—挡板上的孔　8—油分离器　9—绝热层

（1）送气系数很低，甚至等于零。

（2）单级压缩的终温很高，冷冻剂蒸汽可能分解。例如，氨在高于 393 K 时会分解。

（3）所需的功率大为增加。

因此，当冷凝温度 T_2 与蒸发温度 T_1 之差较大，也就是压缩比较大时，应该采用两级或多级压缩。T_2 由水温决定，变化不大；而 T_1 则随工艺条件变化。所以，通常根据 T_1 来决定是否需用多级压缩。例如，在氨冷冻机中，当 T_1 低于 243 K 时，应该采用两级压缩；当 T_1 低于 228 K 时，应该采用三级压缩。

2. 两级压缩蒸汽冷冻机

图 6—4—3 所示是最常用的一种两级压缩蒸汽冷冻机的流程简图。低压气缸吸入冷冻剂压力为 p_1 的干饱和蒸汽（点 1），压缩至压力为 p'（点 2），排出的过热蒸汽在中间冷却器中用水冷却至接近点 3 的温度后，进入气液分离器中。在气液分离器中，蒸汽与同一压力 p' 下的饱和液体相接触，将其过热部分的热量传给饱和液体，使部分液体蒸发，从而保证了进入高压气缸的蒸汽是温度较低的干饱和蒸汽（点 3）。蒸汽经过高压气缸压缩到压力 p_2（点 4），然后进入冷凝器中冷却并过冷（点 5），再经过膨胀阀节流膨胀到压力 p'（点 6）进入气液分离器中。膨胀后的蒸汽与低压气缸送来的经过冷却的蒸汽以及液体中部分蒸发出来的蒸汽一同进入高压气缸中。

气液分离器中的液体，一部分经高压蒸发器吸热蒸发后进入高压气缸，另一部分经膨胀阀，由中间压力 p'（点 7）节流膨胀到压力 p_1（点 8），开始另一次循环。

两级压缩冷冻循环流程有以下特点：

（1）降低了每级出口蒸汽温度，减少了压缩功，有利于提高冷冻系数。

（2）流程中采用了两次节流膨胀，还设置了中间冷却器和气液分离器。其中气液分离器不仅起气液分离的作用，且有中间冷却器的作用，使蒸汽以较低温度的干饱和蒸汽进入高压气缸。气液分离器中的液体以不同的压强分别进入高、低压蒸发器，使冷冻剂在两种不同的温度下工作，这更适用于要求两种不同冷冻温度的情况。

采用多级压缩，可以降低功的消耗，而且级数越多，功耗越小。但随着级数的增加，压缩机的结构更复杂，设备费和维修费也随之增加，因此，要根据具体情况选择适宜的级数。

3. 复迭式冷冻机

在工业生产特别是石油化工生产中，往往要在低于173 K下操作，为了获得更低的温度，采用单一冷冻剂的多级压缩冷冻机，将受到蒸发压强过低或冷冻剂凝固的限制。

为了满足生产的需要，获得更低的温度，工业上采用复迭式冷冻机。所谓复迭式冷冻机，就是将两种不同的冷冻剂的冷冻循环组合在一起工作。用一个蒸发冷凝器，将两个循环联系起来。这个蒸发冷凝器既是高温冷冻剂的蒸发器，又是低温冷冻剂的冷凝器。这样，在循环中，低温冷冻剂从被冷物料吸收的热量，先传给高温冷冻剂，而后再由高温冷冻剂传给环境或冷却介质。由氨和氟利昂组成的复迭式冷冻机循环流程如图6—4—4所示。

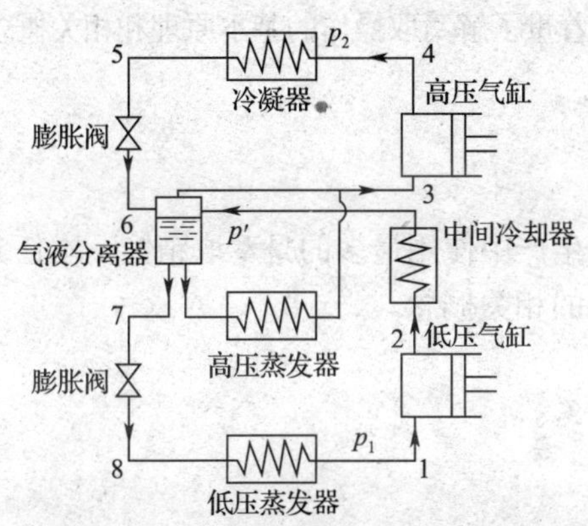

图6—4—3　两级压缩蒸汽冷冻机的流程

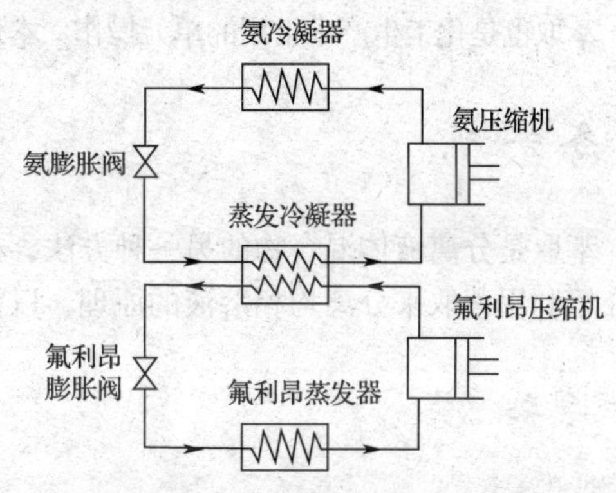

图6—4—4　复迭式冷冻机循环流程

高温冷冻剂为氨，它的蒸发温度为243 K，冷凝温度为298 K；低温冷冻剂是氟利昂－13，它的蒸发温度为193 K，冷凝温度为248 K。

复迭式冷冻循环每台压缩机的工作范围适中，压缩机的输气量减少，送气系数有所提高，因而冷冻系数较两级压缩为高。当蒸发温度在193 K以下时，应采用复迭式冷冻循环，而蒸发温度在193～213 K时，复迭式和两级压缩循环都可采用。

【注意事项】

教师应利用冷冻机模型讲解其结构，讲述时可结合多媒体动画课件，就设备内流体的运动规律进行详细讲解。

思考与练习

简答题

1. 冷冻循环由哪几个基本过程组成？

2. 冷冻操作为何需要不断地消耗外加能量？

3. 压缩蒸汽冷冻机在使用时相对其他冷冻机有什么优势？操作过程中需要掌握什么要点？

4. 在冷冻系统中，当冷凝温度与蒸发温度相差较大时，为什么采用两级或多级压缩制冷？

5. 两级压缩循环有哪些特点？有哪些优势？

课题五　萃　　取

任务一　萃取原理及操作流程

任务提出

萃取也是化工生产中常用的单元操作。本任务是着重了解萃取操作的基本原理和相关概念。

任务分析

萃取是分离液体混合物的另一种方法，在化工生产中使用最多的是萃取精馏。本任务主要介绍利用萃取来分离均相溶液的原理，以及萃取的相关概念。

相关知识

一、萃取与萃取原理

萃取是利用液体混合物各组分在选定溶剂中溶解度的不同而进行分离的单元操作。

萃取适用于相对挥发度 $\alpha = 1$ 的液体混合物（或两相沸点接近），还适用于蒸馏热稳定性很差的物质，如从发酵液中提取青霉素、咖啡因。当混合液组分浓度很稀，且沸点较高时，用液－液萃取较为合适，如从醋酸水溶液中分离醋酸，从稀醋酸水溶液中制备无水醋酸。萃取操作示意如图 6—5—1 所示。

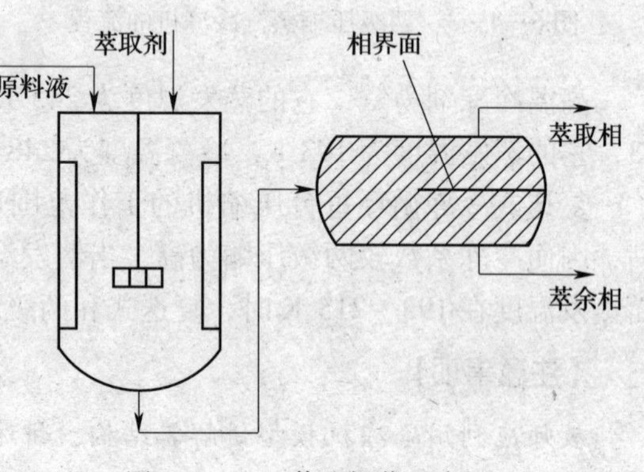

图 6—5—1　萃取操作示意图

萃取中的物料通常使用如下字母表示：原料液为 F（溶质 A 溶剂 B），萃取剂为 S，萃取相为 E，萃余相为 R。

如化工厂排出的污水中含大量苯酚，因为苯酚在苯中的溶解度大于在水中的溶解度，因此采用萃取方法回收苯酚时，选取苯作为萃取剂，这样，混合以后大量苯酚就会转入苯中。萃取过程可表示为：

$$\left\{\begin{array}{l}\text{水 B}\\ \text{(稀释剂或原溶剂)}\\ \text{苯酚 A}\\ \text{(溶质)}\end{array}\right. + \text{苯 S (萃取剂)} \xrightarrow{\text{混合}} \left\{\begin{array}{l}\text{萃取相 E (以 S + A 为主)}\\ \text{苯 S}\\ \text{苯酚 A (B)}\end{array}\right. + \left\{\begin{array}{l}\text{萃取相 R}\\ \text{(B + A 为主还有 S)}\\ \text{水 B (S)}\\ \text{苯酚 A (极少量)}\end{array}\right. \xrightarrow{\text{分离}}$$

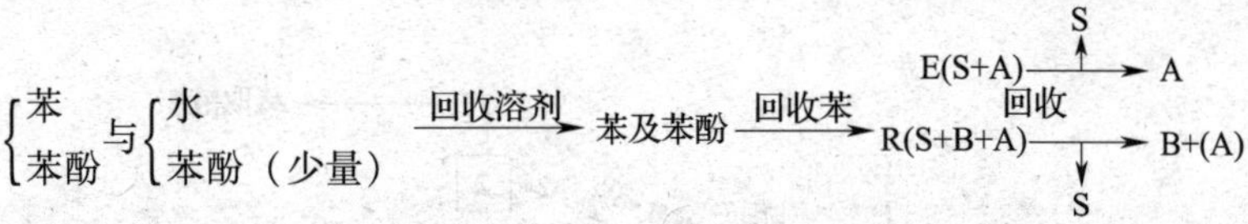

$\left\{\begin{array}{l}苯\\苯酚\end{array}\right.$ 与 $\left\{\begin{array}{l}水\\苯酚（少量）\end{array}\right.$ $\xrightarrow{回收溶剂}$ 苯及苯酚 $\xrightarrow{回收苯}$ $\begin{array}{l}E(S+A) \xrightarrow{\uparrow S} A\\ \quad 回收\\ R(S+B+A) \xrightarrow{\downarrow S} B+(A)\end{array}$

加入萃取溶剂后，因溶剂对组分有较大的溶解能力而使被分离组分转入溶剂中去，称为物理萃取。加入萃取溶剂后，若溶剂对被分离组分有化合或络合作用而使被分离组分与原溶剂分离，称为化学萃取。

萃取操作包括三个过程：混合过程，即原料液和萃取剂充分接触；澄清过程，即形成萃取相和萃余相，并分层；脱除溶剂操作，萃取相脱除溶剂得到萃取液，萃余相脱除溶剂得到萃余液。

二、萃取剂的选用原则

1. 萃取剂对溶质有较大溶解能力

常见的萃取剂和原料液的溶解情况有如下几种：

原料液 {溶质 A / 原溶剂 B} + S

→ ① {S + A（完全互溶） / S + B（完全不互溶）} 最理想的情况

→ ② {S + A（完全互溶） / S + B（部分互溶）} 最常见，是讨论的重点

→ ③ {S + A（部分互溶） / S + B（部分互溶）} 不讨论

其中第②种情况是实际应用中最常遇到的，因此是萃取讨论的重点；第①种情况最理想，但极少遇到；第③种情况中萃取剂分离溶液的纯度很低，不能使用。

2. 萃取剂回收的难易与经济性

萃取后的 E 相和 R 相，通常以蒸馏方法进行分离。萃取剂回收的难易程度直接影响萃取操作的费用，在很大程度上决定了萃取过程的经济性。

3. 萃取剂的其他性能

为使 E 相和 R 相能较快地分层以快速分离，要求萃取剂与被分离混合物有较大的密度差。两液相间的界面张力（即表面张力）对分离效果有重要影响。物系界面张力较大，分散的相液滴易聚结，有利于分层；但若界面张力不大，液体不易分散，互相接触不良，分离效果就差；若界面张力过小，则易产生乳化现象，使两相难以分层。所以界面张力要适中。

此外，选择萃取剂时还要考虑其他一些因素：如黏度低，有凝固点（物质从液态转变为固态的过程中，冷却到一定温度时开始凝固，但温度保持不变，就是有凝固点），具有化学稳定性和热稳定性，对设备腐蚀性小，来源充分，价格较低等。

三、萃取的流程

萃取操作设备分为分级接触式和连续接触式两类，本节主要讨论分级接触式萃取过程，其常用的流程有如下几种：

1. 单级萃取

单级萃取即只有一个萃取器，常见流程如图 6—5—2 所示。

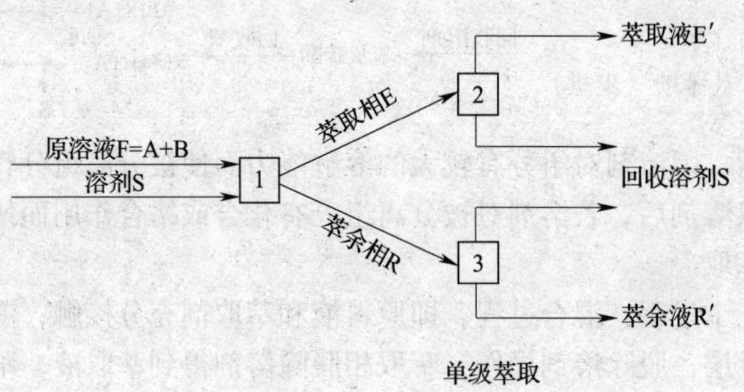

图 6—5—2　单级萃取

1—萃取剂　2，3—溶剂回收装置

2. 多级错流萃取

为进一步降低萃余相中的溶质浓度，可在上述单级萃取获得的萃余相中再次加入新鲜溶剂进行萃取，如此多次操作即为多级错流萃取，如图 6—5—3 所示。

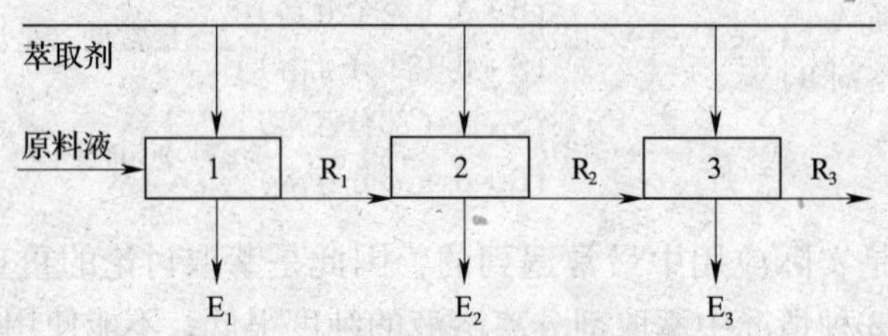

图 6—5—3　多级错流萃取

3. 多级逆流接触萃取

多级逆流接触萃取操作一般是连续的，其分离效率高，溶剂用量较少，工业上广泛应用，如图 6—5—4 所示。

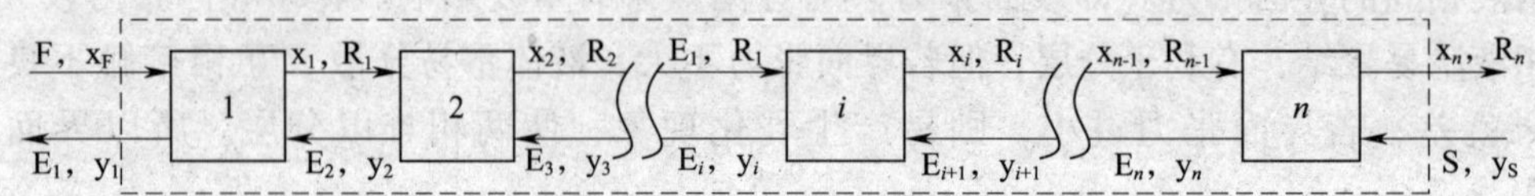

图 6—5—4　多级逆流接触萃取

4. 微分接触逆流萃取

在不少塔式设备中，萃取相与萃余相呈逆流微分接触，两相中的溶质浓度沿塔高连续变化，这种操作称为微分接触逆流萃取。

5. 带回流的逆流萃取

在逆流萃取操作中，最终萃取相中溶质的最高组成是与进料组成相平衡的。为了得到更高组成的萃取相，可仿照精馏中采用的回流方法，使最终萃取相脱除溶剂后的萃取液部分返回塔内作为回流，这种操作称为回流萃取，流程如图 6—5—5 所示。

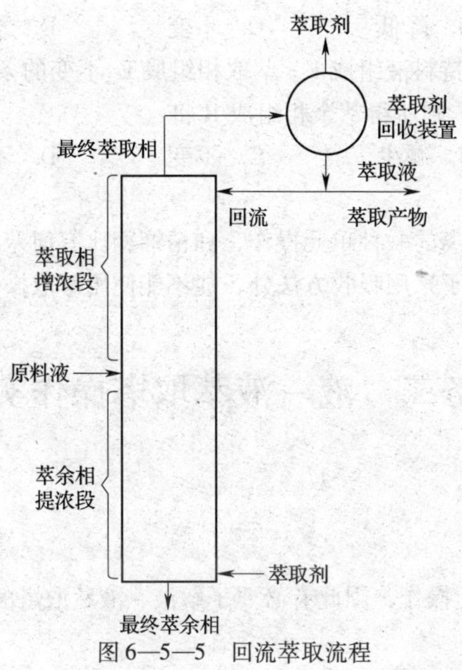

图 6—5—5　回流萃取流程

思考与练习

一、选择题

1. 萃取剂的选用，首要考虑的因素是（　　）。

A. 萃取剂回收的难易程度　　B. 萃取剂的价格
C. 萃取剂溶解能力的大小　　D. 萃取剂的稳定性

2. 混合溶液中待分离组分浓度很低时一般采用（　　）的分离方法。

A. 过滤　　B. 吸收　　C. 萃取　　D. 离心分离

3. 萃取操作包括若干步骤，除了（　　）。

A. 原料预热　　B. 原料与萃取剂混合
C. 澄清分离　　D. 萃取剂回收

4. 有 4 种萃取剂，对溶质 A 和稀释剂 B 表现出下列特征（见选项），则最合适的萃取剂应选择（　　）。

A. 同时大量溶解 A 和 B　　B. 对 A 和 B 的溶解都很小
C. 大量溶解 A 少量溶解 B　　D. 大量溶解 B 少量溶解 A

5. 对于同样的萃取相含量，单级萃取所需的溶剂量（　　）。

A. 比较小　　B. 比较大　　C. 不确定　　D. 相等

6. 多级逆流萃取与单级萃取相比，如果溶剂比、萃取相浓度一样，则多级逆流萃取可使萃余相浓度（　　）。

A. 变大　　B. 变小　　C. 不变　　D. 无法确定

7. 在原料液组成及溶剂比（S/F）相同的条件下，将单级萃取改为多级萃取，则萃取率（　　）、萃余率（　　）。

A．提高　　　B．降低　　　C．不变　　　D．不确定

8．单级萃取中，在维持料液组成 F、萃取相组成 E_A 不变的条件下，若用含有一定溶质 A 的萃取剂 S_A 代替纯溶剂，则所得萃余相组成 R 将（　　）。

A．增高　　　B．减少　　　C．不变　　　D．不确定

二、简答题

1．萃取也是液－液分离的一种单元操作，和精馏相比有何差异？

2．分离气体混合物除了采用吸收方法外，能不能使用萃取操作？为什么？

任务二　液－液萃取塔操作实训

任务提出

萃取是一种重要的单元操作，因此有必要了解液－液萃取塔的结构和特点，掌握液－液萃取塔的操作。

任务分析

往复振动筛板萃取塔操作方便、结构可靠、传质效率高，是一种性能较好的萃取设备。本任务以往复振动筛板萃取塔为例，讲述萃取塔的基本操作步骤。

相关知识

一、流程介绍

萃取塔的操作直接影响到产品的质量、原料利用率和消耗定额的大小。因此，正确操作萃取塔是生产的重要环节。

本流程以往复振动筛板萃取塔为主萃取设备，以水为萃取剂分离煤油混合物。其中水为重相，从筛板塔的顶部进入，为连续相；煤油为轻相，从筛板塔的底部进入，为分散相。最终得到的萃余相从塔的顶部排出，萃取相从塔的底部排出。

二、实训目的

1．了解液－液萃取塔的结构和特点。

2．掌握液－液萃取塔的操作步骤。

3．理解萃取操作过程中异常现象的产生原因，掌握防止发生异常现象的操作。

三、实训装置图

液－液萃取流程图如图 6—5—6 所示，往复振动筛板萃取塔的结构特点是将多层筛板按一定的板间距固定在中心轴上，塔内无溢流装置，塔板不与塔体相连。中心轴由装在塔顶的传动机械驱动进行往复运动，振幅一般为 3～50 mm，往复速度可达 100 次/min。当筛板向上运动时，筛板上侧的液体经筛孔向下喷射；当筛板向下运动时，筛板下侧的液体经筛孔向

上喷射。由于往复振动筛板萃取塔主要受机械搅拌作用，可大幅度增加相际接触面积及湍动程度。为防止液体沿筛板与塔壁间的缝隙短路流过，在塔内每隔几块筛板放置一块环形挡板。

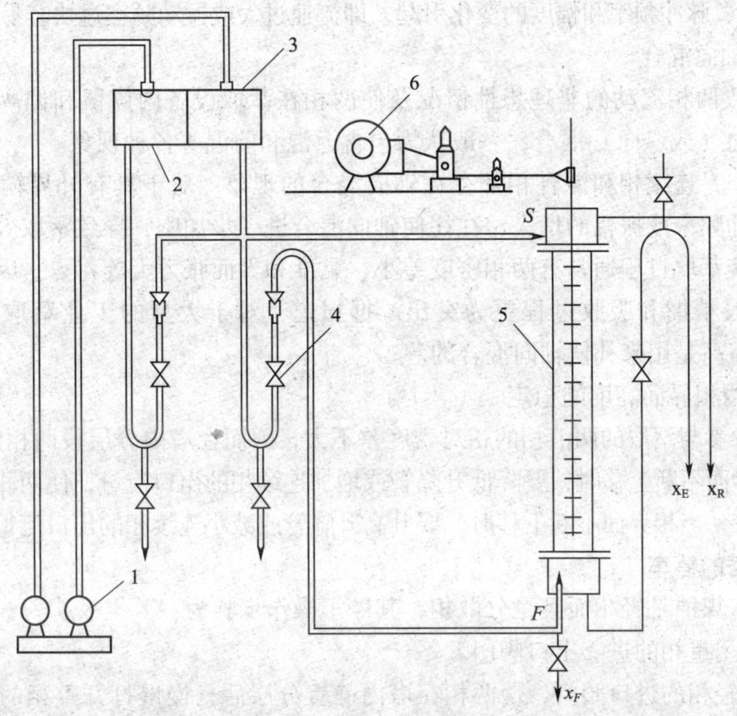

图 6—5—6　液－液萃取流程图

1—加料磁力泵　2—水槽　3—煤油槽　4—转子流量计　5—振动筛板塔　6—振动泵

任务实施

一、萃取塔的开车

1. 萃取塔开车时，应将连续相水注满塔中，液面在重相入口高度处为宜，关闭重相进口阀。

2. 开启分散相煤油进口阀门，使分散相不断在塔顶分层段内凝聚。

3. 当两相界面维持在重相入口与轻相出口之间时，再开启分散相出口阀和连续相进口阀。

二、正常操作

1. 通过调节振动电压来调节振动频率，振动电压可分别取 30 V、60 V、90 V、120 V。

2. 分别取样分析萃取塔的分离效率。

3. 维持正常操作的注意事项如下。

(1) 防止液泛

萃取塔运行中若操作不当，会发生一液相被另一液相“推出”设备的情况，或者还会发生分散相液滴凝聚成一段液柱并把连续相隔断的现象，这种现象称为液泛。刚开始发生液泛的点称为液泛点，这时两液相的流速为液泛流速。液泛是萃取塔操作时容易发生的一种不正常操作现象。

液泛的产生不仅与两相流体的物理性能（如黏度、密度、表面张力等）有关，而且与塔的类型、内部结构有关。对一特定的萃取塔操作时，当两相流体选定后，液泛的产生是由流速（流量）或振动、脉冲频率和幅度的变化引起，即流速过大或振动频率过快容易造成液泛。

（2）减小轴向混合

通常把导致两相流动的非理想性情况及使两相在萃取设备内停留和偏离活塞流动的现象，统称为轴向（或纵向）混合，一般认为包含返混和前混等各种现象。

在萃取塔中，连续相和混合相都存在轴向混合的现象，对于具有外界输入能量的萃取塔，振动、脉冲频率或振幅的增大，往往使轴向混合进一步加剧，导致萃取效率降低。

由于液－液萃取过程通常有两相密度差小，黏度和界面张力大等特点，因此轴向混合过程的不利影响较精馏和吸收过程更为突出。据报道，对于大型的工业萃取塔，有时多达50%～60%的塔高是用来补偿轴向混合的。

（3）维持两相界面高度的稳定

在萃取塔中参与萃取的两液相的相对密度差不大，因而在塔内分层段两相的界面容易上、下移动。当相界面不断上移时，要降低升降管或增加连续相的出口流量，使两相界面下降到规定的高度。反之，当相界面不断下移时，要升高升降管或减小连续相的出口流量。

三、萃取塔的停车

此流程中，煤油是轻相而且是分散相，其停车操作步骤为：

1. 首先关闭重相的进、出口阀门。

2. 再关闭轻相的进口阀门，使两相在塔内静置分层后，慢慢打开重相的进口阀，让轻相流出。

3. 当两相界面上升至轻相全部从塔顶排出时，关闭重相进口阀，使重相全部从塔底排出。

【知识拓展】

重相是分散相的开停车步骤

1. 开车

当重相为分散相时，分散相在塔底的分层段内不断凝聚，两相界面将维持在塔底分层段的某一位置上。同理，在两相界面维持一定高度后，才能开启分散相出口阀。

2. 停车

重相是分散相的，先关闭重相的进、出口阀，再关闭轻相的进、出口阀，使两相在塔内静置分层后，打开塔顶旁通阀，接通大气，然后慢慢打开重相出口阀，让重相流出。当两相界面下移至塔底旁通阀高度处时，关闭重相出口阀，打开旁通阀，使轻相流出。

思考与练习

一、选择题

1. 萃取操作温度一般选（　　）。

A. 常温　　B. 高温　　C. 低温　　D. 不限

2. 萃取剂的温度对萃取蒸馏影响很大，当萃取剂温度升高时，塔顶产品（　　）。

A. 轻相分浓度增加　　B. 重相分浓度增加

C. 轻相分浓度减小　　D. 重相分浓度减小

3. 萃取操作应包括（　　）。

A. 混合—澄清　　B. 混合—蒸发　　C. 混合—蒸馏　　D. 混合—水洗

4. 萃取操作温度升高时，两相区（　　）。

A. 减小　　B. 不变　　C. 增加　　D. 不能确定

5. 进行萃取操作时，应使（　　）。

A. 分配系数大于1　　B. 分配系数小于1

C. 选择性系数大于1　　D. 选择性系数小于1

6. 用纯溶剂S对A、B混合液进行单级萃取，F、x_F不变，加大萃取剂用量，通常所得萃取液的组成y_A将（　　）。

A. 增大　　B. 减小　　C. 不变　　D. 不确定

二、简答题

如果萃取操作中重相是分散相，那么萃取塔的开停车应该遵循什么步骤？

课题六　了解新型单元操作

任务提出

吸附、膜分离和超临界流体萃取是近年来出现的单元操作类型，本任务是了解吸附的基本原理和吸附设备，以及膜分离和超临界萃取的基本原理和使用方法。

任务分析

新型分离技术在石油化工、医药工程、化学反应工程、材料科学、生物技术、环境工程等诸多领域都得到了广泛应用。本任务主要介绍吸附、膜分离和超临界萃取的原理及相关概念。

相关知识

一、吸附

1. 吸附定义

吸附是一种固体表面现象。它是利用多孔性固体吸附剂处理流体混合物，使其中的一种或几种组分在固体吸附剂表面分子引力或化学键力的作用下，被吸附在固体表面，从而达到分离的目的。

具有吸附作用的物质称为吸附剂，被吸附的物质称为吸附质。

2. 吸附的分类

根据吸附剂与吸附质之间吸附力的不同，通常可将吸附分为以下两种类型。

（1）物理吸附

吸附剂和吸附质通过分子力（范德华力）产生的吸附称为物理吸附。这是一种最常见的吸附现象，分子被吸附后，一般动能降低，故吸附是放热过程。

（2）化学吸附

化学吸附是由于吸附剂和吸附质之间的电子转移，发生化学反应而产生的，化学吸附的选择性较强，即一种吸附剂只对某种或几种特定物质有吸附作用，因此化学吸附一般为单分子层吸附，吸附后较稳定，不易解吸。

3. 常用吸附剂

目前工业上常用的吸附剂有分子筛、活性炭、活性氧化铝和硅胶等。

（1）沸石分子筛

分子筛自1756年从自然界发现到现在已陆续发现36种之多。沸石这种天然分子筛是一种结晶的铝硅酸盐，因将其加热熔融时可起泡“沸腾”，因此称为沸石，又因其内部微孔能筛分大小不一的分子，故又名分子筛或沸石分子筛。目前人工合成的沸石分子筛已超过百种，最常用的有A型、X型、Y型、M型和ZSM型。

（2）活性炭

活性炭是许多具有吸附性能的碳基物质的总称。普通活性炭又分为粒炭和粉炭，气体吸附多用粒炭，粉炭多用于液体的脱色处理。活性炭能吸附绝大部分有机气体，如苯类，醛酮类、醇类、烃类等以及恶臭物质，同时在SO_2、NO_x、Cl_2、H_2S、CO_2等有害气体治理中也有着广泛的用途。在吸附操作中，活性炭是一种首选的优良吸附剂。

（3）活性氧化铝

活性氧化铝是一种极性吸附剂，无毒，对水的吸附容量很大，常用于高湿度气体的吸湿和干燥。它还用于多种气态污染物的净化。活性氧化铝机械强度好，可在移动床中使用，并可做催化剂的载体，使用寿命长。

（4）硅胶

硅胶是一种无定形链状和网状结构的硅酸聚合物，其分子式为$SiO_2 \cdot nH_2O$。硅胶的孔径分布均匀，亲水性极强，但容易破碎。

4. 吸附原理

吸附过程是吸附质分子不断从气相往吸附剂表面凝聚，同时又有分子从固体表面返回气相主体的蒸发过程。一个气体吸附过程通常由下列步骤组成：

（1）外扩散

吸附质分子由气体主体到吸附剂颗粒外表面的扩散。

（2）内扩散

吸附质分子沿着吸附剂的孔道深入到吸附剂内表面的扩散。

（3）吸附

已经进到微孔表面的吸附质分子被固体所吸附。

二、膜分离

1. 分离膜

分离膜是指能以特定形式限制和传递流体物质的分隔两相或两部分的界面。膜的形式可以是固态的，也可以是液态的。分离膜对流体可以是完全透过性的，也可以是半透过性的，但不能是完全不透过性的。分离膜的种类和功能繁多，如按材料的来源可分为天然生物膜与人工合成膜，按膜的材料可分为有机膜和无机膜等。

2. 膜分离原理

膜分离过程是以对组分具有选择性透过功能的膜为分离介质，通过在膜两侧施加（或存在）一种或多种推动力，使原料中的膜组分选择性地优先透过膜，从而达到混合物分离，并实现对生产物提取、浓缩、纯化等目的。膜分离过程的推动力为压力差（也称跨膜压差）、浓度差、电位差、温度差等。

膜分离技术目前已经广泛应用于化工、环保、食品、医药、电子、电力、冶金、轻纺、海水淡化等工业领域，并已使海水淡化、烧碱生产、乳品加工等多种传统的生产领域发生了根本性的变化。

3. 膜分离类型

典型的膜分离技术有微孔过滤（MF）、超滤（UF）、纳滤（NF）、反渗透（RO）、渗透蒸发（PV）、渗析（DM）、电渗析（ED）、液膜（LM）等，其中部分膜分离技术的分离过程见表6—6—1。

表6—6—1　　几种主要膜分离技术的分离过程

膜分离技术	推动力	传递机理	透过物	截留物	膜类型
微孔过滤	压力差	颗粒大小形状	水、溶剂溶解物	悬浮物颗粒	纤维多孔膜
超滤	压力差	分子特性大小形状	水、溶剂小分子	胶体和超过截留分子量的分子	非对称性膜
纳滤	压力差	离子大小及电荷	水、一价和多价离子	有机物	复合膜
反渗透	压力差	溶剂的扩散传递	水、溶剂	溶质、盐	非对称性膜复合膜
渗析	浓度差	溶质的扩散传递	低分子量物、离子	溶剂	非对称性膜
电渗析	电位差	电解质离子的选择传递	电解质离子	非电解质，大分子物质	离子交换膜

三、超临界流体萃取

1. 超临界流体

任何一种物质都存在三种相态——气相、液相、固相。液、气两相成平衡状态的点叫临界点，在临界点时的温度和压力分别称为临界温度 T_c 和临界压力 p_c 。物质的临界状态是指其气态与液态共存的一种边缘状态，在此状态中，液体的密度与其饱和蒸汽的密度相同，因此界面消失。超临界流体是指超过临界温度与临界压力状态的流体。如果某种流体处于临界温度之上（即 $T > T_c$ ），则无论压力多高（即 $p > p_c$ ）也不能液化，处于这个状态的流体称为超临界流体。

超临界流体萃取是最早研究和应用的超临界技术之一，适用于食品和医药工业。在美国和欧洲，超临界流体萃取在年生产能力上万吨的茶叶处理和脱咖啡因工厂早已投入生产，啤酒花有效成分、香料等的萃取在不少国家已达到产业化规模。

2. 超临界流体萃取的基本过程

根据分离方法的不同，可以把超临界流体萃取流程分为等温法、等压法和吸附吸收法三类。

（1）等温法萃取过程

如图 6—6—1 所示，在一定温度下，使超临界流体和溶质减压，经膨胀后分离，溶质由分离器下部取出，气体经压缩机返回萃取器循环使用。

（2）等压法萃取过程

如图 6—6—2 所示，经加热、升温使气体和溶质分离，从分离器下部取出萃取物，气体经冷却、压缩后返回萃取器循环使用。

（3）吸附法工艺流程（吸附法）

如图 6—6—3 所示，在分离器中，经萃取出的溶质被吸附剂吸附，气体经压缩后返回萃取器循环使用。

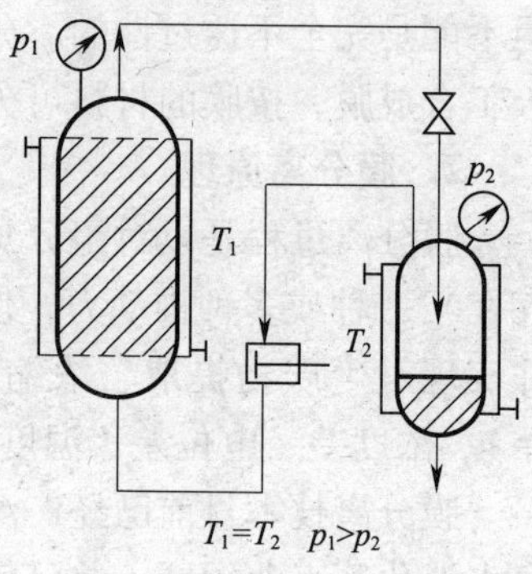

图 6—6—1　等温法超临界流体萃取流程图

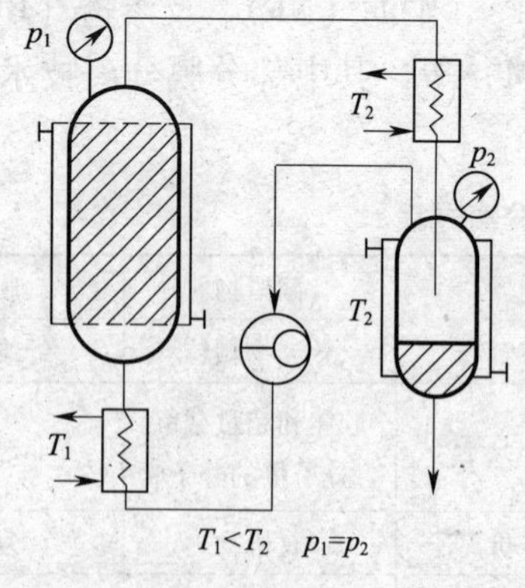

图 6—6—2　等压法超临界流体萃取流程图

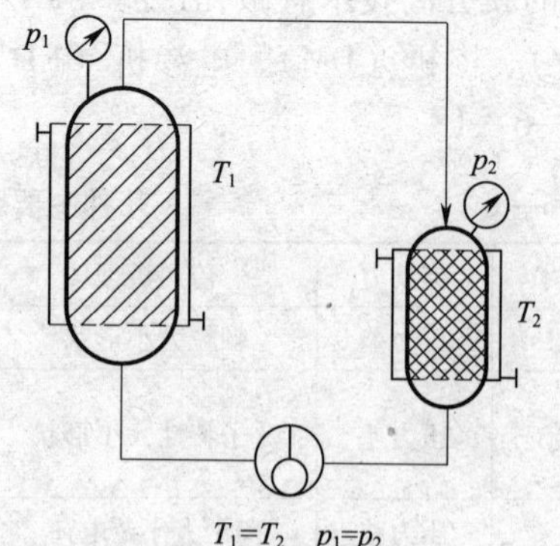

图 6—6—3　吸附法超临界流体萃取流程图

思考与练习

简答题

1. 吸附分离的基本原理是什么？常用吸附剂有哪几种？
2. 膜分离有哪些特点？分离过程对膜有哪些基本要求？
3. 什么是超临界流体？超临界流体有哪些基本性质？
4. 新型分离技术和传统的分离技术相比有何特点？

模 块 小 结

本模块重点介绍了蒸发、结晶、干燥、冷冻、萃取等单元操作的概念、原理、用途、影响因素、设备类型等，对干燥和萃取进行了实训操作练习，此外，为培养学生对新技术的学习兴趣，本模块还介绍了吸附、膜分离、超临界流体萃取等新型单元操作的概念、基本过程、原理和应用。